CMP BOOKS
机工通信

硬件设计指南

从器件认知到手机基带设计

郑春厚 杨 玉 编著

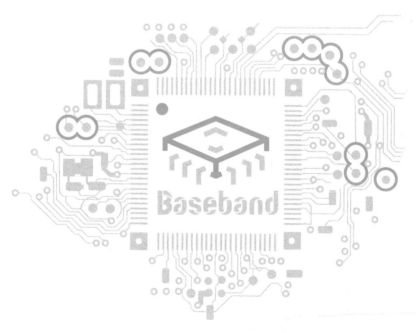

Baseband

U0378375

机械工业出版社
CHINA MACHINE PRESS

一部手机囊括了电源、模拟电路、信号完整性、电源完整性、音频、传感器、充电等各项内容，是硬件电路设计研发的集大成者，非常适合硬件工程师作为入门的学习对象。

"千里之行始于足下"，在硬件设计的学习中，基本功非常重要，本书首先以基本的电容、电感、电阻等器件为基础，详细介绍了 BUCK、BOOST、LDO、电荷泵等常见电源拓扑。既涉及低频敏感的模拟电路注意事项，又囊括了高速电路关键设计指导，然后介绍了手机基带几个重要模块的设计原则，设计就是测试，无测试则无设计，最后介绍了测试仪表与板级测试。

全书含有 43 个原创实战案例讲解，知识点涉及范围广，内容全而精，非常适合初级、中级硬件工程师，以及本科生和硕士生阅读。本书前后文关联密切，笔者在需要的地方标注出知识点位置，各位读者可以细细体会，更全面深刻地掌握本书内容，同时本书配有二维码视频，读者可扫码直接观看。

图书在版编目（CIP）数据

硬件设计指南：从器件认知到手机基带设计/郑春厚，杨玉编著 . —北京：机械工业出版社，2023. 11（2024. 11 重印）
ISBN 978-7-111-73704-9

Ⅰ . ①硬… Ⅱ . ①郑… ②杨… Ⅲ . ①硬件–设计–指南
Ⅳ . ①TP303-62

中国国家版本馆 CIP 数据核字（2023）第 154942 号

机械工业出版社（北京市百万庄大街 22 号 邮政编码 100037）
策划编辑：秦 菲 责任编辑：秦 菲
责任校对：牟丽英 梁 静 责任印制：刘 媛
北京中科印刷有限公司印刷

2024 年 11 月第 1 版第 4 次印刷
184mm×260mm · 14 印张 · 346 千字
标准书号：ISBN 978-7-111-73704-9
定价：99.00 元

电话服务 网络服务
客服电话：010-88361066 机 工 官 网：www.cmpbook.com
010-88379833 机 工 官 博：weibo.com/cmp1952
010-68326294 金 书 网：www.golden-book.com
封底无防伪标均为盗版 机工教育服务网：www.cmpedu.com

前言

在我刚参加工作时，领导和我说：要从用户的角度出发，设计出一款真正符合用户需求的、能让用户满意的好产品。

这句话，我一直铭记于心。

书也是产品，市面上关于硬件电路的书籍纷繁复杂，应该如何挑选？

有很多同学在公众号后台留言，希望我能推荐一本适合硬件工程师入门的书籍。同时，有太多的同学想深入学习电路设计，但苦于没有方向，在工作中挖掘不出学习的点，白白浪费了学习的契机。

基于上述两个原因，我策划了这本非常适合初级工程师和在校学生阅读的图书。但如何写一本符合读者需求、能让读者满意的好书，一直困扰着我，公众号的原创文章得到了业内广大读者的一致好评，这增加了我写好本书的信心。

本书虽然以介绍手机基带电路设计为主，但是消费类电子以手机设计为最难，手机涉及的电路也是其他硬件产品中常见的电路。"麻雀虽小，五脏俱全"，以手机电路设计为切入点来指导硬件设计实在是再合适不过了。因此，本书囊括了基本器件、常见的开关电源、线性电源等电源拓扑，还有模拟电路、信号完整性、电源完整性、传感器、测试仪表等重要内容，同时加入了大量的仿真和实际案例，它们都是笔者实际工作中的经验总结。

本书前后文联系非常紧密，在需要前后文关联的地方我都逐一进行了说明。书中避免出现过多烦琐的公式，对初级硬件工程师而言，可读性非常高，相信你认真看完此书后，很愿意分享给你的朋友。

以书会友，这也是我交朋友的一种方式。

其实，技术是一方面，方法是另一方面，作者希望各位读者仔细体会书中内容，要常常反问自己：为什么我没有发现这些问题？作者是怎么分析问题的？思维方式很重要，如果思路打不开，很快就会遇到职业瓶颈，会浪费宝贵的时间，抓不住学习的机会，后面想补救就很麻烦，所以学会如何学习很重要。

遇到过一些同学，只会操作设备而不理解测试指标的物理意义，只知道测试数值要在公司内部标准之内，而这个指标是什么含义却并不清楚。怎么优化电路、怎么整改 PCB 来达到指标，就更不知道了。明明有那么多东西可以去学、值得去学，却白白浪费了机会。

而高手的过人之处在于能看到工作中学习的机会，能看到哪些东西需要去学、值得去学，而不是等别人告诉他去学什么、怎么学、学到什么程度。

我们和高手的差距，只有这一点点，而正是这一点点，会让我们的差距越来越大。

所以，看一个人的能力，不在于他现在能做多少事情，更在于他以后能做多少事情。

我总结为：深入一层看技术，上升一层看方法。因此建议读者在阅读本书时，认真揣摩本书的写作思想。

首次写书难免有不足之处，如有不妥之处请在公众号"工程师看海"后台留言。公众号回复："硬件设计指南"，可以得到本书勘误。

本书的完成要感谢杨玉给予的鼓励和支持，并优化部分图片，感谢小米高级工程师陈宇、郭少伟和王重播等同行工程师对手机、信号完整性和 PDN 部分给出了诸多修改建议。感谢 ADI 工程师丁茹梦作为本书第一读者给出了优化方向。感谢艾为电子吕光临、帝奥微电子董永刚、韦尔半导体门淑芳提供部分素材，希望国内的产品设计越来越强大。

最后还要感谢家人、朋友、同事的鼓励和支持。

前言以初入职场时领导的语录为始，现在就以第一次离职时师父的寄语为终：尘世间，唯梦想不可辜负。

希望各位读者都能成长为一名优秀的工程师！

郑春厚（工程师看海，《运放秘籍》系列视频创作者）

目录

第 1 章

千里之行始于足下：电路常用元器件

不管多复杂的电子电路都离不开基本的电容、电阻、电感这些无源器件，这些器件可以说是手机等电子产品中最基础的器件了，它们是一切电子电路设计的基石。基础知识非常重要，"千里之行始于足下"，所以，本书就以常用元器件作为开篇，结合实际案例，帮助读者加深理解这些基本的被动器件，为后续电路设计打好基础。

图 1-1 是手机的主板照片，可以看到主板上分布着大量的芯片、电阻、电容、连接器等元器件，在有限面积的主板上要布局如此密集的器件，同时还要兼容射频、高速、模拟等信号的稳定性以及结构可靠性，这往往导致印制电路板（Printed Circuit Board，PCB）布局、布线面临非常大的压力。白框中标注的是 CPU 的电源分配网络（Power Distribution Network，PDN）电容，密密麻麻占据了相当多的面积，首先就让我们了解下手机中用料最多的器件——电容。

 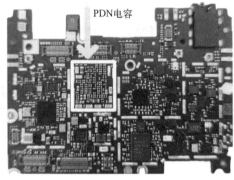

图 1-1　手机主板

1.1　电容、电感与磁珠

1.1.1　电容参数介绍 ▶

电容是电子电路设计中最常用的元器件之一，一款手机的主板中大约会使用 3000 个电子元器件，其中就有将近 1000 个电容，差不多占了 30%。流过电容的电流和电容两端电压的变化量成正比，见式（1-1）。在一些书籍或者课程中，介绍电容时只介绍了电容容量这个参数，而实际上，电容不单单只是一个符号"C"这么简单，它除了基本的容值之外，还有其他几个非常重要的参数，在一些情况下电容甚至会变成"电感"，刚入行的工程师往往会忽略这些参数，导致产品可靠性降低。

　　工程中使用的电容有陶瓷电容和电解电容，如图 1-2 所示，电解电容有极性（包括钽电容），也就说使用时有方向要求，这类电容要注意连接到电源和地的极性，否则电容会爆炸。而多层陶瓷电容（Multi-Layer Ceramic Capacitors，MLCC）电容没有极性要求，本节介绍 MLCC 陶瓷电容四大特性参数。**注意：我们在做工程时，一定要形成这样一个思想，即实际环境中没有完美的器件，一切器件都有寄生参数。**

$$I = C \frac{\Delta U}{\Delta t} \tag{1-1}$$

1. DC 偏压特性

　　这是一个非常重要的参数，指的是电容的容值随着加在两端的有效电压升高而降低。换句话说，电容两端电压越高，电容容值越低。如果设计时没有考虑偏压特性，电容很容易出现失效或者性能不达标。图 1-3 是 10 μF 的电容 GRM319B31A106KE18 偏压特性，在电压为 10 V 时有效容值降低了近 70%，只有大约 3 μF。

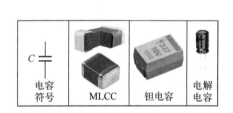

图 1-2　MLCC、钽电容和电解电容

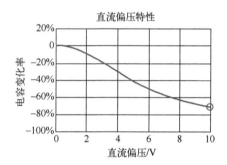

图 1-3　电容直流偏压特性

　　在一些数据手册中，会特意强调对电容偏压条件的要求，比如图 1-4 中要求 C5（10 nF）这个电容在 11 V 偏压下要保证 1 nF 的容量，在实际选择电容时就不能仅仅关注电容本身的容值（10 nF）和耐压值（16 V），更要查看电容的数据手册，确保所选电容的偏压特性满足图 1-4 的要求。

2. 电容等效模型

　　理想的电容随着频率增加，它的阻抗越来越小，但是实际电容有等效串联电阻（Equivalent Series Resistance，ESR）和等效串联电感（Equivalent Series Inductance，ESL）的存在，可以构成串联谐振，如图 1-5 所示。因此，它的阻抗会在一定的频率出现转折，阻抗反而随着频率的增加而增加，电容反而变成了"电感"。

　　由于 ESL 和 ESR 的存在，实际的电容在低频处呈现容性，在高频处呈现感性，如图 1-6 所示，实线为实际电容的阻抗-频率曲线，虚线为理想电容的阻抗-频率曲线。在实线箭头转折点处，容抗刚好等于感抗，此时电容的阻抗最小（阻抗包含电阻、容抗和感抗）。我们通常所说的小电容高频特性好，指的就是这个转折频率点要高一些，这个转折频率也叫谐振频率，这是个非常重要的参数，在优化手机电源 PDN 时非常重要，具体优化操作在 5.6 节会有详细介绍。

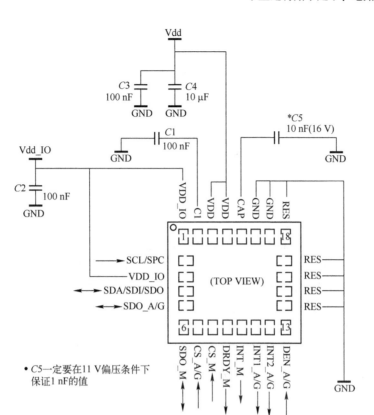

图 1-4　手册中对电容偏压特性的要求（LSM9DS1）

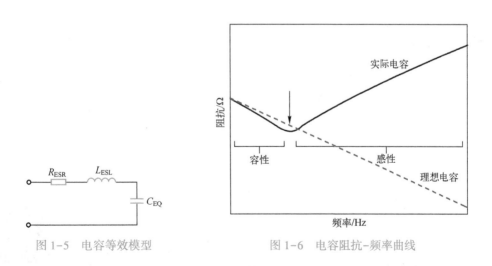

图 1-5　电容等效模型　　　　　图 1-6　电容阻抗-频率曲线

3. AC 特性

电容的有效值也会随着交流电压的变化而变化，图 1-7 中电容在不同交流电压下的有效值大约有 20% 的变化。

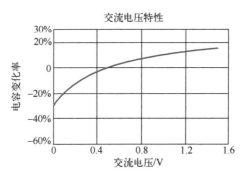

图1-7 电容交流特性

4. X5R, X7R, COG 参数

这类参数描述的是电容采用的电介质材料类别、温度特性以及误差等参数，是电容稳定性的一种表现。比如图1-8中X5R是-55~+85℃，容量变化±15%的意思。陶瓷电容分为Ⅰ类电容和Ⅱ类电容，COG和NP0都属于Ⅰ类陶瓷电容，这类电容容量稳定性好、精度高、对温度不敏感，也就是说COG这类电容由温度引起的容量变化很小，电容的容量一般也偏小，一般是pF级别。X7R、X5R都是Ⅱ类电容，这类电容温度稳定性略差，由温度引起的容量偏差也大一些，但是容量可以做得大一些，可以达到几十或者几百μF。

低温	高温	容量变化
X:-55℃	4:+65℃	A:±1.0%
Y:-30℃	5:+85℃	B:±1.5%
Z:+10℃	6:+105℃	C:±2.2%
	7:+125℃	D:±3.3%
	8:+150℃	E:±4.7%
	9:+200℃	F:±7.5%
		P:±10%
		R:±15%
		S:±22%
		T:+22%～33%
		U:+22%～56%
		V:+22%～82%

图1-8 Ⅱ类瓷介电容

1.1.2 三端子电容有什么优势？ ▶

1-2 三端子电容

电容分为陶瓷电容、电解电容等种类，其中陶瓷电容在移动智能产品中使用广泛，又可分为两端子电容和三端子电容。人们常说三端子电容高频特性好，那么作为一名硬件工程师，你了解三端子电容吗？图1-9是两端子电容和三端子电容的实物对比图，可以看到三端子电容多了几个引脚，正是由于这种设计差异，给三端子电容带来了巨大的性能优势，当然，也带来了昂贵的价格，鱼与熊掌难以兼得。

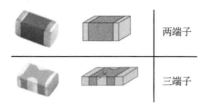

图 1-9　两端子电容与三端子电容

理想的电容，随着频率的增加，阻抗越来越低，也就是说频率越高，电容的"电阻"越小，越接近短路状态，信号也就越容易通过，见图 1-6 的阻抗-频率曲线，这就是电容"隔直通交"的原因（后文介绍的低通滤波电路就是电容阻抗-频率的一个典型应用）。然而，实际电容是有寄生参数的，由于等效串联电阻（ESR）和等效串联电感（ESL）的存在，电容的阻抗频率特性产生了巨大变化。图 1-10 是实际两端子电容的阻抗频率特性，我们可以看到在低频段，容性起主导作用，阻抗随着频率增加而降低，然而高频段是感性起主导作用，阻抗随着频率增加而增加，这部分正是我们不希望看到的。

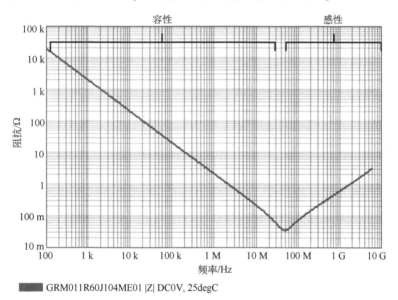

GRM011R60J104ME01 |Z| DC0V, 25degC

图 1-10　实际电容阻抗-频率曲线

所谓三端子电容高频特性好，就是它的 ESL 低。我们在图 1-11 对比 22 μF 的两端子电容和三端子电容的阻抗差异，可以看到两端子电容在 1 MHz 处阻抗大约 3 mΩ，三端子电容谐振频率高一些，在 3 MHz 处阻抗只有大约 2 mΩ。我们再看高频部分，两端子电容在 1 GHz 处甚至超过了 1 Ω，而三端子电容只有 110 mΩ。如果想降低两端子的高频阻抗就需要并联更多电容（电感越并越小，进而高频阻抗减小），换句话说就是两端子电容需要通过多个电容并联的方式才能达到 1 个三端子电容在高频处的阻抗特性，三端子电容高频特性是非常不错的。

正是因为三端子电容高频特性好，因此在进行电源 PDN 优化时，有时会使用三端子电容来代替普通电容，既提高系统电源稳定性，又减小电容布局面积，如图 1-12 所示。为什么三端子电容的高频特性好呢？（**各位读者一定要养成自主提问的习惯**）同样的问题：为什

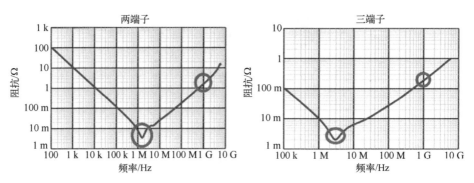

图1-11　两端子电容对比三端子电容

么三端子电容的 ESL 小？那是因为三端子电容结构特殊，缩短了电流路径，使得 ESL 具有并联的特性，进而减小了 ESL，如图 1-13 所示，普通电容沿着电流方向具有一个 ESL，而三端子电容结构特殊使得这些 ESL 并联，导致了 ESL 的降低（电感越并越小），进而使得高频特性变好。

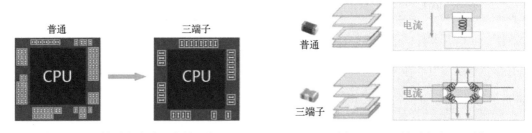

图1-12　三端子电容减少布局面积　　　　图1-13　三端子电容 ESL 低

　　虽然三端子电容的高频特性好，封装尺寸也小，但是它价格却很高，如果问怎么权衡价格，那么笔者的回答是：在忽略面积的设计中，一个字"拆"，就是使用多个、多种普通电容并联的方式优化电源，降低成本；如果空间实在有限，当布局放不下多个电容时再考虑在最紧凑的位置使用少量三端子电容优化电源。

1.1.3　电感参数介绍 ▶

1-3　电感

　　被绕制成螺旋形状的线圈具有感性特性，用于电气用途的线圈被称为电感。电感这个元件在电源和滤波电路中使用非常广泛，由此可以分为两类：一类是用于信号系统的电感；另一类是用于电源系统的功率电感。

　　因为电感这个元件使用普遍，所以很容易被人忽视其一些基本参数，造成设计不足，导致产品出现严重的使用问题。越是细节的东西就越值得仔细推敲，这是硬件工程师的基本功。图 1-14 是电感元件的符号以及电感内部结构，电感有绕线和叠层两种，叠层电感体积更小、有利于电路小型化，下面介绍电感的基本参数。

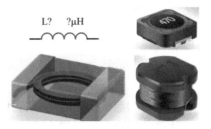

图1-14　几种常见的电感

1. 电感值

电感值是电感的基本参数，也是影响电源纹波电流的重要参数。电感和电容是对偶元件，电感有一个最重要也是最基本的公式，见式（1-2）。

$$U = L \frac{\Delta I}{\Delta t} \qquad (1-2)$$

流过 DC-DC BUCK 降压转换器中功率电感的电流是三角波电流（第 2 章会有详细介绍），只要确定 DC-DC 转换器的条件，就能根据式（1-3）粗略计算适当的功率电感，其中 U_{IN} 是输入电压，U_{OUT} 是输出电压，F_{SW} 是开关频率，I_{OUT} 是输出电流（2.1.2 节会有详细解析，这里先简单铺垫下，本书的前后逻辑关联是非常强的，在需要的地方，笔者会提示前后文相关位置）。

在 DC-DC 转换器的 SPEC（也叫 datasheet，规格书或数据手册）中都推荐了多种电感值作为使用参考，所以很多工程师不进行计算，只按照制造商的参考值选定，但这样并不会达到性能和价格的最佳设计，这是因为手册中的推荐值是电源 IC 原厂推荐的一种通用设计，我们需要在供应商推荐的基础之上，根据自家产品中负载的具体电源需求来优化电感选型，做到具体问题具体分析，同时参考推荐值，实现适合自己产品的最佳电路设计，后面章节会详细介绍电感具体选择。

$$L = \frac{(U_{IN} - U_{OUT}) U_{OUT}}{U_{IN} F_{SW} I_{OUT} \times 0.3} \qquad (1-3)$$

2. 饱和电流 ISAT

饱和电流特性也叫作直流叠加特性，其影响了电感工作时的有效感值，如果选择不合适，电感容易饱和，引起实际感值下降，不能满足设计需求，甚至有可能烧坏电路。饱和电流各家的定义略有不同，通常而言指的是使初始电感值减小 30% 时的电流，如图 1-15 所示，一个 4.7 μH 的电感，在电流为 1.5 A 时，电感下降了 30%，只有大约 3.3 μH。注意：如果 ISAT 不够，电源纹波电流会随着电感值的下降而增加，因为根据式（1-3），在负载电压 U_{OUT} 不变时，L 减小了，I_{OUT} 自然就会变大，I_{OUT} 增加后会使得电感进一步下降，这是个危险的事情。

3. 温升电流 Itemp

温升电流是规定使用电感时的环境温度容许范围的参数，如图 1-16 所示。温升电流的定义各家厂商也有区别，一般而言，指的是将电感温度上升了 30℃ 时的电流。温度的影响因电路的工作环境而异，因此要根据实际使用环境选定。

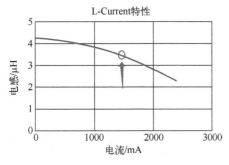

图 1-15　电感饱和电流

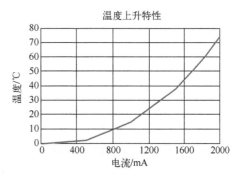

图 1-16　电感温升电流

4. 直流阻抗 RDC

直流阻抗表示通过直流电时的电阻值，这个参数影响发热损耗，一般直流电阻越小损耗越少。减小 RDC 与尺寸小型化等条件略有冲突（RDC 越小的电感，体积往往越大）。

5. 阻抗频率特性

理想电感的阻抗随着频率增加而增加，即"通直隔交"，然而实际电感由于寄生电容和电阻的存在，使得电感在一定频率下呈现感性，超过一定频率呈现容性，阻抗反而随着频率的增加而减小，如图 1-17 所示，这个频率就是转折频率或者叫谐振频率，这一点和电容刚好相反。

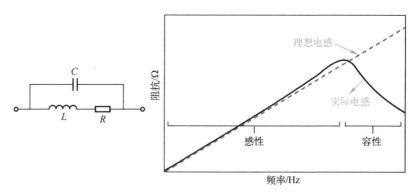

图 1-17　实际电感等效模型和阻抗–频率曲线

以上就是电感相关的特性参数，在选择电感时务必要仔细评估每个参数。

1.1.4　电感与磁珠有什么区别?

电感和磁珠这两个器件外形接近，有时候功能也相似，很多人认为二者都是"通直隔交"，而将二者混淆。实际上，不管是在原理还是应用上，电感和磁珠都有不小的区别。

电感的磁材料是开放的，磁力线（磁感线）一部分通过磁芯，一部分通过空气，会对周围空间产生磁场干扰（也有一些电感具有屏蔽功能）。而磁珠的磁材料是封闭的，几乎所有的磁力线都封闭在磁环内，磁珠更"干净"，具体原理如图 1-18 所示，二者主要差别如下。

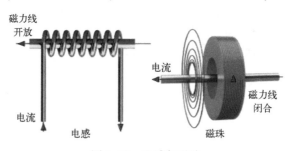

图 1-18　电感与磁珠

1）电感的单位是亨（H），磁珠的单位是阻抗（Ω），磁珠手册中标注的一般是 100 MHz 时的阻抗值。**注意：即使是参数相同的磁珠，其滤波性能也可能有巨大差异。**这是因为磁珠参数标注的是特定频点（120/100 MHz）的阻抗，即使这个频点阻抗相同，在其他频点的阻抗也会千差万别，比如图 1-19 中两个不同磁珠的参数都是 120 Ω@ 100 MHz，但是明显蓝色的磁珠在高频处的阻抗更大。

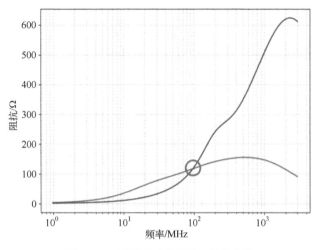

图 1-19　不同磁珠的阻抗-频率曲线

2）磁珠的阻抗是电抗 X（电感电抗）和电阻 R 共同作用的结果，低频时由电抗 X 主导、高频时由电阻 R 主导。电感多用于低频段（50 MHz），而磁珠多用于高频滤波场景，磁珠的电阻 R 吸收噪声并转化为热，因此磁珠单位是欧姆。

3）电感的滤波原理是把电能转化为磁能，再把磁能重新转化为电能（噪声）或者辐射（Electromagnetic Interference，EMI），而磁珠是将电能转化为热能，磁珠是更"干净"的滤波元件。

4）电感是储能元件，在滤波时可能会和电容构成二阶震荡电路产生谐振，可能导致系统不稳定；而磁珠是耗能元件（R），和电容协同工作时基本不会自激振荡。

总之，电感工作在电抗远大于电阻的频段，此时电抗主要是感抗，其单位就是电感量 H，电抗是主要分量，电阻分量很小。磁珠主要工作在电阻大于电抗的频段，电阻占主要成分，因此磁珠的单位是欧姆，同时，磁珠由于电抗成分少，储能很少，所以说磁珠主要是通过电阻发热消耗能量的。在选择磁珠时，我们要把目标放在高频段，仔细根据磁珠的阻抗频率曲线和目标噪声进行磁珠的选取。

1.2　电阻噪声哪里来？

电阻是我们最早接触的基础元件，图 1-20 展示了常见的贴片电阻、热敏电阻和直插/色环电阻，色环电阻可以通过电阻的色环颜色来读取电阻值。我们初中就学习过电阻相关内容，后来常听说电阻具有噪声，那么电阻的噪声是从哪里来的呢？

电阻的噪声通常指热噪声（也叫约翰逊噪声），特点是哪怕电阻没有连接到电路中、哪怕没有电流流过电阻，电阻两端也会有电压变化，这就

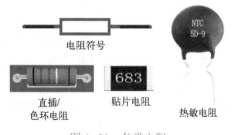

图 1-20　各类电阻

是电阻热噪声，在系统工作带宽范围内，电阻的热噪声可以认为是白噪声（或叫作宽带噪声），电阻两端开路时，它的热噪声有效值（均方根值）的计算见式（1-4）。

$$E_t = \sqrt{P_t} = \sqrt{4kTRB} \tag{1-4}$$

式中，k 是玻尔兹曼常数，$k = 1.38 \times 10^{-23}$ J/K，T 是开尔文热力学温度，R 是电阻值，B 是系统等效噪声带宽。

举例说明：

当温度是 27℃（300 K）时，10 kΩ 的电阻在 100 kHz 带宽电路中，其两端的开路热噪声电压有效值是 4 μV；相同环境下，如果电阻是 20 kΩ，则热噪声电压有效值是 5.8 μV。根据式（1-4）可以看出，电阻越大，噪声也越大，噪声随着电阻阻值的增加而增加，放大电路中很少用大电阻的原因之一就是为了降低噪声。同样，噪声也与温度有关，然而噪声对温度并不敏感，因为公式中是热力学温度，当温度变化为十几或几十摄氏度时，对噪声的影响并不是很大。比如上面例子中，17℃ 和 27℃ 下，电阻两端的噪声基本差别不大。

然而在使用电阻测量电流的应用中（电流流过电阻，测量电阻两端的电压，电压除以电阻值即得到电流值），增加电阻反而会提高电流采集的准确性，这是因为电阻越大，电流流过电阻产生的电压也越大，这会提高电流检测的灵敏度，而如果电阻太大，那么电阻上分担的电压也就大，使得电阻后面的系统分担的电压低，这就需要工程师去仔细权衡。

1.3　二极管特性介绍

我们初中就听说过二极管这一器件，它有个重要的特性：单向导电性。图 1-21 是二极管和发光二极管（LED）的示意图，在使用时要注意二极管的方向，如果焊接反了二极管是不会按照预期正常工作的。

二极管是由 P 型半导体和 N 型半导体构成的，如图 1-22 所示，P 型半导体和 N 型半导体结合在一起，就构成了著名的 PN 结，它具有正向导通、反向截止的特点，即阳极电压要比阴极电压高，电流才能从阳极流向阴极，反过来则电流不能从阴极流向阳极。

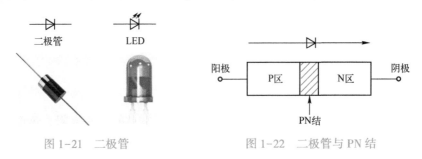

图 1-21　二极管　　　　　　　图 1-22　二极管与 PN 结

图 1-23 右图是二极管的伏安特性曲线，在第一象限中可以看到，当阳极电压比阴极电压只高一点点时，二极管几乎没有电流流过，而当阳极电压比阴极电压高 U_F 时，二极管电流瞬间上升并且电压被"箝位"在 U_F，"箝位"的意思是电压被锁定为 U_F，这个就是 U_F 导通电压，一般是 0.7 V，肖特基二极管的导通电压会低一些。在第三象限，当二极管被加反向电压时，基本没有电流，处于截止状态，直到反向电压超过一定值后二极管被击穿，产生大电流，这种反向应用二极管的场景常常被用来稳压，也就是我们常听到的稳压二极管。

二极管的单向导电性可以类比于一个单向水管开关，图 1-23 左图中，由于单向挡板的存在，水流只能从左往右流，不能从右往左流（**小窍门：一些概念或特性如果很难记忆的话，可以通过与生活中的示例类比来加强记忆**，当然，二极管这个非常简单，本书后续会有其他更复杂的概念和内容）。

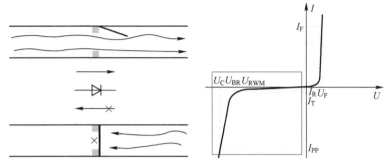

图 1-23　二极管伏安特性曲线

围绕二极管的正向和反向加压会产生无数种电路应用，这里以箝位电路和稳压电路举例，图 1-24 是二极管箝位电路仿真，$1\,k\Omega$ 的电阻是限流电阻，可以看到黑色输入的电压信号从 $0\sim10\,V$ 变化的过程中，只有当黑色曲线的输入电压超过 $0.7\,V$ 时，电路才有输出（绿色输出曲线），并且被箝位为 $0.7\,V$。

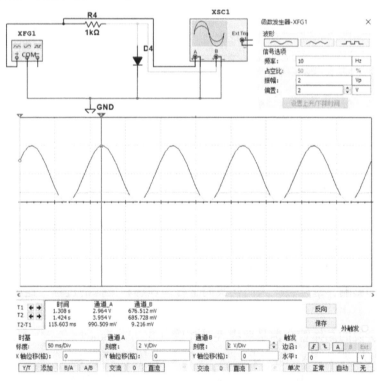

图 1-24　二极管箝位电路仿真

图 1-25 是稳压仿真电路及波形（为了方便，笔者使用了信号源，实际电路中应该用电源），在黑色曲线即输入电压波动剧烈的前提下调节负载电阻 $R2$ 的阻值动态抽取电流，红

色负载电压曲线虽然也有一点波动，但是整体上还是稳定在 2.2 V，实现稳压的作用。**注意：需要说明的是虽然稳压二极管标注的是 2.2 V，但是并不意味着可以直接把稳压二极管接在输入电压上，$R3$ 限流电阻是必须要加的。**我们可以通过负载电压 2.2 V、负载电流变化范围 2~28 mA 和输入电压平均值 5 V 这三个参数来估计限流电阻阻值。限流电阻两端的电压是 5 V−2.2 V＝2.8 V，电流波动是 2～28 mA，电阻取值就可以是 2.8/0.028 Ω～2.8/0.002 Ω＝100～1400 Ω，电阻取值越大，电路受负载影响越大，也就是我们常说的负载效应越明显，因此这里电阻取值向小电阻方向取，为 100 Ω。

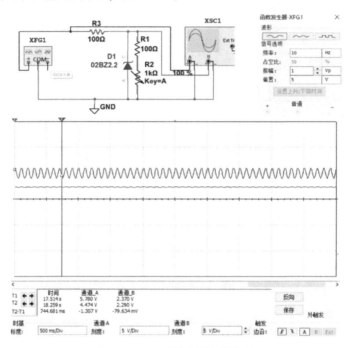

图 1-25　二极管稳压电路仿真

1.4　晶体管特性介绍

本节介绍晶体管的特性，清晰易懂，使用通俗的水流模型加强对晶体管的原理记忆，比课堂上讲的要形象得多，大家要学会用类比的方法来加深记忆（比如在介绍相对论中引力扭曲时空的概念时，国外科学家们就用生活中的漩涡，或者在弹性膜中间的重球，来类比星体引力对时空的影响，这样会大大简化我们学习、理解和记忆的过程，这种学习方法被称为类比学习法）。

我们平时所说的晶体管全称是双极性晶体管（Bipolar Junction Transistor），具有两个 PN 结，NPN 和 PNP 型晶体管符号如图 1-26 所示，有基极 B（Base）、集电极 C（Collector）、发射极 E（Emitter）三个引脚，怎么判断晶体管是 NPN 还是 PNP 呢？**记住：符号中的箭头都是从 P 指向 N 的。**图 1-26 左图中，箭头起点为 P、终点为 N，所以 P 在晶体管中间，即为 NPN；而右图中，箭头

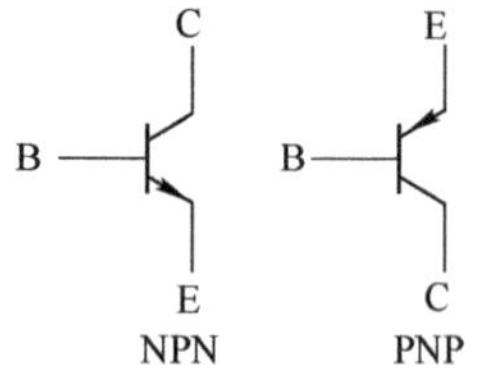

图 1-26　NPN 与 PNP 型
晶体管符号

起点为 P、终点为 N，所以晶体管中间为 N，即为 PNP。

本节以 NPN 晶体管为例，介绍晶体管的特性。图 1-27 的曲线是 NPN 晶体管的输出特性曲线，横坐标是 CE 之间的电压 U_{CE}，纵坐标是 CE 之间的电流 I_C，这些曲线主要就是描述基极电流 I_B、集电极电流 I_C 和 U_{CE} 三者的关系。晶体管有三个工作区，分别是饱和区、放大区和截止区。

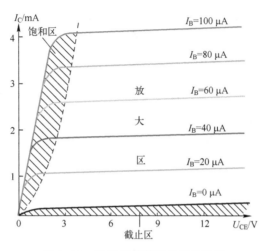

图 1-27　NPN 晶体管输出特性曲线

1）饱和区的特点。晶体管的电流 I_C 与 I_B 和 U_{CE} 都有关，当 U_{CE} 不变时，I_B 变化引起的 I_C 变化不大；但是反过来，I_B 固定，U_{CE} 变化一点点就会引起 I_C 剧烈变化，换句话说晶体管已经饱和了，饱和的意思就是满了，我们可以用向水杯里倒水的模型来记忆这个过程，如图 1-28 所示，I_B 就是水龙头注水的水流，I_C 就是水面的高度，U_{CE} 就是指水杯的高度。饱和就是指水满了，如图中饱和时状态所示，此时水面高度 I_C 已经满了（已经饱和）不受控于 I_B 了，而受控于水杯的高度 U_{CE}，如果想要进一步增加 I_C，就需要增加水杯高度 U_{CE}，这样理解并记忆饱和这个概念就更形象易懂了。

2）放大区的特点。随着 I_B 的增加，I_C 也增加，I_C 主要受控于 I_B，与 U_{CE} 关系不大，图 1-27 中可以看到，放大区内 U_{CE} 增加时 I_C 基本不变，而 I_B 增加时 I_C 就跟着增加。图 1-28 清晰地类比了这个过程，通俗点说就是用 I_B 来控制 I_C，这就是我们称晶体管是电流控制型器件的原因。还是以水杯模型来加深记忆，图中放大状态的水杯中，不管水杯高度 U_{CE} 是多高，I_C 的高度只受控于注水水流 I_B。

3）截止区的特点。不管 U_{CE} 怎么变化，只要 I_B 等于 0 或接近于 0，I_C 也就约等于 0，我们还是以水杯为模型来加深理解，图 1-28 中注入杯中的水龙头 I_B 水流非常小，接近于 0，所有不管水杯 U_{CE} 多高，水杯中的水 I_C 始终接近于 0。

在电流 I_C 不大时，晶体管常用来做放大器或者是开关使用，当需要大电流时往往用 MOS 来做开关使用，以上就是晶体管的相关特性介绍，结合晶体管的水流控制等效模型来理解记忆就会容易得多。

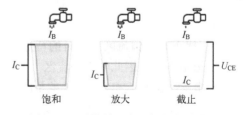

图 1-28　晶体管的水流控制等效模型

1.5 MOS 管特性介绍

MOS 管全称是 MOS-FET，金属氧化物半导体场效应晶体管（Metal-Oxide Semiconductor Field Effect Transistor），本节介绍 N 沟道增强型场效应晶体管，符号如图 1-29 所示，该管具有栅极 G（Gate）、漏极 D（Drain）、源极 S（Source）三个引脚。怎么判断这个管子是 N 沟道还是 P 沟道呢？可以看器件符号中的箭头指向，这个箭头不管在 MOS 管还是晶体管，都是从 P 指向 N 的，箭头指向的沟道就是 N 沟道，反之就是 P 沟道。

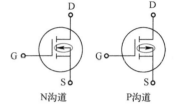

图 1-29 MOS 管的电路符号

图 1-30 是典型的 NMOS 输出特性曲线，横坐标是 DS 之间的压差，纵坐标是流过 DS 的电流 I_{DS}，不同曲线对应着 GS 之间不同的压差 U_{GS}，U_{GS} 从下往上越来越大。MOS 具有三个工作区：可变电阻区、饱和区/恒流区、夹断区，图中的曲线主要是描述 U_{GS}、I_{DS}、U_{DS} 三者的关系，仔细观察曲线可以得到以下三个重要工作区。

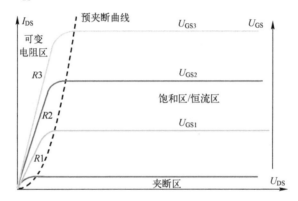

图 1-30 NMOS 的输出特性曲线

1）可变电阻区。这个区域的特点是，对于一个固定的 U_{GS}，随着 U_{DS} 的增加，I_{DS} 也增加，但二者的比值 $\Delta I_{DS}/\Delta U_{DS}$ 是个定值（斜率固定），这个比值是电阻的倒数，此时的 MOS 就像一个电阻：不同的 U_{GS} 在这个区域有不同的导通电阻，在这个区域的输出特性曲线是不同斜率的直线，可以通过 U_{GS} 调节 MOS 的电阻，因此叫可变电阻区。比如，U_{GS1} 曲线在可变电阻区域的斜率就对应着电阻 R1 的倒数，同理，U_{GS2} 曲线在可变电阻区域的斜率就对应着电阻 R2 的倒数，若 U_{GS3} 曲线的斜率大于 U_{GS2} 的曲线斜率大于 U_{GS1} 的曲线斜率，则电阻 R1>R2>R3。总结就是，这个区域 U_{GS} 越大，电阻越小，宏观来看，U_{GS} 控制 MOS 导通的电阻。图 1-31 中还显示了 MOS 电阻曲线，也可以看到 U_{GS} 越大，电阻越小的特点。在开关作用时，MOS 就相当于一个开关，MOS 导通时 U_{DS} 压差接近 0，DS 之间的电阻非常小。

2）接下来是恒流区，此时的特点是：电流 I_{DS} 只与 U_{GS} 有关，而不管 U_{DS} 如何变化，I_{DS} 都基本恒定不变，因此叫作恒流区。此时如果 U_{GS} 增加，那么 I_{DS} 也增加，通过控制 U_{GS} 电压来控制电流（或放大电流），这就是跨导放大器（输入是电压，输出是电流，输出电流除以输入电压等于电导，所以叫跨导放大），因此 MOS 是压控器件（电压控制器件），而晶体管是电流控制器件。

3）当 U_{GS} 小于阈值电压 $U_{GS(th)}$，MOS 就工作在夹断区，相当于 MOS 管关闭，导通电阻非常大，基本没有电流流过 DS，图 1-31 中 U_{GS} 越大，导通电阻就越小，电流越大；反之，U_{GS} 越小，导通电阻就越大，电流越小，这也就是 MOS 作为开关来使用的原理。

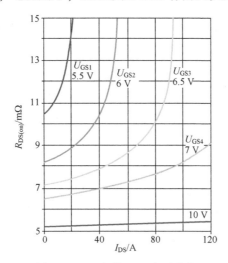

图 1-31 N 沟道 MOS 电阻曲线

1.6 TVS 参数与 ESD 抑制原理

本章介绍的最后一个器件是 TVS，在冬天时，我们触摸电子设备时经常会听到"啪"的一声，这就是静电放电，外行的人可能会抱怨这是产品设计不好导致的，其实不然，设计是否可靠，要看"啪"之后设备是否异常，如果设备正常工作，则说明设计可靠，如果设备异常，比如出现黑屏、闪屏、异响甚至关机，则说明设计不可靠。

我们经常听到 ESD 和 TVS 两个缩写，有的同学很容易混淆，但二者其实是两个完全不同的概念。ESD 全拼是 Electro-Static Discharge，中文意思是"静电释放"，它描述的是一种客观现象。TVS 全拼是 Transient Voltage Suppressor，中文意思是"瞬态电压抑制器"，是一种二极管形式的保护器件，它指的是一种器件。ESD 和 TVS 的关系是，我们用 TVS 来抑制 ESD 对电子电路的影响，从而保证电路系统能够正常工作。

TVS 与受保护器件并联，正常状态时，TVS 对于信号是高阻态，当瞬间电压足够大时，TVS 就提供一个低阻抗通路释放掉这个大电压干扰，示意过程如图 1-32 所示。ESD 就会产生一个非常高的瞬态电压，而且时间极短，可达亿分之一秒，如图 1-33 所示，如果放任这么高的电压不管，会对电路系统产生严重的破坏，如果加入 TVS 的话，那么其影响就会大大降低。

我们一般使用 TVS 来吸收 ESD 的能量，从而保护电路系统正常工作。TVS 的符号如图 1-34 所示，TVS 一般有双向和单向两种，TVS 就是一

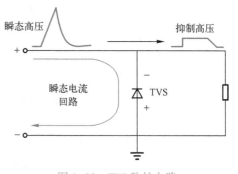

图 1-32 TVS 防护电路

种二极管，是把二极管反向运用，可以类比稳压二极管，利用二极管 PN 结的雪崩击穿原理，进而避免高压干扰进入后面的低压电路。

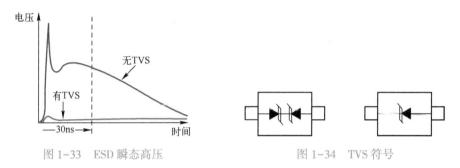

图 1-33 ESD 瞬态高压   图 1-34 TVS 符号

使用 TVS 来抑制静电是一个常见的方案，单向 TVS 的 UI 特性曲线很接近二极管的 UI 特性曲线，我们利用的是其第三象限的工作区，如图 1-35 所示，双向 TVS 的 UI 特性曲线是单向 TVS 工作区曲线的对称。了解 TVS 各种参数意义，有助于在实际电路中，选择合适的 TVS，有效抑制 ESD。

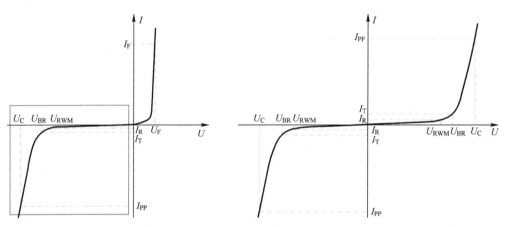

图 1-35 TVS 电流电压特性曲线

我们要正确选型 TVS，来有效抑制 ESD 引起的瞬时大脉冲，同时又不影响到电路本身信号或电源正常工作。以单向 TVS 管为例，详细解读 TVS 各参数意义。TVS 的 IU 特性曲线如图 1-36 所示，TVS 是利用反向时的工作特点来箝位电压，类似于二极管反接、并联在电路中，反向工作时处于图中第三象限，下面就介绍第三象限中的主要参数。

U_{RWM}：Peak Reverse Working Voltage，反向工作电压，也称之为变位电压，在这一工作电压下，可以看到 U_{RWM} 对应的电流 I_R 是很小的，此时 TVS 基本没有电流流过，功耗也就非常小。需要注意的是：U_{RWM} 要大于器件工作时的电压，比如某信号是 3.3 V，则并联的 TVS 的 U_{RWM} 要大于 3.3 V，否则 TVS 可能会把 3.3 V 的信号当作干扰抑制掉，或者白白增加功耗。

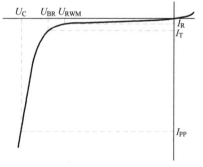

图 1-36 单向 TVS 电流电压特性曲线

I_R：Reverse Leakage Current @ U_{RWM}，漏电流，即 TVS 工作在 U_{RWM} 时的电流，这是一种漏电流，电流值很小，电压在 $0 \sim U_{RWM}$ 之间，I_R 约等于 0。

U_{BR}：Breakdown Voltage @ I_T，击穿电压。它指的是在一定电流 I_T（测试电流）下，TVS 反向导通时两端的电压，此时 TVS 处于低阻抗通路，高脉冲此时开始被导通到地回路，此时开始进入雪崩击穿。

U_C：Clamping Voltage @ I_{PP}，箝位电压，即在峰值电流 I_{PP} 作用下，TVS 两端的电压，这是非常重要的参数，在峰值电流 I_{PP} 作用下，大部分能量是通过 TVS 流到地，电压被箝位，进而保护了 TVS 后面的电路。

U_C 一定要小于后面电路能承受的最大电压，因为，如果 U_C 高于器件的承受电压，那么峰值脉冲被箝位在 U_C 后，U_C 依然高于器件承受电压，器件还是会损坏。

用 TVS 来缓解静电是常见的方法，但是实际工程中往往不是想当然这么简单，比如手机中常出现静电问题的天线，通常而言，TVS 最好是就近放在电路中引入静电的位置，即 TVS 放置于引入静电的源端，但是这常常会影响天线或者射频性能，此时需要考虑把 TVS 放置在其他位置。如果 TVS 放置距离太远，则静电可能通过传导或者二次放电给电路带来影响，这就需要实测 TVS 不同布局位置的具体效果。此外，还可以考虑使用小电容或小电感来优化静电问题。

1.7　器件实战案例讲解

1.7.1　实战讲解：MLCC 电容为什么会叫？怎么让它"闭嘴"？　▶

1-4　如何解决电容"啸叫"

随着笔记本电脑、手机等设备的普及，由电容振动所产生的"啸叫"问题越来越受到人们的关注，如何优化电容"啸叫"，让电容"闭嘴"，是一个有趣的问题。

MLCC 电容发生啸叫主要是由陶瓷的压电效应引起的，如图 1-37 所示，MLCC 电容由于其特殊的陶瓷材料特性，当施加在电容两端的电场变化时，可以引起陶瓷材料机械应力的变化，此为逆压电效应，当振动频率落入人耳听觉范围内时，就会产生噪声，即所谓的

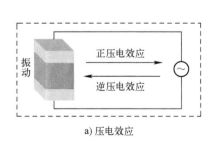

a）压电效应

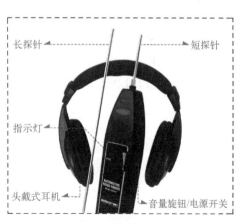

b）故障诊断听诊器

图 1-37　陶瓷电容的压电效应

"啸叫"。正压电效应相反，是陶瓷电容受到力的作用产生电场的过程，比如一些拾音 MIC 就是用陶瓷材料做的。电容啸叫简单来理解就是：陶瓷电容两端电压变化时，电容会振动，电容焊接在 PCB 上会带着板子一起振动，这个振动会发出声音被人听到。

无论是笔记本电脑还是手机，对电源的要求越来越高，通常在电源网络上并联大量的 MLCC，如 BUCK、BOOST 拓扑结构的电源，当设计异常或者负载工作模式异常时，就很容易产生"啸叫"。在笔记本电脑中，当电脑处于休眠状态，或者启动摄像头时，容易产生啸叫；在手机中，最典型的一个案例是 GSM（Global System for Mobile Communications，全球移动通信系统）所用的 PA 电源，如图 1-38 所示，此电源线的特点是功率大、波动大，波动频率为典型的 217 Hz，落入人耳听觉频率范围内（20 Hz～20 kHz），当 GSM 通话时，用专用故障听诊器听此电源线上的电容（**注意：听诊器振动探针接触电容本体，不要接触电容金属引脚**。电子听诊器把振动转换为声音，通过连接耳机输出，这是常见的发音器件定位方法），很容易听到"滋滋"啸叫声，甚至夜深人静，GSM 通话信号不好时，耳朵灵敏的人就能直接听到手机"滋滋"响。

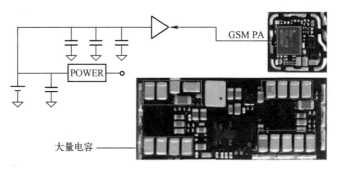

图 1-38　手机 GSM 线路上大量的陶瓷电容

如何抑制电容啸叫？

1）开关电源通常有 PWM 和 PFM 两种工作模式。PWM 工作模式时纹波小、效率高，用在负载功耗比较高的条件下，为了避免 BUCK 在 PWM 工作模式时，给电容充电的开关频率进入人耳听觉频率范围内引起啸叫，有的电源会刻意避开 20 Hz～20 kHz 这个开关频率。当电源处于轻载模式时，会间歇性工作，如 PFM 模式间歇性输出几个脉冲，这个间歇性脉冲也有可能被人耳听到。所以可以从电源或者负载的角度，来优化电源工作频率以避免啸叫，图 1-39 是开关电源 PFM 模式下的开关节点位置 U_{SW} 的波形，开关电源在低功耗时往往会工作在 PFM 模式，PFM 模式在 2.5.9 节有详细介绍。

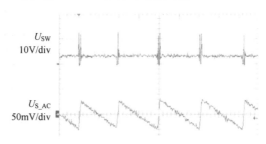

图 1-39　开关电源的 PFM 模式开关波形

2）另一个是隐含的一个状态，在项目初期，系统往往不稳定，负载在正常和低功耗模式之间反复切换，使得电源也容易在 PWM 和 PFM 两个模式之间反复切换，这个切换的时隙（一会 PWM 一会 PFM）也可能引起啸叫，这就需要软件优化系统具有稳定性，以避免负载工作模式异常切换引起啸叫。

3）BUCK 电感的饱和电流选取不合适或其他原因，有可能使得输出电流增加，如图 1-40 所示，这会误触发电源进入过流保护，过一段时间后电压又正常工作，电源在正常工作模式和过流保护模式之间反复切换，这就是俗称的"打嗝模式"，也有一定可能性引起啸叫，电感选取一定要合适。

图 1-40　开关电源的电流波形

4）开关电源本身纹波就大，多相开关电源具有纹波小、电流大的优点，通过交错相位，可以有效减小电源的纹波进而抑制啸叫，如图 1-41 所示。

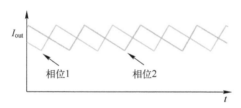

图 1-41　相位交错的电流波形

5）抑制啸叫除了上述软件、参数、拓扑的修改之外，一个典型的方案是使用抗啸叫电容，比如村田 KRM 系列和 ZRB 系列，还有三星的降噪电容等，如图 1-42 所示。其特殊的结构可降低电容器的啸叫现象，电容和 PCB 之间有垫片缓冲，可吸收由热量和机械冲击引起的应力，缓解逆压电效应导致电容振动而带动电路板振动发声的现象，但是这种电容通常会非常昂贵。

6）在布局的时候，也可以优化布局，电容彼此之间交错排列，抵消彼此的振动。

7）有的人甚至提出了在电容旁边挖槽，缓解啸叫的方案，如图 1-43 所示。

图 1-42　抗啸叫电容

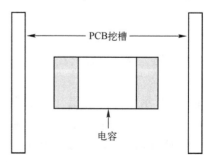

图 1-43　PCB 挖槽

1.7.2 实战讲解：CBOOT 的秘密——自举电容

自举电路顾名思义就是自己把电压抬起来的电路，本节介绍利用电容进行升压的电路（或叫电荷泵电路），是电子电路中常见的电路之一。我们经常在 IC 外围器件中看到自举电容，比如图 1-44 同步降压转换器（BUCK）电路中，C_{BOOT} 就是自举电容（也有叫飞跨电容），电源输入或输出端并联的电容如果掉了，起码电源还能输出一个目标电压（稳定性和抗噪声性能差），但是如果 C_{BOOT} 电容异常，电源就完全不会工作。

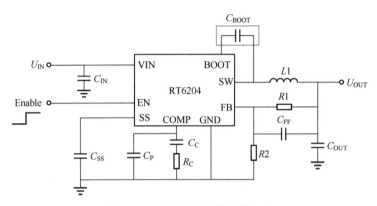

图 1-44 开关电源中的自举电容

为什么要用自举电路呢？这是因为在一些电路中使用 MOS 搭建桥式电路，如图 1-45 所示，下管 NMOS 导通条件容易实现，下管 Q2 的栅极 G 与源极 S 之间的电压 U_{GS} 超过 $U_{GS(th)}$ 后即可导通，$U_{GS(th)}$ 通常比较低，因此很容易实现。而对于上管 Q1 而言，源极 S 本来就有一定的电压，如果要想直接驱动栅极 G 来满足 $U_{GS} > U_{GS(th)}$ 的条件，栅极 G 的电压需要比源极 S 的电压还要高，则需要在栅极 G 和地之间加一个很高的电压，这点难以实现（MOS 相关介绍见 1.5 小节）。

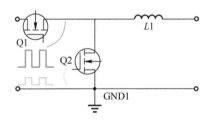

图 1-45 双 MOS 的同步开关电源拓扑

有了自举电路，就可以轻松在上管栅极 G 产生一个高压，从而驱动上管 MOS。具体原理如下。

如图 1-46 所示，输入总电压 U_{IN} 经过内部稳压器后输出一个直流电压 U，用于给 CBOOT（$C1$）充电，这个内部稳压器一般是 LDO 结构的电源（LDO 原理在第 2 章有详细介绍）。当下管 Q2 导通时，SW 电压为 0，LDO 输出电压 $U \rightarrow$ 二极管 $\rightarrow$ 自举电容 $C1 \rightarrow$ 下管 Q2 $\rightarrow$ 地，通过这条回路对 CBOOT 进行充电，电容两端电压约等于 U。

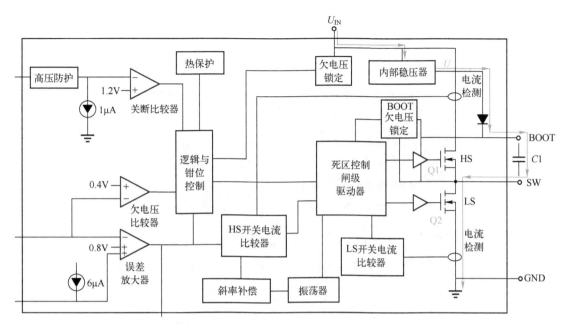

图 1-46　CBOOT 充电路径

当下管 Q2 断开时，电容放电路径如图 1-47 所示，SW 位置电压不再是 0，不管 SW 位置的电压是多少，电容 C1 两端已经存储了电压 U，那么 A 点电压现在比 SW 位置的电压高了 U，相当于 Q1 的栅极 G 比源极 S 高了电压 U，可以使得上管 Q1 导通，此时 A 点的电压变为 $U+U_{SW}$，实现了电压抬升，电容自己把自己的电压举了起来。

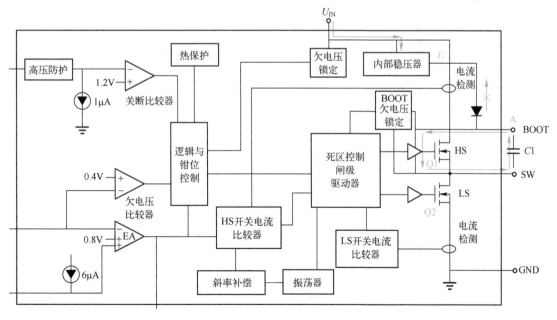

图 1-47　CBOOT 放电路径

图 1-48 是自举电容电压实测波形，黄色和绿色曲线分别是电容两端相对于系统 GND 的电压波形，粉色是绿线减黄线，是电容两端的电压波形。可以看到随着管子的导通与关

断，电容两端的电压一直不变，保持为内部 LDO 的电压，而电容两端相对于系统 GND 的电压一直在波动，一会被升上去，一会又降下来，这样就可以在需要的时候，使得电容高边的电压足够高，以驱动上管导通，与前文分析的过程一致。

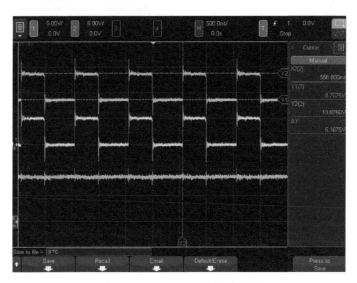

图 1-48　CBOOT 两端实测波形

1.7.3　实战讲解：为什么 MOS 管要并联个二极管？

根据导电沟道的不同，MOS 可以细分为 NMOS 和 PMOS 两种。图 1-49 是 NMOS 的示意图，从图中红色框内可以看到，MOS 在 D、S 极之间并联了一个二极管，有人说这个二极管是寄生二极管，有人说是体二极管（Body-Diode），很多同学非常好奇：为什么要并联这个二极管？有什么用呢？是否可以删除？

这要从 MOS 的工艺和结构说起，不管是 MOS 还是二极管，都是由半导体材料构成，我们都知道二极管是由一对 PN 结组成的，如图 1-50 所示，P 区对应二极管的阳极，N 区对应二极管的阴极，中间是 PN 结。

图 1-49　MOS 与寄生二极管/体二极管

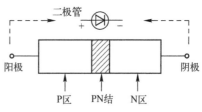

图 1-50　二极管和 PN 结

接下来分析 MOS 结构，从图 1-51a 可以看出，MOS 中的氧化物 O 指的是二氧化硅 SiO_2，SiO_2 不导电，所以 G 极基本不走电流，MOS 是电压驱动器件，因此 MOS 功耗比较低。从图 1-51a 还可以看出，MOS 除了 D、G、S 三个极之外，还有一个中间极，中间极和

S 极有连接关系（虚线），因此在图 1-51b 的电路符号中，会将 MOS 内部指向沟道的箭头和 S 极连接在一起。

从图 1-51c 中可以看到，从 D 极的 N 型区→中间 P 型区→S 极，刚好构成了一个二极管结构（结合图 1-50 理解），这就是 MOS 符号中并联了一个二极管的原因。

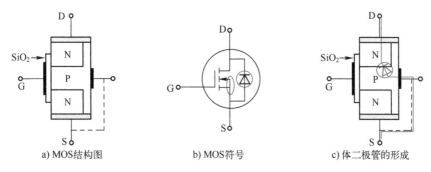

a) MOS结构图   b) MOS符号   c) 体二极管的形成

图 1-51　MOS 与 PN 结

从以上分析可知，并联这个二极管是 MOS 结构和工艺使然的，说它是寄生二极管其实不太合适，体二极管的称呼还是相对准确一些。那么这个体二极管有什么用呢？在一些场景下，是不希望有这个二极管的存在的，因为这会使得 S 极和 D 极之间有漏电的可能性。但有"恨"必有"爱"，在另一些场景下就是利用这个二极管导电的特性，让系统正常工作，这在后文的电池保护原理中会有介绍。有的电池保护板在锂电池过放后，会开启保护功能：关闭放电 MOS。当插上充电器后，就利用 MOS 体二极管，使得电路导通，系统正常工作，如图 1-52 所示，以上就是 MOS 符号并联二极管的原因以及使用介绍。

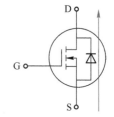

图 1-52　MOS 体二极管的续流作用

1.7.4　实战讲解：哪来的静电？

我们初中课本中就介绍过静电，通过摩擦的方法使得物体带电的过程叫作摩擦起电，自然界有两种电荷，分别是正电荷和负电荷，同性电荷互相排斥、异性电荷互相吸引，正是因为异性电荷互相吸引，所以带电的物体可以吸引轻小的物体。摩擦起电是指两种材料互相接触产生电荷，还有一种起电的方法是静电感应，静电感应不需要两种材料接触，摩擦起电和静电感应这两种起电方式示意，如图 1-53 所示。

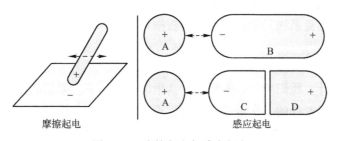

摩擦起电   感应起电

图 1-53　摩擦起电与感应起电

图 1-53 中，物体 A 带正电荷，物体 B 自身的"净电荷"是 0，但是由于 A 的靠近，使得 B 中靠近 A 的部分感应出了负电荷，远离 A 的部分感应出了正电荷，如果此时把 B 分割成两半，则 B 一半带负电而另一半带正电。正负电荷互相抵消叫作中和，如果此时把 A 和 C 接触，就会发生中和，电荷从高电势转移到低电势，进而产生放电现象，需要说明的是放电并不是让电荷消失，而是让电荷转移，正负电荷抵消，这就是电荷守恒定律。

金属是良好的导体，电荷非常容易在上面移动，静止状态下金属表面的电荷会均匀分布，一旦接触到电中性的其他导体，电荷就会向这个导体移动，这个过程如图 1-54 a 所示。而一些绝缘材料，电荷就不容易移动，而是容易积累，往往聚集在某一局部位置，或者不均匀分布在物体表面，此时如果接触良性导体，只有与导体接触的那部分电荷发生转移，绝缘材料不容易导电，远离接触位置的其他电荷不会发生移动，这个过程如图 1-54b 所示，图中绝缘体表面标注的灰色电荷不会转移，绝缘体局部易积累大量的电荷，电势非常高，当聚集一定程度后，就有可能向其他物体放电。

上面的内容解释了一个重要现象，为什么冬天容易产生静电，我们都有冬天被静电电到的经历，这是因为冬天空气干燥，空气的导电性非常低，导致电荷很容易在一些物体表面积累，一旦积累到一定数量后，人体（导体）接触或靠近这个表面带有大量电荷的物体时，就容易发生放电现象。反过来，夏天空气湿润，物体表面被容易导电的潮湿空气包围，电荷很容易被潮湿空气导走，就不容易累积电荷，因此夏天也就不容易发生放电现象。另一个例子是打雷，如图 1-55 所示，云层和大地中间有空气隔绝，二者感应出异性电荷，如果电荷累积到一定程度，正负电荷之间强大的电势差会击穿空气，发生瞬间放电现象。

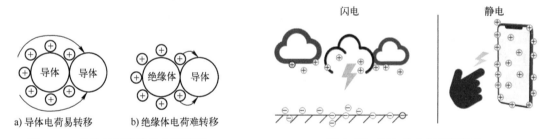

图 1-54 导体与绝缘体的电荷转移   图 1-55 闪电放电与手机静电

相同的现象也会发生在手机等产品上，手机的使用环境还是比较复杂的，尤其是冬天，天干物燥，衣服、手机与各种材料接触、摩擦，表面会累积大量电荷，这些电荷在夏天容易导走释放掉，但是在冬天就不容易导走，而容易累积，一旦累积到一定程度，就容易"啪"地一下对靠近或接触它的物体放电，因此在产品研发时需要做静电测试，为静电释放提供通路或者抑制手段，避免系统异常甚至是电路板损坏。

1.7.5　实战讲解：降额的秘密——不要挑战手册

什么是降额设计？我们为什么要降额？这里简单介绍下，额指的是额定工作状态，降额就是保障我们电子元器件的工作条件在额定范围之内，专业点讲就是元器件的使用应力低于额定应力。降额如果降得越多，那么对元器件的要求就越高，可靠性就越高，价格也就越贵。

1. 为什么要降额设计？

有两个原因，一个原因是约束系统设计参数，提高系统可靠性，提高产线良率，降低产品故障率；另一个原因是省钱。比如设备最大需要 1 A 的电流，你却选择了可以承受 100 A 的电感，能用是能用，但这钱不就白花了吗？这就是过设计。单独 1 个元器件成本相差不多，但是对于出货几百万、几千万台的设备，成本相差的可不是一星半点了。

硬件工程师除了设计电路之外，另一个重要的工作内容就是在成本和性能之间做权衡，即在尽量低的成本下，做到性能和稳定性的最佳折中，花更少的钱，做的产品性能和竞争对手一样，甚至更好。所以，在设计电路和选用元器件时，一定要对参数仔细评估，切记不可随意挑战手册和规范。

2. 具体怎么做呢？

比如电容 GRM32ER60E337ME05 的额定电压是 2.5 V，如果降额 25%，那就是按照 $(1-25\%) \times 2.5 = 1.875$ V 环境下使用；如果降额 30%，那就是按照 $(1-30\%) \times 2.5 = 1.75$ V 环境下使用，给额定工作电压留一点余量。

有的工程师提出反对意见，比如上面提到的电容，有的人会说，"虽然电容手册里标注的额定工作电压是 2.5 V，但是他们一直按照 3 V 使用都正常，那就不用管降额了，也不用管数据手册了，以后就按照 3 V 用。"这种研发态度有风险，我们内部常说"对技术要保持敬畏之心"，我们虽然需要对电容的性能参数进行测试摸底、小批量试产验证、大批量市场验证，但是即使超额验证都正常，我们也不应该超过数据手册要求使用。这是因为，元器件厂家只对他们的数据手册负责，他们认为只有在手册条件下使用器件，才是安全可靠的，超过手册的条件将不能保证性能和可靠性，他们也就不会对此负责。当然，如果研发厂家技术过硬，可以根据自身需求和实际环境压测结果推动原厂修改手册参数，但是这是非常难的事情。

3. 为什么有的人超额使用却没有暴露出问题呢？

有三个原因，第一个原因是，器件厂商会给自己也留一点余量，虽然写的耐压是 2.5 V，但实际可能是 3.0 V。

第二个原因是概率事件，性能参数的模型服从概率分布，大部分电容的性能参数都是很不错的，只有极少数电容性能参数逼近甚至超过极限值，可能数量很少的电容额定值不足 3.0 V，小批量生产时没有暴露出来。

第三个原因是厂家的生产制作工艺影响，比如某型号的元器件，长期以来使用的都是旧产线，工艺落后，MOS 等器件做得厚，耐压值就高。如果后来为了提升生产效率，降低生产成本，进行产线整合，统一更换为新产线，新产线工艺先进，做的管子薄，耐压值低，但是依然在数据手册要求之内。比如电容耐压值由刚开始的 3.0 V 降低到 2.5 V，依然满足数据手册中的 2.5 V，如果此时硬件工程师还是按照以前的经验超数据手册的 3.0 V 使用，那么就很可能会出现大面积不良。

综上，硬件工程师一定要学会科学合理地降额及省钱。

第 2 章

为有源头活水来：电路常用电源架构

2.1 基于电感的开关电源

2.1.1 BUCK 降压电源原理

在电子电路中，电源一般分为两类，一类是线性电源，一类是开关电源。线性电源具有电路简单、面积小、噪声小等优点。开关电源虽然噪声大、面积大，但是具有效率高和热损小等优点，因而被广泛应用。

开关电源还可以细分为降压型、升压型和升降压几类。也可按照隔离、非隔离，或者同步、非同步再进一步细分。在手机、计算机等消费电子领域，降压型 BUCK 电源应用非常广泛，是电源工程师的入门课。图 2-1a 是 DC-DC BUCK 降压电源的原理图，如果不理解BUCK 的原理而只按照官方参考原理图来设计，可能不会得到一个优秀可靠的电源，我们一定要以一个更深入的角度看待问题，只有这样，工作能力才会有提高。图 2-1b 是芯片内部的功能框图，可以看到有两个 MOS，即 Q1 和 Q2，这种有两个控制 MOS 的 BUCK 被称为同步 BUCK，异步 BUCK 中使用二极管代替 Q2，把图中的开关部分和外围电感提取出来就构成了图 2-2 的经典的异步 BUCK 电源拓扑图，图 2-2 中的 S 对应图 2-1 的 Q1，图 2-2 中的VD 对应图 2-1 中的 Q2。

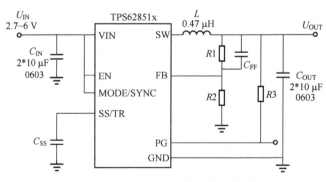

a) DC-DC BUCK降压电源原理图

图 2-1 BUCK 原理图与内部框图

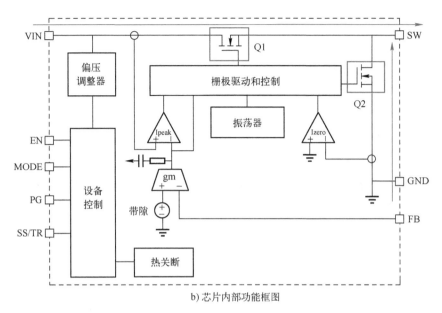

b) 芯片内部功能框图

图 2-1　BUCK 原理图与内部框图（续）

下面介绍降压型 BUCK 电路的基本工作原理，并进行原理仿真。为了把主要精力放在理解 BUCK 原理上，我们选择非同步 BUCK 进行开环分析，也就是电路中只有一个开关管，由二极管对电感进行续流放电，如图 2-2 所示，简约的东西经过组合往往会迸发出不可思议的结果，BUCK 就是这样的电路。

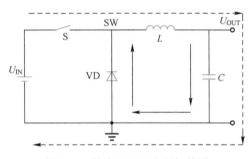

图 2-2　异步 BUCK 电源拓扑图

在图 2-2 中，当开关 S 导通时，SW 电压为高电压，等于 U_{IN}，U_{IN} 给电感 L 充电，流过电感 L 的电流逐渐增加，充电电流路径如图中虚线箭头所示，电感电流充电波形如图 2-3 所示，SW 高电平时电感处于充电状态。

当开关 S 断开时，SW 为低电平，电感 L 通过负载和二极管 VD 放电，电感 L 的电流逐渐减小，放电电流路径如图 2-2 实线箭头部分所示，电感放电波形如图 2-3 所示。

BUCK 的基本工作过程就是对电感充放电的过程。

这里有个小说明，在同步 BUCK 中 VD 会被开关代替，以提高效率。当 S 断开时，SW 位置的电压是 0，但是本章中使用的是续流二极管，则在 S 断开时，SW 其实是有一部分负电压的，差不多是 -0.7 V，这个问题在 2.5.1 小节会有详细介绍。

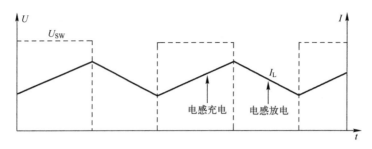

图 2-3　BUCK 开关节点电压波形和电感电流波形

下面推导 BUCK 输入、输出电压的计算关系，我们暂且忽略伏秒特性，只看最基本、最本质、与电感有关的公式：

$$U = L \frac{\Delta I}{\Delta t} \tag{2-1}$$

U 是电感两端的电压，L 是电感量，ΔI 是电感两端电流的变化量，Δt 是经过的时间，将式（2-1）变换得到式（2-2）：

$$\Delta I = \frac{U \Delta t}{L} \tag{2-2}$$

在 BUCK 建立稳态后，一个开关周期内，电感充、放电的电流是相等的，TD 是充电的时间，$T(1-D)$ 是放电的时间（T 为开关周期；D 为占空比，就是开关（上管）导通的时间占整个开关周期的百分比），在稳态时电感充放电是相等的，可得到式（2-3）：

$$\Delta I_{充电} = \Delta I_{放电} \tag{2-3}$$

在充电时可得到式（2-4），充电时电感两端的电压等于 $U_{IN} - U_{OUT}$，

$$\Delta I_{充电} = \frac{(U_{IN} - U_{OUT})TD}{L} \tag{2-4}$$

同理，可以计算得到放电过程电感电流的变化量：

$$\Delta I_{放电} = \frac{U_{OUT} T(1-D)}{L} \tag{2-5}$$

联立式（2-3）、式（2-4）、式（2-5）整理得到：

$$U_{OUT} = U_{IN} D \tag{2-6}$$

从式（2-6）可以看出，由于 D 是小于 1 的数，因此输出 U_{OUT} 是小于输入 U_{IN} 的，因此 BUCK 是降压电源。

下面介绍基于 Multisim 软件的 BUCK 原理仿真，本书中所提供的仿真电路仅供交流学习使用，实际工程要考虑的参数、因素太多，本书只关注所涉及的知识内容。仿真原理图如图 2-4 所示，输入电压 $U_{IN} = 10\,V$，开关频率为 $2\,kHz$，$10V_{(P-P)}$ 方波，占空比是 50%，电感取 $2.2\,mH$。

图 2-5 是在 BUCK 电源输出端并联了 $47\,\mu F$ 电容后的结果，红色方波是开关节点 SW 位置电压波形（方波的 $-0.7\,V$ 电压在 2.5.1 小节有详细介绍），黑色平滑曲线是输出的电流波形，也就是电感充放电的电流波形。通过开关管对电感充放电，可以明显看到电流充放电时的平滑三角波形（电容有滤波效果）。输入电压是 $10\,V$，占空比是 50%，测试得到输出电压 DC 值是 $4.3\,V$，接近式（2-6）推导的 $10 \times 50\% = 5\,V$，思考：为什么计算和仿真相差 $0.7\,V$？

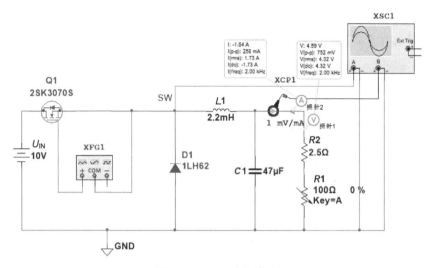

图 2-4　BUCK 电源仿真

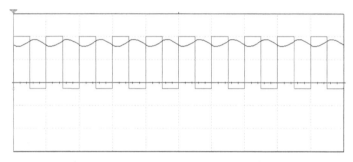

图 2-5　并联 47 μF 输出电容时的仿真波形

图 2-6 是断开 $C1$（47 μF）的仿真结果，黑色电流曲线更接近三角波（无电容滤波效果），输出电压的纹波也会跟着变陡峭。当改变输出电容时，有助于缓解输出电压的波形，然而由于 BUCK 开关架构的先天特点，此纹波无法消除，只可以对它的纹波进行抑制。

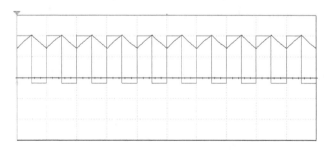

图 2-6　没有输出电容时的仿真波形

同时，可以看到由于续流二极管的存在，当开关断开后，红色波形有小段的负电压，这个负电压大约是 -0.7 V，这是和二极管相关，接近二极管的导通电压。与此同时，由于此二极管的存在，输入输出关系也略微改变，导致输出输入关系与式（2-6）略有差异。这个二极管是会消耗能量的，为了进一步提升 BUCK 电源的效率就出现了同步 BUCK 电路，将续流二极管更换为开关管就可以得到同步 BUCK 电源。

以上就是 BUCK 降压电源的原理介绍。

2.1.2　怎么选择 BUCK 降压电源的电感

当今的消费电子产品越来越趋向于小型化、集成化，功能也越来越多，对于续航的要求自然越来越严格，BUCK 电源以其高效率的优点成为必然的选择。

在设计 BUCK 电路时，如何选择电感是一个值得深入思考的问题。虽然 IC 芯片（Integrated Circuit Chip）厂商会有电感选型推荐，但推荐选型不一定适合所有应用场景，在满足性能需求的基础上选择最合适的电感，是一个硬件工程师的基本素养，否则硬件工程师就很容易变成"抄图工程师"。

在选择电感之前，首先要知道 BUCK 电路的基本原理以及电感的基本参数，看完 1.1.3 小节和 2.1.1 小节的内容后再回过头来本节内容效率会更高，这才是有效、系统的学习途径。

下面介绍如何选择 DCDC BUCK 降压电源的功率电感，我们来分析电感选型的过程。

选型的分析依据是式（2-7）。

$$\Delta I_{放电}=I_{OUT}a \tag{2-7}$$

$$F_{SW}=\frac{1}{T} \tag{2-8}$$

式中，a 是电流纹波系数，或者纹波率；I_{OUT} 是输出电流；F_{SW} 是 BUCK 的开关频率。

联立式（2-5）~式（2-8）再稍微变形，就可以得到式（2-9），这就是选择 BUCK 功率电感的重要公式，从式（2-9）可以看出，如果电感 L 变大，$\Delta I_{放电}=I_{OUT}a$ 就会减小，也就是说增加电感可以抑制电流纹波；同理，如果增加开关频率，那么电流的波形也会相应减小。

$$L=\frac{(U_{IN}-U_{OUT})U_{OUT}}{U_{IN}F_{SW}I_{OUT}a} \tag{2-9}$$

小测试：

假设 BUCK 的输入是 10 V，输出是 5 V，负载需要的电流是 2 A，开关频率在 2 kHz，求电感值以及电感的 I_{sat} 参数。

1. 电感值

负载电流是 2A，纹波系数 a 按 30% 来约束，那么 $\Delta I_{OUT}=2\,A×0.3=0.6\,A$，$\Delta I_{OUT}$ 就是电流的峰峰值。

$$L=\frac{(U_{IN}-U_{OUT})U_{OUT}}{U_{IN}F_{SW}I_{OUT}0.3}=\frac{(10-5)×5}{10×2000×2×0.3}=2\,mH \tag{2-10}$$

电感值通常要留一定余量，比如 20%~30%，我们暂取 20%，那么电感值就应该选取 2.4 mH，实际上常用、比较接近的电感值为 4.7 mH。

但是为了理解电感值对电流纹波的影响，我们在图 2-4 的基础上分别仿真对比电感 L1 取 2.2 mH 和 4.7 mH 时电流纹波的大小。根据需求，BUCK 输出的电压是 5 V，如果输出 2 A 的电流，那么负载电阻的选择就是 5 V/2 A=2.5 Ω 了，各位读者可以用仿真软件进行仿真以加深理解。

图 2-7 是 2.2 mH 电感和 4.7 mH 电感输出波形对比，黑色是输出电流波形，橙色是开关节点电压波形，可以看到，增加电感后输出电流的纹波明显减小了（输出电压纹波也会跟着变化，图中没有展示）。

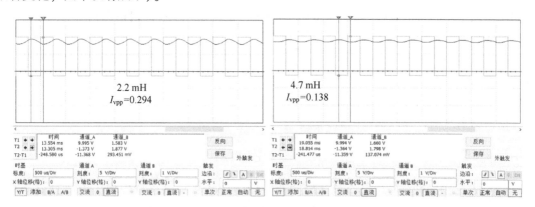

图 2-7 2.2 mH 电感和 4.7 mH 电感输出波形对比

当电感选择为 2.2 mH 时，流过负载 R2 两端的电流 DC 值是 1.7 A，电流峰峰值是 0.29 A，电流小于 2 A 是因为续流二极管会承担一部分电压，导致输出电压低于 5 V 进而使得 2.5 Ω 负载时的电流也低于 2 A；电流峰峰值小于计算的 2 A×0.3 = 0.6 A，一个原因是我们用的是 2.2 mH 电感，不是计算时的 2 mH，另一个原因是输出电流本身就低于 2 A。篇幅限制，这部分仿真图样本书并没有直接给出，感兴趣的同学可以下载图 2-4 仿真文件（下载方式：关注笔者公众号"工程师看海"，回复"6666"），调节不同电感值，深入体会下电感值的选取过程。

当电感选择为 4.7 mH 时，流过负载 R2 两端的电流 DC 值是 1.7 A，电流峰峰值是 0.14 A，电感变大时，电流纹波更小，电流峰峰值都小于设计要求。

2. 电感的饱和电流

流过电感的峰值电流为

$$I_{max} = I_{OUT} + \Delta I/2 = 2 A + 0.3 A = 2.3 A \tag{2-11}$$

电感的饱和电流 I_{sat} 要大于 2.3 A，一般建议 I_{sat} 要比 I_{max} 高 20%~30%，本书余量留 25%，那么电感的 I_{sat} 要大于 2.3 A×1.25 = 2.86 A。

3. 自谐振频率

我们保持其他参数不变，将开关频率由 2 kHz 降低为 1 kHz 后，可以得到如图 2-8 的波形，可以明显看到黑色曲线的电流纹波增加，和前文的理论分析结果一致。

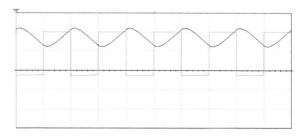

图 2-8 1 kHz 开关频率时电感电流波形

开关频率除了影响电流纹波外，对电感谐振频率其实也有要求。理想电感的阻抗随着频率的增加而增加，而实际电感具有直流电阻和寄生电容，在低频处呈现感性，在高频处呈现容性，二者的转折频率就是电感的自谐振频率，相关内容在 1.1.3 小节中有更详细的介绍，我们需要让电感的自谐振频率大于它的工作频率，也就是说电感的自谐振频率要高于开关频率，以保证电感工作在感性区间，而不是容性区间。

4. 直流电阻 DCR

直流电阻是 BUCK 电源的效率的主要影响因素之一，大的 DCR 会引起热损，尤其是在重载情况下，如果只考虑效率，则对于 DCR 具体的选择没有特殊要求，基本是小点更好。

根据以上介绍，我们就可以初步选出一个合适的电感了。

2.1.3 BOOST 升压电源原理

BOOST 升压电源是利用开关管导通和关断的时间比率，维持稳定输出的一种开关拓扑电源，它以小型、轻量和高效率的特点被广泛应用在各行业电子设备，是不可缺少的一种电源架构。

BOOST 升压电路主要由控制 IC、功率电感和开关管等基本元器件组成，为便于理解原理，本书以非同步 BOOST 为介绍对象（同步 BOOST 使用开关管来代替二极管），图 2-9 即为 BOOST 基本拓扑框图。

和 BUCK 电源类似，当开关 S 导通时，SW 点通过导通的开关 S 接地，SW 电压为 0，U_{IN} 直接给电感 L 充电，此时电感两端电压是 U_{IN}，电流变化量是 ΔI_{on}，充电电流路径见图中实线箭头，开关导通时间 Δt_{on}＝占空比×开关周期＝DT，根据式（2-1）

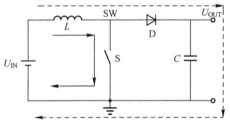

图 2-9 BOOST 基本拓扑框图

可列出式（2-12），整理后得到式（2-13），F 是开关频率，它是开关周期 T 的倒数。

$$U_{IN} = L \frac{\Delta I_{on}}{\Delta t_{on}} = L \frac{\Delta I_{on}}{DT} \qquad (2-12)$$

$$\Delta I_{on} = \frac{U_{IN} DT}{L} = \frac{U_{IN} D}{LF} \qquad (2-13)$$

当开关 S 断开时，L 会通过二极管给负载放电；同时，U_{IN} 也会通过二极管给负载放电，放电时间 $\Delta t_{of} = (1-$占空比$)×$开关周期$=(1-D)T$，此时电感两端电压是 $U_{OUT}-U_{IN}$（注意：是 $U_{OUT}-U_{IN}$）、电流变化量是 ΔI_{of}，可列出式（2-14）和式（2-15）。在开关导通和断开的两个时间内，电感充电和放电是一样的，$\Delta I_{of} = \Delta I_{on}$，称之为电感的伏秒特性。

$$U_L = U_{OUT} - U_{IN} \qquad (2-14)$$

$$U_{OUT} - U_{IN} = L \frac{\Delta I_{of}}{\Delta t_{of}} = L \frac{\Delta I_{of}}{(1-D)T} \qquad (2-15)$$

$$\Delta I_{of} = \frac{(U_{OUT}-U_{IN})(1-D)T}{L} \qquad (2-16)$$

在开关导通和断开的两个时间内 $\Delta I_{of} = \Delta I_{on}$，联立式（2-13）与式（2-16）可以得到 BOOST 电源的输出和输入关系，即式（2-17），整理后得到式（2-18），这就是 BOOST 的输入输出电压计算过程。从式（2-18）中可以看到，由于 $0<D<1$，因此分母 $1-D$ 的值小于 1 大于 0，所以 BOOST 是升压电源。

$$\frac{U_{\mathrm{IN}}DT}{L}=\frac{(U_{\mathrm{OUT}}-U_{\mathrm{IN}})(1-D)T}{L} \qquad (2\text{-}17)$$

$$U_{\mathrm{OUT}}=\frac{U_{\mathrm{IN}}}{1-D} \qquad (2\text{-}18)$$

基于仿真软件 Multisim 对 BOOST 电源进行仿真，仿真原理图如图 2-10 所示。开关频率是 20 kHz，占空比 D 是 50%，Q1 驱动信号是 $5\mathrm{V}_{\mathrm{pp}}$ 的方波，偏置也是 5 V；电感选用 680 μH，输入电压 U_{IN} 为 10 V，理论上输出电压应该是 $U_{\mathrm{IN}}/(1-D)=20$ V。从电压探针上我们可以看到，输出电压 DC 值是 18.4 V，接近理论计算的 20 V，以上就是 BOOST 电路原理分析，下面讨论怎么选择 BOOST 电路的重要器件——电感。

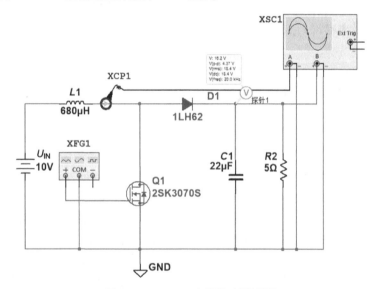

图 2-10　BOOST 电源仿真原理图

2.1.4　BOOST 电源电感的选择

本小节介绍下怎么选择 BOOST 升压电路的电感，根据式（2-12），可以整理得到式（2-19）充电时电感电流变化量 ΔI_{on}（也是电感的纹波电流），其中 U_{IN} 是输入电压，Δt_{on} 是电感充电的时间，T 是开关周期，F 是开关频率。

$$\Delta I_{\mathrm{on}}=\frac{U_{\mathrm{IN}}\Delta t_{\mathrm{on}}}{L}=\frac{U_{\mathrm{IN}}DT}{L}=\frac{U_{\mathrm{IN}}D}{LF} \qquad (2\text{-}19)$$

整理式（2-19）并联立式（2-18），可以初步得到电感的计算公式：

$$L=\frac{U_{\mathrm{IN}}(U_{\mathrm{OUT}}-U_{\mathrm{IN}})}{\Delta I_{\mathrm{on}}U_{\mathrm{OUT}}F} \qquad (2\text{-}20)$$

式（2-20）中还有个 ΔI_{on}，接下来将 ΔI_{on} 化简掉。由于电源的输入功率乘效率等于输出功率，可以得到式（2-21），η 是电源的效率，开关电源效率一般是比较高的，如果只是近似计算，效率 η 可以取 90%。整理式（2-21）可以得到式（2-22）。

$$U_{IN}I_{IN}\eta = U_{OUT}I_{OUT} \tag{2-21}$$

$$I_{IN} = \frac{U_{OUT}I_{OUT}}{U_{IN}\eta} \tag{2-22}$$

和前文中选择 BUCK 电感的过程类似，设电流纹波系数或者纹波率为 a，则可以得到输入电流 I_{IN} 与纹波电流的关系，见式 (2-23)。

$$\Delta I_{on} = I_{IN}a \tag{2-23}$$

联立式 (2-20)、式 (2-22)、式 (2-23) 可以得到电感的计算方法，见式 (2-24)，那么就可以根据公式来选择电感值了。

$$L = \frac{\eta U_{IN}U_{IN}(U_{OUT}-U_{IN})}{aU_{OUT}U_{OUT}I_{OUT}F} = \frac{\eta U_{IN}U_{IN}D}{aU_{OUT}U_{OUT}I_{OUT}F} = \frac{U_{IN}D}{aI_{IN}F} \tag{2-24}$$

但事情并没有结束，这里再深入介绍下电感饱和电流选择的方法。

流过电感的最大电流 I_{max} 见式 (2-25)。

$$I_{max} = I_{IN} + \frac{\Delta I_{on}}{2} \tag{2-25}$$

将式 (2-22) 和式 (2-19) 代入式 (2-25)，即可得到流过电感的最大电流 I_{max}，即式 (2-26)。

$$I_{max} = \frac{I_{OUT}}{(1-D)\eta} + \frac{1}{2} \times \frac{U_{IN}D}{LF} \tag{2-26}$$

在选择电感时，电感的饱和电流一定要大于实际流过电感的最大电流 I_{max}，根据式 (2-24) 和式 (2-26) 我们就可以初步选择 BOOST 电源的电感了，以下先分析式 (2-24)，深刻理解下电感与各参数的关系。在其他参数不变时，如果只增加电感，那么有助于降低电感的电流纹波 (aI_{IN})；而如果只增加开关频率，流过电感的纹波电流也会减小。

我们再次对图 2-10 中的 BOOST 进行仿真，如果想通过开关频率为 20 kHz 的 BOOST 电源将 10 V 的输入电压升压到 20 V，并可以输出 4 A 的电流，并让电感纹波电流小于 0.5 A，那么应该如何选择电感？

输入 10 V，输出 20 V，则占空比 D 应该为 50%，根据式 (2-24)，可以计算出电感值为 $U_{IN}D/(aI_{IN}F) = (10×0.5)/(0.5×20000) = 500\ \mu H$，保留一定余量后再根据实际的电感值最终选为 680 μH。

根据式 (2-26)，当效率取 90% 时，可以得到流经电感的最大电流为：$4/(0.5×0.9) + 0.5×[10×0.5/(680\ \mu H×20\ kHz)] = 9\ A$，我们取 25% 的余量，则电感的饱和电流 I_{sat} 要大于 $9×1.25 = 11.25\ A$。

这样我们就可以根据两个重要参数：饱和电流 I_{sat} 和电感值对电感进行选择了。

图 2-11 是仿真的结果，对比图 2-11a 和图 2-11b，可以发现，电感增加后，流过电感的电流纹波会减小，与前文分析一致。对比图 2-11b 和图 2-11c 可知，频率增加后流过电感的电流纹波也会减小，与前文分析一致。纹波最小的组合是 680 μH 的电感和 20 kHz 的开关频率，想要深入理解 BOOST 电源原理的读者可以下载仿真文件自己亲自动手试试，实践出真，这样才能强化对电路的理解。

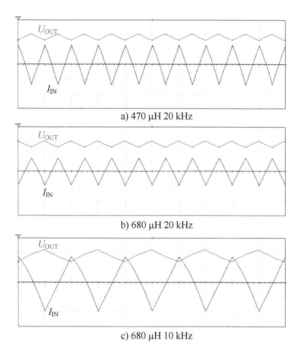

a) 470 μH 20 kHz

b) 680 μH 20 kHz

c) 680 μH 10 kHz

图 2-11　不同参数下 BOOST 电源纹波对比

2.1.5　BUCK-BOOST 负电源原理

在电路系统中，负电压的应用没有正电压多，因此是很多人忽略的一种电源拓扑，不被人们了解，所以有人就经常会问，怎么产生负电压？

BUCK-BOOST 是一种经典的负电源拓扑，广泛应用在 OLED 屏幕驱动等领域，其基本结构如图 2-12 所示，与 BUCK、BOOST 一样，都是由基本的开关、二极管和电感几大元件组成。

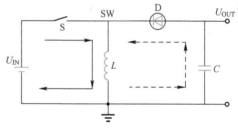

BUCK-BOOST 工作流程也分为开关导通和断开两个过程，开关的周期为 T，占空比为 D，当开关导通时，电源对电感充电，充电的路径见图 2-12 黑色实线箭头，此时电感两端的电压为 U_{IN}：

图 2-12　BUCK-BOOST 负电源拓扑

$$U_{IN} = L \frac{\Delta I_{on}}{TD} \tag{2-27}$$

当开关断开时，电感通过二极管向负载放电（**要注意电流方向**），放电路径见图 2-12 虚线箭头，此时电感两端的电压为 $-U_{OUT}$：

$$U_{OUT} = L \frac{-\Delta I_{of}}{T(1-D)} \tag{2-28}$$

根据伏秒平衡原理，开关在断开和导通时，电感电流变化量是相等的：

$$\Delta I_{on} = \Delta I_{off} \tag{2-29}$$

整理式（2-27）~式（2-29）可以得到：

$$U_{OUT} = \frac{U_{IN}D}{(D-1)} \tag{2-30}$$

占空比 D 是小于 1 的系数，因此 $D/(D-1)<0$，即 BUCK-BOOST 是升降压型负电源。仿真的原理与 BUCK 电源相似，篇幅有限，这里就不做过多介绍了。

2.2 线性电源原理介绍

目前市场上无论什么电子产品，只要涉及电就必须用到电源，电源的分类有很多种，比如开关电源、逆变电源、交流电源等。在移动消费类电子产品中，常用的电源有 DC-DC 电源和线性电源两种，DC-DC 的优点是效率高，但是噪声大，前文已有介绍。线性电源正相反，它是效率低、噪声小。

这两种电源具体在什么场景下使用不能一概而论，通常而言，对于噪声不太敏感的高功耗数字电路大多可以优先考虑 DC-DC 开关电源，而由于模拟电路对噪声比较敏感，可以优先考虑线性电源或低压差线性电源 LDO（Low Dropout Regulator）。

目前，由于技术的进步，DC-DC 的噪声已经降低很多了，但是相比于线性电源还是稍逊一筹。LDO 是线性电源的一种，叫作低压差线性稳压器，特点是输入/输出电压差可以做的很小，为了便于描述，本书中对线性电源和 LDO 都统称为 LDO。

本节我们讨论 LDO 的基本工作原理，仿真一个简单的 LDO 模型，介绍 LDO 使用过程中的相关注意事项。

常见的 LDO 有 P 管和 N 管两种结构（本文以 MOS 型 LDO 为介绍对象），由于 LDO 效率比较低，因此一般不会走大电流。针对某些大电流低压差需求的场合，NMOS LDO 应运而生。图 2-13 是 NMOS LDO 和 PMOS LDO 的系统框图对比，可以看到 NMOS LDO 有一个 BIAS 引脚，为什么会多出这样一个引脚？后面会慢慢说明，下面着重介绍 LDO 的基本工作原理。

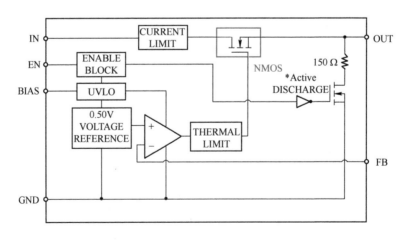

图 2-13 NMOS LDO 与 PMOS LDO

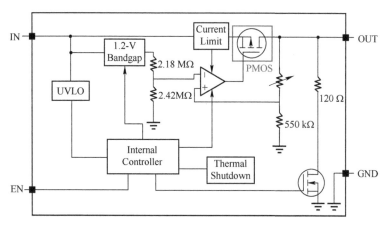

图 2-13 NMOS LDO 与 PMOS LDO（续）

先从宏观整体来看下，很多资料都是把 LDO 等效成一个可变电阻，**注意：等效模型是没错，但正是这个等效，引起了严重的理解偏差**，

如图 2-14 所示，电阻 $R1$ 改变时它分担的电压 U_r 也会跟着变化，通过改变 U_r，最终的结果是维持负载的电压 U_{OUT} 恒定，$U_{OUT}=U_{IN}-U_r$，**注意：这里有一个误区，LDO 的作用效果可以等效为一个可变电阻，但是 LDO 内部的 MOS 管并不是工作在可变电阻区，而是工作在饱和区或者叫恒流区**，下面进行详细介绍。

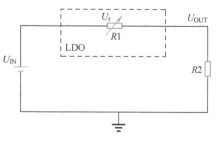

图 2-14 LDO 等效原理图

2.2.1 NMOS LDO 基本原理

1. NMOS LDO 原理概括

由于原理比较复杂，先整体了解下工作过程，然后再分析细节，**这种由整体到细节的分析思路，也是一个重要的学习方法**。图 2-15 是 NMOS LDO 基本拓扑框图，在 1.5 节中已经介绍了 NMOS 特点，在开关电源中 MOS 是工作在开关状态，在 LDO 电源中 MOS 工作在饱和状态，**注意：LDO 一定是工作在饱和区**（只有极少数情况会在可变电阻区，此时调节能力会大大降低），所以 U_G 要大于 U_S，因此 NMOS LDO 除了有 U_{IN} 引脚，一般还会有个 U_{bias} 引脚来给 NMOS 的 G 极提供高压驱动源；或者只有一个 U_{IN}，然后 LDO 内部集成了 CHARGE BUMP（电荷泵）来为 G 极提供高压驱动源，可以参考 1.7.2 小节。LDO 大体工作流程如下：当 U_{OUT} 下降时，由于电阻分压，反馈回路中的 U_{FB} 也会下降，误差放大器 A 检测到 U_{FB} 小于 U_f 后，误差放大器 A 输出端 U_G 就会增加，随着 U_G 增加，MOS 的电流 I_{DS} 电流也增加（1.5 节中，MOS 在饱和区时 U_{GS} 越大则 I_{DS} 也越大），负载电流 I_{OUT} 也会跟着增加，最终使得 U_{OUT} 又恢复到原始电平，这就是负反馈过程，总结状态如下：

$$U_{OUT}\downarrow \longrightarrow U_{FB}\downarrow \longrightarrow U_G\uparrow \longrightarrow I_{OUT}\uparrow \longrightarrow U_{OUT}\uparrow$$

2-2 LDO 基本原理与仿真实现（一）

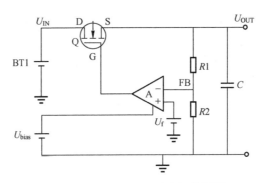

图 2-15　NMOS LDO 基本拓扑框图

2. NMOS LDO 原理详细分析

NMOS LDO 详细工作原理如图 2-16 所示，图中是 NMOS 的输出特性曲线，下面结合图 2-15 与图 2-16 一起分析。假设一开始 LDO 工作状态在 A 点，负载电阻突然变小导致 U_{OUT} 下降（指的是负载电阻变小，则意味着负载电流 I_{OUT} 突然变大，具体原理见 2.5.7 小节），U_{IN} 不变、U_{OUT} 减小、I_{OUT} 变大，由于 $U_{DS}=U_{IN}-U_{OUT}$，那么 U_{DS} 就会增加，MOS 工作点由 A 转移到 B；接着反馈回路开始工作，由于 U_{OUT} 减小，U_{FB} 的分压也跟着减小，经过误差放大器 A 后，U_G 增加（A 的同相端高于反向端，则输出增加），由于 $U_{GS}=U_G-U_S=U_G-U_{OUT}$，那么 U_{GS} 也增加，从图 2-16 可以看到，随着 U_{GS} 增加，MOS 的电流 I_{DS}（也就是负载电流）逐渐上升，进而使得 U_{OUT} 逐渐升高、U_{DS} 逐渐减小，MOS 工作点由 B 转移到 C，LDO 的 U_{DS} 又回到原始工作电平，那么 U_{OUT} 也会回到原始的工作电平，最终看到的现象就是 U_{OUT} 的电压先降低，而后又上升回原始电平，实现了稳压的作用。C 位置相比于 A 位置，U_{DS} 基本一致，但是 C 位置的电流更大，即 LDO 实现了稳压和输出更大电流的作用（思考：为什么图 2-16 中 C 点相比于 A 点，有个微小的电压差异？换句话说，为什么调节后的电压相比于原始电压略微降低？）。

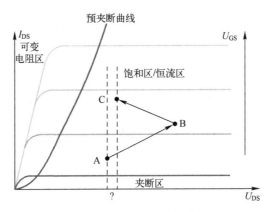

图 2-16　NMOS LDO 工作状态转移图

图 2-17 为某 LDO 工作过程的实测波形，从波形可以看到当负载电流 I_{load} 突然增大时，LDO 的输出电压 U_{OUT} 被瞬间拉低，而后逐渐上升回原始电平，实现了稳压，反之亦然。

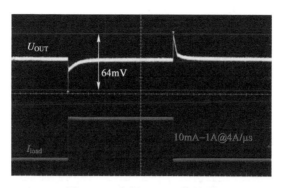

图 2-17　实际 LDO 工作波形

3. NMOS LDO 仿真

2-3　LDO 基本原理与仿真实现（二）

下面对 NMOS LDO 进行仿真，图 2-18 是简化的 5 V 转 3 V 的 NMOS LDO 仿真原理图，LDO 的输入电压是 5 V；U_{bias} 偏置电压是 7 V，用于产生内部参考电压，经过 330 Ω 的电阻限流后，使用稳压管稳定在 2.2 V，供给误差放大器。在输出是 3 V 的前提下，在反馈回路的分压电阻 $R1$（333 Ω）和 $R3$（1 kΩ）作用下，U_{FB} 反馈电压是 3×1000/（333+1000）V = 2.2 V，等于误差放大器同相端电压，当输出电压变化时 U_{FB} 也会变化，进而使得误差放大器输出变化，从而调节 LDO 的输出，换句话说，**我们可以通过匹配反馈电阻 $R1$ 和 $R3$ 来设置输出电压，一些 LDO 就是通过外置电阻来修改输出电压**。从探针 2 可以看到，LDO 输出直流电压是 3 V，与设计一致。

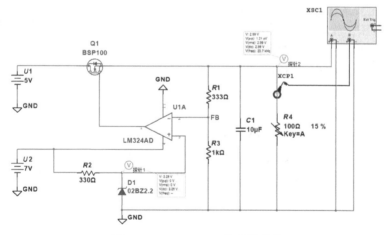

图 2-18　NMOS LDO 仿真原理图

图 2-19 是 LDO 输出波形图，红色曲线是输出电压，黑色曲线是负载电流（通过调节滑动变阻器 $R4$ 来模拟不同的负载），在负载电流从 37 mA 增加到 200 mA（1 mV 对应 1 mA）的过程中，LDO 的输出电压基本不变，实现了我们需要的稳压功能。

NMOS LDO 的基本原理与介绍可以告一段落了，而其内部实际工作情况是非常复杂的，本文只起引导作用，希望能引起大家的共鸣或排解一些疑惑。

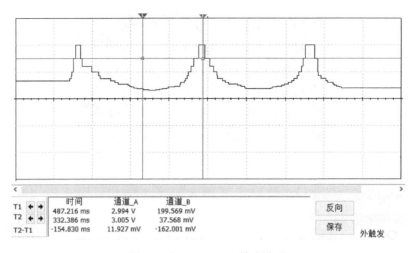

	时间	通道_A	通道_B
T1	487.216 ms	2.994 V	199.569 mV
T2	332.386 ms	3.005 V	37.568 mV
T2-T1	-154.830 ms	11.927 mV	-162.001 mV

反向　保存　外触发

图 2-19　NMOS LDO 输出波形

2.2.2　PMOS LDO 基本原理

介绍完 NMOS LDO 的工作原理后再介绍 PMOS LDO 的原理就会方便许多，NMOS 导通电阻小，常用于大电流场合，而 PMOS 常用于低噪声场合。图 2-20 是一个 PMOS LDO 基本拓扑框图。可以看到 LDO 主要由 PMOS、运放、反馈电阻、误差放大器 A 和参考电压 U_f 构成。LDO 主要的工作流程是将输出电压通过分压电阻分压，放大 U_{FB} 和参考电压之间的误差，通过运放输出 U_G 来调节输出。

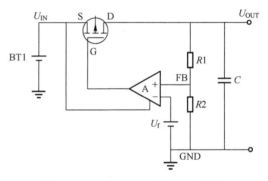

图 2-20　PMOS LDO 基本拓扑框图

当 U_{OUT} 由于负载变化或其他原因而下降时，两个串联分压电阻 $R1$、$R2$ 两端的电压也会下降，进而 FB 点电压下降，FB 点的电压就比 U_f 电压小（**注意：NMOS LDO 反馈电压 FB 连接到误差放大器的反相输入端，PMOS LDO 反馈电压连接到误差放大器的同相输入端**），误差放大器会减小它的输出，使得 G 电位下降，调节 U_{OUT} 又回到原始电位，这部分过程与 NMOS LDO 非常接近，但是一些电压符号是反过来的。

总结过程如下：

$$U_{OUT}\downarrow \longrightarrow U_{FB}\downarrow \longrightarrow U_G\downarrow \longrightarrow I_{OUT}\uparrow \longrightarrow U_{OUT}\uparrow$$

我们结合图 2-20 看图 2-21（注意图中电压的正负）的状态转移图，假如当前工作状态为 A，若负载电阻突然变小（意味着负载电流 I_{OUT} 突然增加）导致 U_{OUT} 降低，U_{IN} 不变，$U_{OUT}-U_{IN}=U_D-U_S=U_{DS}$，则 $|U_{DS}|$ 上升（$U_{DS}<0$，PMOS 输出特性曲线都是负的，与正常逻辑反着来），在输出特性曲线中体现为，由状态工作点 A 转移到

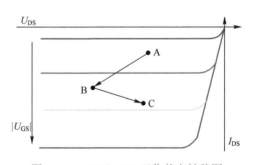

图 2-21　PMOS LDO 工作状态转移图

B。紧接着反馈回路开始发挥作用，由于 U_{OUT} 下降，则 U_{FB} 降低，误差放大器 A 判断 U_f 的电压比 U_{FB} 大则会降低 U_G，$U_G - U_S = U_G - U_{IN} = U_{GS}$，则 $|U_{GS}|$ 也上升（$U_{GS} < 0$），在 $|U_{GS}|$ 驱动下负载电流会慢慢上升，在输出特性曲线恒流区内体现为 MOS 从状态工作点 B 向状态工作点 C，最终 U_{OUT} 又上升回来，完成了完整的调节。

如图 2-22 所示，误差放大器的参考电压是 2.2 V，通过设置反馈电阻 $R2$ 和 $R3$ 的值可以修改 LDO 的输出电压，计算过程在介绍 NMOS LDO 章节中有详细说明，本仿真中的输出电压稳定在 3.2 V，通过调节负载滑动变阻器 $R5$ 的值从 LDO 输出不同的负载电流。

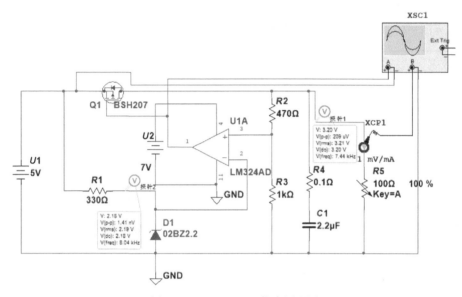

图 2-22　PMOS LDO 仿真原理图

图 2-23 是 PMOS LDO 的仿真波形图，黑色曲线是电流波形，红色曲线是 VGS 电压波形，VGS 是负电压，我们可以看到当负载电流增加时，VGS 电压降低，|VGS| 电压升高，来调节输出，一直稳定在 3.2 V，与前文分析一致。

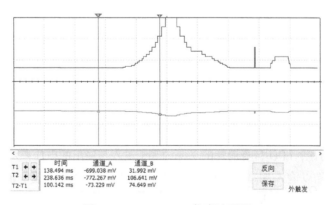

图 2-23　PMOS LDO 仿真波形图

2.2.3 LDO 重要参数介绍

1. 压差

上文介绍了 LDO 是工作在恒流区（饱和区）的，DS 之间有一定的压差（Dropout Voltage），所以 LDO 若想稳定工作在饱和区，输入输出之间必须满足这个压差，应用中可以考虑把数据手册中的数据预留 25% 的余量。例如，图 2-24 中某 LDO 在 $I_{OUT} = 150\,\mathrm{mA}$ 时，LDO 不同的输出 U_{OUT} 对应的 U_{DO} 也不同，U_{OUT} 越大，需要的 U_{DO} 就越小，这可以从图 2-16 找到解释，当输入电压 U_{IN}（对应 MOS 的 U_D）和输出电流不变时，U_{OUT} 越大那么也就是 MOS 的 U_{DS} 越小（$U_{DS} = U_{DO} = U_{IN} - U_{OUT}$），则 U_{DO} 也就越小。

Dropout Voltage(Note 4)	$I_{OUT}=150\,\mathrm{mA}$	$U_{OUT}=1.5\ \mathrm{V}$	U_{DO}	180	235	mV
		$U_{OUT}=1.85\ \mathrm{V}$		120	165	
		$U_{OUT}=2.8\ \mathrm{V}$		75	125	
		$U_{OUT}=3.0\ \mathrm{V}$		72	120	
		$U_{OUT}=3.1\ \mathrm{V}$		70	120	
		$U_{OUT}=3.3\ \mathrm{V}$		65	110	

图 2-24　LDO 手册数据截取

图 2-25 是某 LDO 的压差与负载电流的关系曲线，可以看到如果负载电流越大，那么 LDO 的压差也应该越大，这也可以从图 2-16 找到解释，如果负载电流越大，那么 MOS 的工作区间就越靠近恒流区的上部分也就越靠近可变电阻区，为了远离 MOS 的可变电阻区使得 MOS 工作在饱和区，MOS 的 U_{DS} 应该往增加的趋势转移。

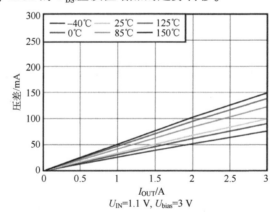

图 2-25　LDO 压差与负载电流关系曲线

2. 效率

此处不做过多讨论，LDO 自身消耗的功率约等于输入与输出的电压差×负载电流（$U_{DO}I_{OUT}$），效率等于输出功率除以输入功率。LDO 的输入电流约等于输出负载电流，因此效率就等于输出电压除以输入电压，见式（2-31）。相同负载电流下，压差 U_{DO} 越大，LDO 功耗越高，发热就越大，效率就越低，压差不要设置太高，有利于提高效率，在手机或者其他便携式设备中尤其会关注 LDO 的效率，一些学习开发板只注重基本功能而忽略性能，有的开发板 LDO 就会发热，甚至是烫手，这就是不合理的电源架构设计。

$$\eta = \frac{P_{\text{OUT}}}{P_{\text{IN}}} = \frac{U_{\text{OUT}}I_{\text{OUT}}}{U_{\text{IN}}I_{\text{OUT}}} = \frac{U_{\text{OUT}}}{U_{\text{IN}}} \tag{2-31}$$

3. PSRR

PSRR（Power Supply Rejection Ratio）电源电压抑制比是 LDO 重要参数之一，是 LDO 对输入电源纹波的抑制能力，LDO 巨大优点之一便是纹波小，即 PSRR 好。PSRR 计算过程见式（2-32），$U_{\text{IN}_{\text{AC}}}$ 是输入电压的变化量，$U_{\text{OUT}_{\text{AC}}}$ 是输出电压的变化量，电源对噪声有抑制作用，**注意：有的手册 PSRR 为负数而有的手册是正数，我们关注的是 PSRR 的绝对值，它的绝对值越大表示对输入纹波的抑制程度越高。**图 2-26 是 Onsemi 某 LDO PSRR 曲线（纵坐标取了绝对值方便阅读），该曲线有个转折点，左边是 LDO 自身环路起主导作用，右边为输出电容和 PCB 起主导作用，PSRR 性能好的 LDO 左边的曲线会更高、纹波抑制能力更好，加大输出电容，右边的曲线会升高。

$$\text{PSRR} = 20\lg \frac{U_{\text{IN}_{\text{AC}}}}{U_{\text{OUT}_{\text{AC}}}} \tag{2-32}$$

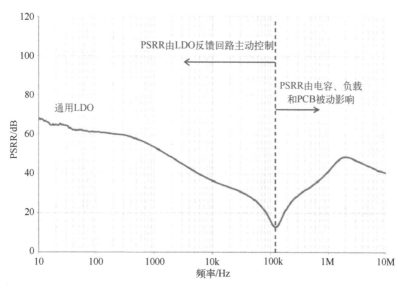

图 2-26　LDO PSRR 曲线

4. 输入电压瞬态响应

输入电压瞬态响应也叫线网调整率（Line Transient Response），指的是在特定负载电流条件下，当输入电压阶跃变化时，引起的输出电压的变化量。从定义可以看出，输入电压瞬态响应越小越好，因为这样才能在输入电压变化时，对输出的影响越小，LDO 性能越好，图 2-27 左图是某 LDO 的输入电压瞬态响应曲线，当第一行的输入电压突然增加时，会引起第二行中输出电压微小上冲，反之亦然，由于这个变化很小（只有 20 mV），与 LDO 输出的几伏电压相比非常小，因此左图中第二行是交流测量，减掉了 LDO 输出的直流量，只看输出电压的变化量，因此第二行的电压是在 0 V 基础上波动。

5. 负载瞬态响应

负载瞬态响应（Load Transient Response）指的是在特定的输入电压条件下，当负载电

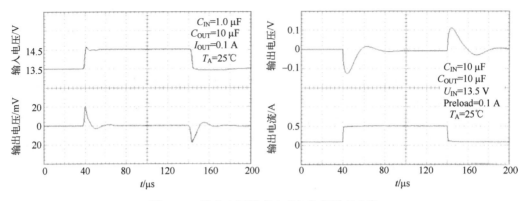

图 2-27　输入电压瞬态响应与负载瞬态响应

流突然变化时，引起的输出电压的变化。从定义可以看出，负载瞬态响应也是越小越好，当负载电流突然变化时，引起的输出变化越小，LDO 性能就越好，从图 2-27 右图中可以看到，当第二行的输出电流突然增加时（负载电阻突然减小），会引起第一行的输出电压下冲，反之亦然，输出电压波形也是看交流量。

　　一个设计优秀的 LDO 一定要具有良好的稳定性，以前接触过在某 LDO 设计初期，内部设计不合理导致 LDO 负载瞬态响应异常的情况，有点类似图 2-49 的波形，上面波形是输出电流，下面曲线是输出电压，当负载电流短时间内拉高时，输出剧烈抖动，并没有稳定在最开始的输出。

2.3　基于电容的电荷泵电源

　　电荷泵电源也是一种常见的电源拓扑，在当今智能手机中有重要应用，与基于电感的开关电源相比，没有电感带来的磁场和 EMI 干扰，效率更高，充电效率很好。近年来，电荷泵比较热门的应用领域是手机快充。手机行业快充方案有高电压或高电流两种，高电压简单易行，对配件要求低；高电流方案，对配件要求高，尤其是线材，这会导致成本急剧上升。

　　电荷泵效率高、成本低，自然广受青睐。

　　图 2-28 是降压（半压）电荷泵拓扑图，由 1 个飞跨电容 $C1$ 和 4 个开关即可实现基本的电荷泵功能，下面简述电荷泵的工作流程。

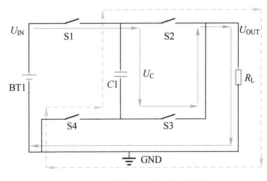

图 2-28　降压电荷泵拓扑图

电荷泵有通常有两个工作状态，分别是电容充电和电容放电，在充电时，开关 S1 和 S3 导通，S2、S4 断开，U_{IN} 对飞跨电容 C1 充电，充电路径见图 2-28 中灰色实线箭头，在充电阶段有式（2-33）。当电容充电时，飞跨电容和负载是串联关系，电流相等，可以列出式（2-34）。

$$U_{IN} - U_C = U_{OUT} \tag{2-33}$$
$$I_{IN} = I_{OUT} = I_C \tag{2-34}$$

放电时，开关 S1 和 S3 断开，S2、S4 导通，放电路径见图 2-28 中虚线箭头，放电时电容 C1 直接给负载 R_L 放电，$U_C = U_{OUT}$，结合充电时的公式，可以得到式（2-35），可以实现降压，即电压减半。当电容放电时，电荷泵输入电流 $I_{IN} = 0$，飞跨电容和负载并联，向负载放电，$I_C = I_{OUT}$。所以在整个开关周期内，输入电流 I_{IN} 只存在 1/2 个周期，I_{OUT} 存在整个周期，最后等效得到式（2-36），电流加倍。

有人称呼这种电荷泵拓扑为半压电荷泵或 2∶1 电荷泵，它的特点是电压减半电流加倍，此外也有倍压（升压）电荷泵结构，基本分析过程都差不多，这里就不展开介绍了。

$$U_{OUT} = 0.5U_{IN} \tag{2-35}$$
$$I_{OUT} = 2I_{IN} \tag{2-36}$$

2.4　弱电流源原理

在电子电路设计中，有两种电源，一种是电压源，另一种是电流源，电压源是电压不变电流在变，而电流源是电流不变电压在变。相比于电压源，电流源的使用场景稍微少一点，手机里面其实也有电流源的，比如闪光灯就是电流源控制，它用的是开关电源结构的电流源，用在大电流场景。本节结合电路仿真，介绍一种基于运放的微弱电流源基本原理，理论计算与仿真验证相结合，写得清晰易懂，且耐心看。

在本科阶段，《模拟电子技术基础》中就介绍过一种电流源：基于晶体管的镜像恒流源，如图 2-29 所示。I_{C1} 是负载电流，其电流值不随负载变化，可以实现恒流，基本原理如下：VT_0 和 VT_1 是两只一样的管子，工作在放大状态，两个管子 B 极电位相等，所以 $I_{B0} = I_{B1}$，两个管子一样，那么晶体管放大倍数 β 也一样，所以 $I_{C0} = I_{C1} = \beta I_{B0}$，$I_{C0}$ 与 I_{C1} 呈现镜像关系，并且 I_{C1} 与负载无关，因此被叫作镜像电流源。

图 2-30 是一种基于运放的弱电流源设计电路，这个电路又叫作豪兰德电流源电路。

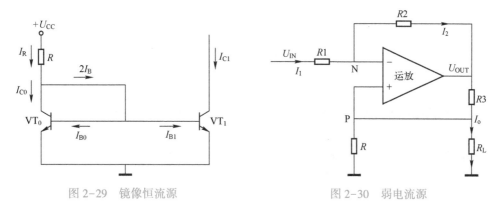

图 2-29　镜像恒流源　　　　　　　　　图 2-30　弱电流源

根据"虚断"原则，没有电流流入运放（运放的内容在第 3 章会详细介绍），所以 $I_1=I_2$，可以列出式（2-37），整理得到式（2-38）；$R3$ 的电流等于 R_L 的电流加上 R 的电流，整理得到式（2-39）和式（2-40）；当满足 $R2/R1=R3/R$ 时，根据运放"虚短"原则 $U_N=U_P$，联立式（2-38）和式（2-40）可以得到式（2-41），推导过程比较烦琐，这里就不写具体过程了。从式（2-41）可以看出负载电流 I_{OUT} 只受输入电压 U_{IN} 和电阻 R 影响，与负载电阻无关，输出电流与输入电压成正比，只要输入电压固定，输出电流也就固定了，即实现了电流源。

$$\frac{U_{IN}-U_N}{R1}=\frac{U_N-U_{OUT}}{R2} \tag{2-37}$$

$$U_N=\frac{U_{IN}R2+U_{OUT}R1}{R1+R2} \tag{2-38}$$

$$\frac{U_P}{R}+I_{OUT}=\frac{U_{OUT}-U_P}{R3} \tag{2-39}$$

$$U_P=\frac{R(U_{OUT}-I_{OUT}R3)}{R+R3} \tag{2-40}$$

$$I_{OUT}=\frac{-U_{IN}}{R} \tag{2-41}$$

下面进行仿真，仿真图如图 2-31 所示，仿真使用的运放是 ICL7652，匹配电阻满足关系 $R2/R1=R3/R$（实际匹配比较难），输入电压为 100 mV，滑动变阻器 $R4$ 来模拟不同的负载，消耗不同的电流，根据式（2-41）可以计算出输出电流等于 $-100/1000\ \mu A=-100\ \mu A$。

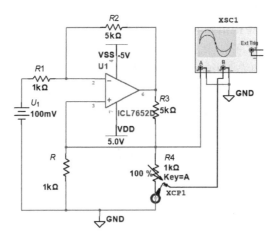

图 2-31　弱电流源仿真原理图

图 2-32 是弱电流源仿真波形图，黑色直线是输出的电流，红色曲线是负载电压，可以看到，调节滑动变阻器时，红色负载电压会变化，但是输出电流一直维持在 $-100\ \mu A$，与前文的分析结果一致。同时，从这个波形也看出，电流源的实现是通过调节电压维持电流稳定，同理，电压源是调节电流维持电压稳定。

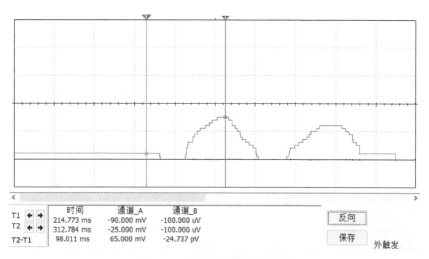

	时间	通道_A	通道_B
T1 ← →	214.773 ms	-90.000 mV	-100.000 uV
T2 ← →	312.784 ms	-25.000 mV	-100.000 uV
T2-T1	98.011 ms	65.000 mV	-24.737 pV

反向

保存　外触发

图 2-32　弱电流源仿真波形图

2.5　电源实战案例讲解

本节介绍一些电源相关的技术案例，有助于加深对电源的理解，解决实际工程中遇到的电源问题，提高硬件调试能力。

2.5.1　实战讲解：BUCK 开关节点下冲负电压原因

BUCK 是常见的降压拓扑结构，BUCK 开关节点的波形，也就是图 2-2 中 SW 位置的电压波形，这个位置的电压 U_{SW} 就是图 2-6 中红色的方波，可以看到方波有个大约 -0.7 V 的负电压。对于 U_{SW} 的电压，为什么有的文章或手册画的是标准的方波，而有的文章画的却是有一个负的脉冲波形呢？甚至有的文章中是一个标准的 -0.7 V 电平，例如图 2-33 开关节点位置的电压波形，第一行是恒定 -0.7 V，第二行是 -0.7 V 的窄电压，这都是怎么产生的呢？

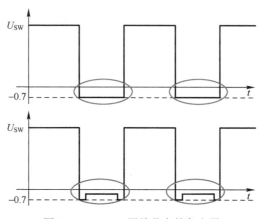

图 2-33　BUCK 开关节点的负电平

这要从 BUCK 的分类说起了，BUCK 分为异步 BUCK 和同步 BUCK 两种，图 2-2 中使用二极管 VD，属于异步 BUCK，如果把二极管换为开关管，那么就是同步 BUCK 了。

BUCK 工作原理在 2.1.1 节中有详细的介绍，我们本节只讨论开关节点 SW 位置电平的情况。在图 2-2 异步 BUCK 中，当开关 S 断开时，是通过电感 L 向负载放电，放电路径是 $L{\rightarrow}$负载${\rightarrow}$VD，因此在 SW 点测量电压时，会有一个恒定的二极管 VD 导通电压，即-0.7 V，也就是图 2-33 第一行的波形。

对于图 2-34 同步 BUCK 而言，如果上下两个管子同时导通，将会发生短路的现象，U_{IN} 直接经过 MOS S1 和 MOS S2 流到 GND。为了避免上管 S1 和下管 S2 同时导通，需要增加死区时间（Dead Time），死区时间的概念示意如图 2-35 所示。

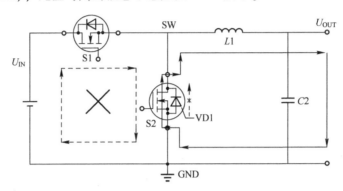

图 2-34　同步 BUCK 避免双管同时导通

图 2-34 的同步 BUCK 在死区时间内，上下两个管子都不导通，此时电感是通过 MOS S2 的体二极管进行放电的，MOS 体二极管的原理在 1.7.3 节中有详细介绍。既然是通过体二极管放电，那在 SW 就有一个负压，见图 2-35 第三行，而过了死区时间后，下管 MOS S2 被导通，放电路径从 $L1{\rightarrow}$负载${\rightarrow}$VD1 变为：$L1{\rightarrow}$负载${\rightarrow}$MOS（体二极管被 MOS 短路），见图 2-34 中实线箭头部分路径，MOS 的导通阻抗很小，所以此时 SW 的负电压很快从-0.7 V 衰减到 0 V，-0.7 V 只会维持一个短暂的时间。

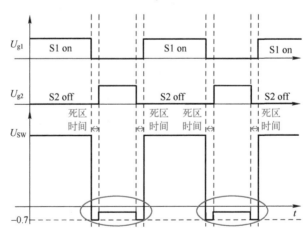

图 2-35　BUCK 死区时间与负电压波形

在 2.1.1 小节中，为了方便介绍 BUCK 的原理，使用了一个 MOS 管和一个二极管构建了一个异步 BUCK 降压电路，因此 SW 位置会有恒定-0.7 V。现在我们把异步 BUCK 改为同步 BUCK（使用两个 MOS 管），并且加入了死区控制时间，仿真原理如图 2-36 所示。

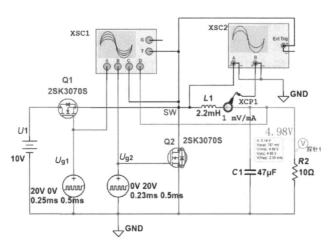

图 2-36　BUCK 死区时间与负电压仿真

图 2-37 中显示了 SW 位置的电压波形、电感 L_1 的充放电流波形 I_L、两个管子 Q1、Q2 的栅极驱动波形 U_{g1}、U_{g2}，由于设置了死区时间，可以看到 U_{g1}、U_{g2} 这两个方波的驱动波形不会同时处于高电平，也就是这两个管子不会同时导通。而在死区时间之内，U_{SW} 有一个短暂的负电压（红色圆框内），在死区时间外 U_{SW} 是高、低电平，这与前文分析过程完全一致。

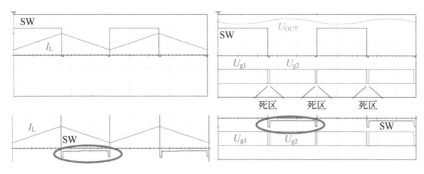

图 2-37　BUCK 死区时间与负电压仿真结果

这就是 BUCK 开关节点位置有两种负电压波形的原因，建议结合仿真波形仔细揣摩图 2-34 和图 2-35，仔细体会其中的过程，最好自己下载仿真文件上手调试，更能加深印象。此外，本节介绍的是体二极管产生的负电压，特点是幅值低，没有上冲，如果 BUCK 的走线或布局不好，会增加环路电感，这样会在 SW 位置产生振铃，引起 EMI 问题，布局布线需要仔细思考，在 5.12.2 小节有详细介绍（**本书前后文的关联性是非常强的，在需要的地方会标注出相关章节**）。

2.5.2　实战讲解：电源快放电原理

很多负载对电源有上电时序和电压转换速率（压摆率）等的要求，比如手机屏幕或相机需要多路电源，这些电源要有先后的上电、下电顺序，同时也要满足一定的上、下电速度要求。

关闭电源后，受负载电路上大电容影响，电容会存储能量，掉电后慢慢放电，导致电源电压下降缓慢。如果在负载电容没有放完电的情况下立刻上电，可能会导致系统不能正常启动。手机屏幕可能出现花屏或闪屏，相机可能打开异常，或者系统直接死机。有的产品说明中有类似介绍，关机后等待 10 s 再开机。一些老式电视机，关机后电源指示灯会过几秒才熄灭，就是慢放电导致。

为了避免设备反复开关引起电源异常，一般就要增加快速放电电路，也叫泄放电路。图 2-38 中的 LDO 内部就集成了快放电功能。该 LDO 的快放电功能受控于 EN 引脚，控制逻辑如下：当 EN 引脚为高时，LDO 被使能可以正常输出，与此同时，反相器把高电平 EN 取反后输出低电平来断开放电 MOS，放电 MOS 受控路径见图中红色曲线。当 EN 引脚为低电平时，LDO 关闭输出，同时，反相器把低电平 EN 取反后输出高电平，导通放电 MOS，快放电通路打开，负载电容上的电压通过 150 Ω 电阻→放电 discharge MOS 被释放，放电路径见图中蓝色部分曲线。

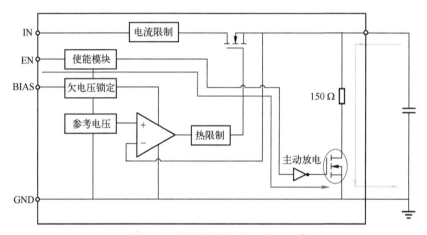

图 2-38　具有快放电功能的 LDO

图 2-39 中 POS 和 NEG 分别是屏幕的正、负供电，从增加快放电功能后的时序波形可以看出，下电非常干净利索。而慢放电时下电非常缓慢，拖泥带水，非常容易出现闪屏的现象。

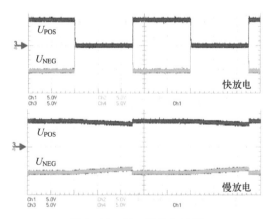

图 2-39　快、慢放电波形

2.5.3　实战讲解：基于 PWM 反馈的电压控制策略

我们在应用中，如果需要动态调整电源输出，应该怎么办呢？增加通信接口虽然方便，但是会增加软、硬件成本，本节介绍一种方案——基于 PWM 反馈的电源控制策略，本节比较复杂，重在领会精神。

在我们日常应用过程中，电源反馈点（后文简称馈点）的位置，有两种实现方案，第一种方案是馈点集成在电源 IC 内部，对于这类普通电源而言，它的输出通常是不可更改的。对于高级一些的电源（Power Management IC，PMIC），虽然馈点也在 IC 内部，但是可以通过软件配置选择不同的输出档位，产生不同的输出电压，比如后文图 5-38 所示的 7 路 LDO，可以通过 I^2C 来控制输出电压。第二种方案是输出可调，具体方法是通过外接不同匹配电阻来控制其输出电压，这个优点是可以根据我们的需求，设置匹配电阻，进而改变其输出电压，如图 2-40 所示，输出电压和电阻的关系已在图中标出，这是种常见的电源调整策略，但缺点是电阻一旦固定则输出固定，产品出厂后输出不能随意更改。

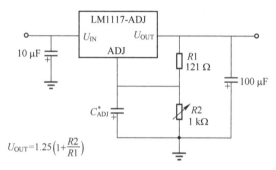

$$U_{OUT}=1.25\left(1+\frac{R2}{R1}\right)$$

图 2-40　匹配电阻调节电源输出

但是，有一些特殊的应用场景，需要根据负载需求实时控制电源的输出电压，那么上面两种馈点的设计，就不能直接满足我们的需求了（一种是馈点在 IC 内部无通信功能，输出不可调；一种是输出通过外接电阻设置，电阻固定后输出也固定，不能反复调节；具有通信接口的电源不在本节讨论范围内）。

在手机设计领域，一个经典的应用场景是无线充电，当发射端 TX 和接收端 RX 距离稍微变远时，我们需要增加 TX 输出功率，如果通过增加 TX 的电压来增加功率，我们可以怎么做呢？换句话来说，当 TX 端感应到 RX 远离后，TX 要通知 TX 的供电电源来给 TX 提供更高的电压，进而提供更高的功率。

以下将介绍本节的主角——基于 PWM 反馈的电源控制策略，不需要额外增加复杂的通信接口，就可以根据负载要求动态调整输出电压，既满足功能需求，又降低成本。这个实现方案是在外接馈点的基础上实现的，其原理结构如图 2-41 所示，负载通过一个 I/O 引脚和电源

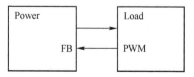

图 2-41　PWM 反馈的电源调节框图

馈点连接，这个 I/O 引脚通过 PWM 来动态调整馈点电压，控制电源输出负载需要的电压，PWM 原理在 2.5.9 和 3.2.3 章节会详细介绍，没接触过 PWM 的同学可以先看看后文相关内容（**本书前后文的关联性是非常强的，在需要的地方会标注出相关章节**）。

先看图 2-42 没有 PWM 时，电源通过反馈调节输出电压的工作原理。电源刚启动时，会根据馈点匹配电阻，来输出电压，输出的电压计算式（2-42），整理后可得到式（2-43）反馈电压 U_b，一旦输出电压 U_{OUT} 有波动，则 U_b 也会跟着波动。IC 内部会通过误差放大器，将反馈电压 U_b 与参考电压 U_{rf} 进行比较，放大这个误差，如果 U_b 低于参考电压 U_{rf}，电源 IC 就会增加输出 U_{OUT}，直到 $U_b = U_{rf}$，U_{OUT} 又回到正常电压值；反过来，如果反馈电压 U_b 高于参考电压 U_{rf}，那么电源 IC 就会降低输出电压 U_{OUT}，直到 $U_b = U_{rf}$，U_{OUT} 又回到正常电压值。这些就是 2.2.1 节中介绍的 LDO 基本原理。

$$U_{OUT} = \frac{U_b(R1+R2)}{R2} \tag{2-42}$$

$$U_b = \frac{R2 U_{OUT}}{R1+R2} \tag{2-43}$$

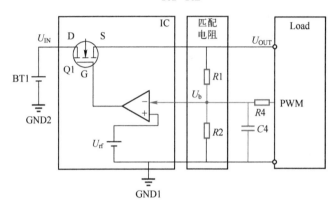

图 2-42　PWM 反馈的电源调节策略

如果此时负载需要调节电压，就调节 PWM 占空比，进而来调节馈点电压，进而调节 U_{OUT}。继续分析图 2-42 中 PWM 引脚开始加入反馈调节的过程。如果负载希望前端电源增加 U_{OUT}，就会减小 PWM 的占空比，注意：**PWM 信号的占空比减小后，经过 RC 滤波得到的直流电平也会减小**，减小后的直流电平与反馈电压叠加后，U_b 减小，电源 IC 将 U_b 与 U_{rf} 对比后，发现 U_b 变小（会判定为 U_{OUT} 减小），就会增加 U_{OUT}，进而使得 U_b 增加，U_b 增加这个过程一直持续到 $U_b = U_{rf}$，此时负载就得到了它需要的高电压值。

反之亦然：如果负载希望前端电源减小 U_{OUT}，就会增加 PWM 的占空比，PWM 信号的占空比增加后，经过 RC 滤波得到的直流电平也会增加，增加后的直流电平与反馈电压叠加后，U_b 增加，电源 IC 将 U_b 与 U_{rf} 对比后，发现 U_b 变大（会判定为 U_{OUT} 变大），就会减小 U_{OUT}，直到 $U_b = U_{rf}$，负载就得到了它需要的低电压值。

对图 2-43 线性电源进行仿真，电阻、电容匹配网络一定要仔细计算，图中参数仅供参考，仿真原理图左面的部分是线性电源，中间部分是低通滤波，最右边的 XFG1 是模仿负载产生 PWM 信号。

图 2-44 是仿真的波形结果，仿真过程是逐渐增加 PWM 占空比然后再逐渐减小 PWM 占空比，A 是输出电压 U_{OUT}，可以看到随着占空比逐渐增加，对 PWM 进行低通滤波后的 D：U_{lp} 位置电压逐渐增加，蓝色的 U_{OUT} 逐渐降低；随着占空比逐渐降低，对 PWM 进行低通滤波后的 D：U_{lp} 位置电压也逐渐降低，蓝色的 U_{OUT} 逐渐增加；与前文的分析结果一致。其中 B：

U_{ref}电压的波动非常小，就是靠这非常小的波动来改变输出电压。PWM 波形看起来很粗是因为频率比较高，密集的方波看起来就是粗线了，如果把波形放大点看会看到占空比的变化。

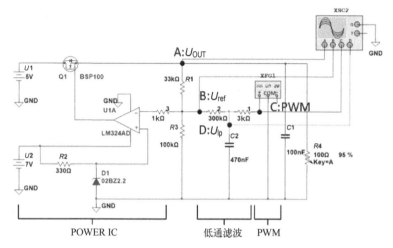

图 2-43　PWM 反馈的电源调节仿真图

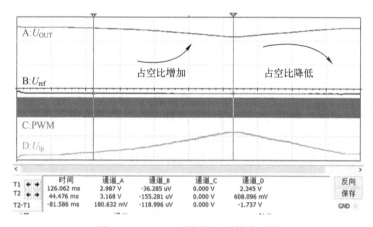

图 2-44　PWM 反馈的电源仿真波形

2.5.4　实战讲解：LDO Dropout 的选择与 PCB 走线设计

LDO 是常用的电源解决方案，压差（dropout voltage）是 LDO 最常见的参数之一，但是并不是所有的工程师都能够根据 LDO 压差正确设计电路或走线，导致产品具有可靠性隐患，降低平均无故障时间。

和 DCDC 开关电源拓扑不同，LDO 内部的管子是工作在饱和区的，在这样的大前提下，LDO 的输入和输出必须要满足一定的压差条件才能有效进行反馈调节，才能正常工作。

对于压差一般有两个必关注因素：

第一个因素是压差自身的范围，这个在 IC 内部基本已经固定了，这部分是电路应用工程师无法管控的，我们只能根据需求合理选型与应用。

简单介绍 LDO 内部影响压差的几个原因，指导大家来正确选型。LDO 内部除了基本的 LDO 拓扑电路外，往往还有一些保护电路、放电电路、逻辑控制电路等，有的 LDO 内部还有电源抬升等电路，这些电路都是要消耗电的，所以 LDO 的压差除了考虑内部管子的工作状态之外，还要考虑内部其他电路的供电需求。

图 2-45 是一款 LDO 的手册截取图片，在输出 I_{OUT} = 0.3 A 时，压差为 140 mV，意味着如果 LDO 输出 1 V@0.3 A，那么输入电压要比输出电压 1 V 高 140 mV，但事情并没有这么简单。输入不能选择 1.14 V，因为 1.14 V 小于输入电压 1.4~5.5 V 的要求，设计将不会保证性能和稳定性，有很多工程师其实是知道这点的，但是在工作中非常容易忘记这一项，一定要仔细检查。

压差我们无法改变，但是外部走线却是完全掌握在我们自己手里，也是应用工程师必须管控的。下面介绍第二个必考虑因素：PCB 走线。

Features

Input Voltage Range	:1.4V~5.5V
Output Voltage Range	:1.0V~3.3V
Output current	:300mA
Quiescent current	:50μA Typ.
Shut-down current	:<1μA
Dropout voltage	:140mV @ I_{OUT}=0.3A
PSRR	:78dB @ 1kHz, V_{OUT}=1.8V
Low Output Voltage Noise	:20μV_{RMS} Typ.
Output Voltage Tolerance	:±1% @ V_{OUT}>2V
Recommend capacitor	:1μF
Thermal-Overload and Short-Circuit Protection	

图 2-45 LDO 参数

以图 2-46 举例说明，现在我们假设 LDO 输出是 3 V@0.3 A，那么 LDO 的前级电源是不是只要输出 3 V+0.14 V = 3.14 V 就可以了呢？**换句话说，LDO 前级电源应该输出多大电压呢？** 图中是线路损耗拆解，在电源的 PCB 走线是 50 mΩ、负载电流是 0.3 A 的情况下，LDO 输入输出 PCB 线路上的电压跌落是 0.015 V，那么前级 DCDC 的电源提供的电压要大于 0.015 V+0.14 V+0.015 V+3 V = 3.17 V 才能使得 LDO 正常工作，而不是只根据手册计算的 3 V+0.14 V = 3.14 V。

同时可以看出，如果 PCB 走线太长或太细，那么线路上的电阻 R 就会变得更大，线路上的电压跌落 IR 也更大（俗称 IR drop），那么 DCDC 如果还是按照 3.17 V 输出电压，留给 LDO 的压差就更小了，设计无法保证性能和稳定性，尤其会影响负载调整率、线网调整率和 PSRR 等参数，此时我们就需要**减小 PCB 的走线电阻，减小线路损耗，或者提高 LDO 的前级电源电压**。

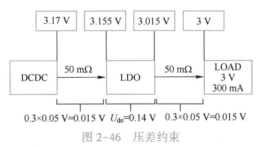

图 2-46 压差约束

然而有人说实际应用中并没有遇到电路异常的情况，这是因为我们的负载一般不会反复拉到最大电流（负载电流越大则压差也就需要越大，如图 2-47 所示，在实际应用中负载很少会达到最大电流），LDO 本身也有一定的余量。电路没发生异常，但是这并不意味着该电路是合理的设计，凡是存在隐患的设计，当产品的数量升上去后，很可能会暴露出问题，给用户带来糟糕的体验，这就是墨菲定律。

上文只考虑了芯片内部因素和外部走线因素，还有一种因素比较极限，这里也介绍下，第三个因素是前置电源的纹波影响。一般为了降低功耗，LDO 前级选择 DCDC 开关降压电源，BUCK 工作时会有纹波，使得 LDO 输入电压会有最大值和最小值，更严谨的设计可以

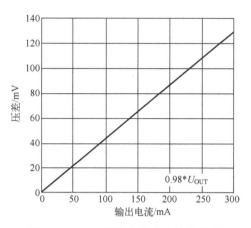

图 2-47　LDO 压差与输出电流的关系

考虑这个纹波的影响。

以上就是针对压差的几个基本的注意事项，可靠的设计一点也马虎不得，当面对十几、几十甚至几百个电源网络时，你能保证每个 LDO 的压差都能满足设计要求吗？

2.5.5　实战讲解：LDO 输出为什么并联电阻？

有的同学在看到一些原理图时，会发现 LDO 输出端对地并联了个大电阻，如图 2-48 所示，这岂不是会白白增加功耗吗？为什么要加这个电阻呢？本节介绍其中的一个原因。

以前在工作中，遇到过一个问题，LDO 输出接了一个负载，负载有低功耗和普通两种工作模式，低功耗模式时正常，普通模式时工作也正常，但是从低功耗切换到普通模式时，却发生了异常，测量得到 LDO 的输出电压接近图 2-49，第一行是电流波形，第二行是电压波形，在负载从低电流切换到高电流后，输出电压异常，导致负载不能正常工作。

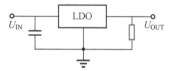

图 2-48　LDO 输出并联大电阻

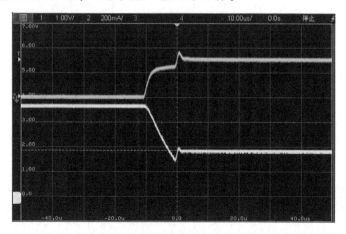

图 2-49　负载瞬态响应异常波形

后来分析到是 LDO 为了进一步降低功耗，当检测到电流低于一定阈值后，自身也会进入低功耗模式（注意：负载有低功耗和普通模式，电源也有低功耗和普通模式），如果突然从低功耗切换到普通模式时响应跟不上就容易发生异常，可以参考 2.2.3 节的内容。当时的缓解方法是在 LDO 输出端对地并联一个**大电阻**，这个电阻一直消耗电流，消耗的电流值刚好比 LDO 低功耗、普通模式的阈值电流高一点，那么 LDO 就会判断自己一直是在普通工作模式，就不会进入低功耗模式，以此来规避问题。

2.5.6 实战讲解：电源幅值超标的调试经过

以前用到一款低噪声正、负电源模块 LM27762，它的工作原理是正电源通过 LDO 实现；负电源是先通过电荷泵产生负压，然后再通过 LDO 产生低噪的负电源。一切看起来很简单，但是没想到调试时，竟然遇到了几个问题，还都比较典型，调试分析思路总结如下，希望能帮到各位读者。

这是一个专门用来进行功能调试的大板子，进行功能验证，PCB 并不是正式设计，以 0402 封装的阻、容器件为主。同事帮忙焊完器件后我接手剩余工作，我先测了下电源的输出，理论上输出是 ±2.5 V，但是我测的结果是 +2.3 V，−2.6 V，这差得有点大，当时怀疑图 2−50 反馈电阻那里的电阻设置错了，通过外置电阻来设置 LDO 的输出电压，这部分内容在 2.5.3 节有介绍。

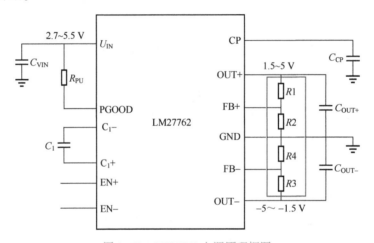

图 2−50　LM27762 电源原理框图

图 2−50 中 R1、R2、R3、R4 这 4 个电阻是用来设置输出电压值的，正负电压计算见式（2−44）与式（2−45），由于正电和负电在 IC 内部有固定的参考电压，因此很容易通过设置反馈的分压匹配电阻来设置输出电压值。

$$+U_{OUT} = 1.2\,V \times (R1+R2)/R2 \tag{2-44}$$

$$-U_{OUT} = -1.22\,V \times (R3+R4)/R4 \tag{2-45}$$

测量了一遍电阻值，都是正常的，我重新焊了 4 个电阻，电压依然是 +2.3 V 和 −2.6 V。

简单看了下焊接，没有明显异常，加焊下电源 IC，电压有了变化，似乎发现了什么蛛丝马迹。刚开始测试的结果是 +2.3 V 和 −2.6 V，加焊后变成了 +2.3 V 和 −3 V，负电有变化，说明和焊接有关，就换了个电源 IC，再次测试结果依然不变。

设置的是 ±2.5 V，为什么差异这么大呢？此时帮我焊接的同事提醒了下：换个万用表试试。

换个电压表测试，正电压正常是+2.5 V！电压表坏了导致前面很多测量都是无效的测量。

那么现在正电压对了，那为什么负电压还是不对呢？

找到了好用的测试仪器后，分析问题就快多了。先测了下负电对应的FB-引脚，**这个引脚应该是-1.22 V，用于调节输出**，但是实测却是-1.4 V，难怪输出不对，然后看了下电源架构框图，如图 2-51 所示。正电压是 U_{IN} 直接通过 LDO 输出，电源路径见图中红实线箭头标注。负电压是 U_{IN} 经过负压电荷泵再通过 LDO 输出，电源路径见图中虚线箭头曲线。LDO的参考电压出了问题，那么就说明电荷泵工作异常，测量电荷泵 CP 端电容电压，结果为 0！

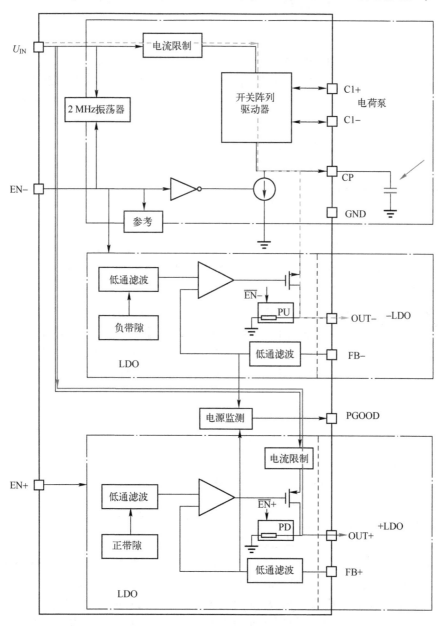

图 2-51　LM27762 电源内部框图

看了下图纸和板子，原来是因为手头没有0402的电容，同事用了大体积0603的电容代替，如图2-52所示，电容体积更大了，导致0603电容虚焊，进而导致负电异常。

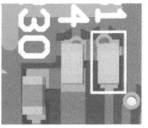

图2-52　虚焊电容照片

重新焊接了0603 4.7 μF的电容，上电，测量，一切正常，±2.5 V非常准。

问题总结：同事刚开始焊接的板子是正常的，我用了坏的万用表测量就得到了异常的电压值，加焊后使得电容虚焊导致电源异常。万用表坏了这个问题我是万万没想到，设备在用之前最好先看下设备是否正常。相同的注意事项还有：用示波器前要先 default（默认设置），避免前面的人设置了某些选项（DC、AC 耦合，带宽限制，×1、×10 档等）导致测试结果异常。实验室如果有坏了的探头，要及时维修。在测量上升沿等信号质量参数之前，最好也先给探头校准下，测试手法和仪表参数的内容在第6章有详细介绍。

2.5.7　实战讲解：为什么负载电流变大时电源输出电压会下降？

在前面的文章中我总是提到当负载电流增加时，电源的输出电压会下降，很多同学在实际项目中也会发现这个现象，比如短路时，如果电源没有保护，那么输出电压就变得非常低，为什么会有这个现象呢？

图2-27右图是一个典型的测试波形图，第二行是负载电流，第一行是输出电压的变化量，可以看到当负载电流突然从0.1 A变化到0.5 A时，输出电压会跌落将近0.1 V。假如这个电源正常工作时输出电压应该是3.3 V，跌落0.1 V就变成了3.2 V，再假如负载的电源输入范围是3.28~3.35 V，那么电源输出的3.2 V小于负载需要的3.28 V，电源将不满足负载的要求，就很可能引起系统异常。

我们使用的电源可以等效成一个理想的电压源和一个内阻 r 的串联，如图2-53所示，可以计算电源的输出电压 U_{OUT}：

$$U_{OUT} = E - I_{OUT}r \qquad (2-46)$$

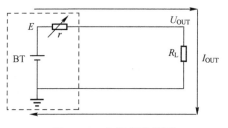

图2-53　电源等效框图

对于理想电压源而言，电动势 E 是固定不变的，当 I_{OUT} 增加时，内阻 r 上分担的电压 $I_{OUT}r$ 也会增加，根据式（2-46），则 U_{OUT} 就会减小，即：负载电阻减小→负载电流增加→U_{OUT}下降，随后电源通过内部的调节网络，减小内阻 r 使得 U_{OUT} 又上升回来。反之，当 I_{OUT} 减小时，内阻 r 上分担的电压 $I_{OUT}r$ 也会减小，U_{OUT} 就会增加，随后电源通过内部的调节网络，增加内阻 r 使得 U_{OUT} 又降低，以此实现稳压功能，也自然产生了输出电压波动。**注意：平时工作中所说的大负载、重负载或者负载变大，指的都是负载电流变大、负载电阻减小。**

2.5.8 实战讲解：为什么你的 LDO 输出不稳定？

曾经有朋友和我说当初用某型号 LDO 时，发现输出异常，更换输出电容解决，但是为什么换电容就解决了？电容哪个参数导致输出不稳定？这些问题却没有深究，那么以后做别的项目或用别的 LDO 时就依然有出问题的风险。

LDO 的输出电容对性能至关重要，除了会提高电源抑制比 PSRR、抑制噪声外，对环路稳定性也至关重要，电容除了容值参数外还有 ESR（Equivalent Series Resistance）等效串联电阻参数（可以理解为真实的电容是一个理想电容串联了一个电阻），二者在选型设计时都要仔细考虑，电容相关内容在 1.1.1 节中有详细介绍。

我们以 PMOS LDO 为例来仿真 ESR 对 LDO 输出的影响，仿真原理图如图 2-54 所示，LDO 输出电压为 3.2 V，输出电容为 2.2 μF，ESR $R4$ 是 0.1 Ω（这个 $R4$ 表示的是电容内部自带的 ESR，不是我们使用 LDO 时在输出电容外面格外串个电阻）。当开关 S1 断开时，负载 $R5$ 为 50 Ω（负载电流为 3.2/50 A = 64 mA），当开关 S1 导通时，负载为 $R6$ 和 $R5$ 的并联，此时负载电流大约是 700 mA，我们仿真的方法就是改变 ESR 电阻 $R4$，切换负载电流，观察输出电压的变化。

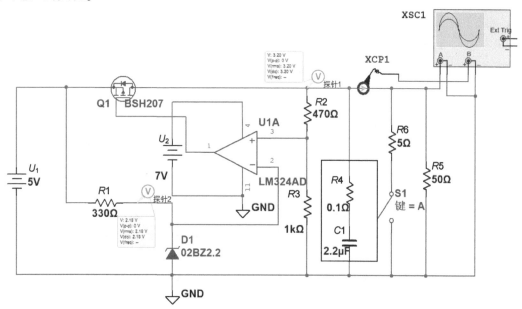

图 2-54　LDO 输出电容 ESR 仿真原理图

图 2-55 是电容的 ESR $R4$ 取 0.1 Ω 时的输出结果，黑色曲线是从 70~700 mA 反复切换的负载电流波形，红色波形是输出电压波形，可以看到电流变化时，输出电压只有微小的波动，整体还是稳定在 3.2 V。

图 2-56 是选择 ESR $R4$ 为 0.001 Ω 的电容结果，刚开始输出是稳定的，一旦切换负载电流时，输出就异常。

同样地，把 ESR 改为 100 Ω 后，刚开始输出也是稳定的，切换负载电流时，输出也容易出现异常，具体波形就不展示了，感兴趣的同学下载仿真文件，亲自动手试试，也可以做一下电源的环路分析，进行更深入的研究。

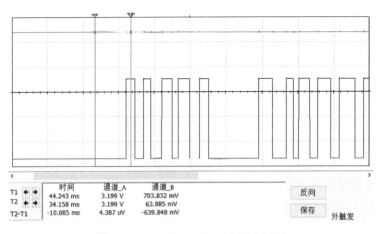

图 2-55　ESR 为 0.1 Ω 时的输出波形

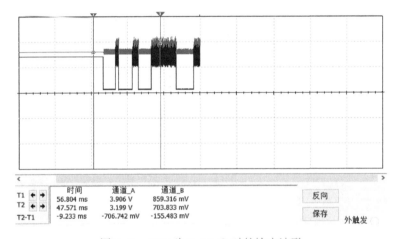

图 2-56　ESR 为 0.001 Ω 时的输出波形

　　总之，LDO 的输出电容对维持电源的稳定性至关重要，并且必须满足容值和 ESR 的要求，否则即使容值相同的两个电容，由于它们各自具有不同的 ESR，不在 LDO 要求范围之内，就有可能引起电源震荡。输出电容的增加会影响环路稳定性和瞬态响应，电容的容值和 ESR，太大或太小都不行，都可能引起振荡，图 2-57 是 LM1117 手册中对输出电容的 ESR 要求，读者一定要认真阅读手册。

9.2.2.1.3 Output Capacitor

The output capacitor is critical in maintaining regulator stability, and must meet the required conditions for both minimum amount of capacitance and equivalent series resistance (ESR). The minimum output capacitance required by the LM1117 is 10 µF, if a tantalum capacitor is used. Any increase of the output capacitance will merely improve the loop stability and transient response. The ESR of the output capacitor should range between 0.3 Ω to 22 Ω. In the case of the adjustable regulator, when the C_{ADJ} is used, a larger output capacitance (22-µF tantalum) is required.
输出电容的ESR应该在0.3~22 Ω之间

图 2-57　LM1117 手册中对输出电容的 ESR 要求

2.5.9　实战讲解：开关电源的 PWM 与 PFM 模式有什么特点？

　　DCDC 开关电源有两种常见的工作模式，就是我们常听说的 PWM 模式和 PFM 模式，一种是普通工作模式，另一种是低功耗工作模式，本节以 BUCK 结构开关电源为例介绍二者工作的特点，以及区分方法。

PWM（Pulse Width Modulation，脉冲宽度调制）的特点是开关的频率固定或者说开关周期固定，而占空比变化（高电平时间变化）。

PFM（Pulse Frequency Modulation，脉冲频率调制）的特点是开关频率是变化的，或者说开关周期是变化的。PWM 和 PFM 的波形对比如图 2-58 所示。

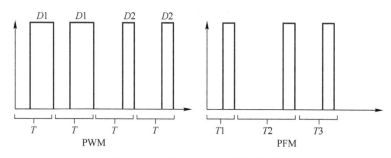

图 2-58　PWM 和 PFM 的波形对比

1. 为什么用 PFM 模式？

这是因为负载在不同的工作状态有不同的电流消耗，而且电流差异很大，小电流可能只有几 mA 甚至 μA，大电流有几百 mA 甚至几 A，而开关电源由于固定的开关频率而使得在低负载电流时效率较低，为了提高电源的效率，降低电源自身在低电流时的开关损耗，就有了 PFM 工作模式。

根据 2.1.1 节和图 2-58 可以知道，PWM 模式时 BUCK 的管子一直处于开关状态，电感不断地充电、放电，而 PFM 模式时管子只偶尔开关，俗称间歇性开关，是非连续工作模式，偶尔给电感充放电一次。

由于 PWM 模式时 BUCK 的控制管子是连续开关，而 PFM 模式时的管子是间歇性开关，这就导致了二者有个显著的差异，即：PFM 模式的纹波要大于 PWM。

2. 怎么判断电源工作在 PFM 还是 PWM 模式？

图 2-59 是一款电源的 PFM 和 PWM 波形测试结果，第一行是输出电压纹波，可以看到 PFM 模式的纹波要大于 PWM 模式，第二行是电源开关节点 SW 位置的电压波形，可以看到

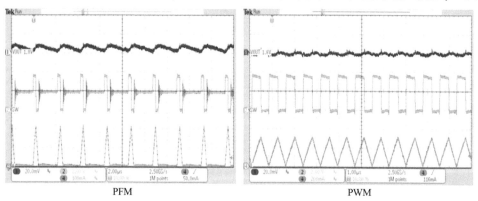

图 2-59　PFM 和 PWM 实测波形对比

PFM 模式时开关是一下一下导通的（导通一下就停了），而 PWM 模式的 SW 节点是一直处于开关状态，这个可以作为区分 PFM 和 PWM 的标志。

第三行是电感的充放电电流波形，可以看到 PFM 模式下，电感间歇性地充放电，而 PWM 模式的电感是连续地充放电，这也可以作为区分 PFM 和 PWM 模式的标志。

图 2-59 波形中 PFM 模式是间歇性的开关一次，有的情况是间歇性开关多次，比如图 2-60，第一行是开关节点的波形，就是间歇性地产生开关脉冲序列串，从第三行可以看到，在开关时电感反复充放电，开关停止则充放电也就停止了。

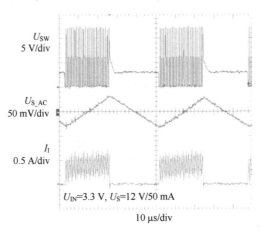

图 2-60　PFM 的脉冲序列波形

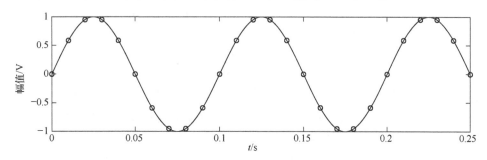

（大标题装饰数字 3）

第 3 章

山重水复疑无路：模拟信号处理

3.1 镜像世界的桥梁：ADC

在讲 ADC 之前大家一定要明确几个概念：什么是模拟信号？什么是连续信号？什么是数字信号？什么是离散信号？"模拟"这个词表面的意思是模仿，这个词在 20 世纪 80 年代左右用于模拟计算机（当今用的是数字算计机），早期计算机是用电压或者电流来模拟、模仿方程中涉及温度、速度、距离等物理量，模拟信号的概念就是从这来的。现在我们的计算机都是数字计算机，处理的信号大部分都是数字信号，但是模拟信号这个词被沿用至今，而且意义也和刚开始不一样了，一开始使用电压/电流去模拟其他物理量，而现在模拟信号这个词指代的是连续信号，在本书中所说的模拟信号全部指的是连续信号。

与模拟信号相对的就是数字信号（离散信号），模拟信号的特点是电压或电流是连续变化的，而数字信号是通过高低电平对信息进行编码。原本连续的模拟信号，经过 ADC 采样、量化、编码后就变成了离散的数字信号，变成一个一个数据点，在数据采集领域，采样后的信号序列，一般就被称为离散信号或数字信号，计算机或手机最终处理的就是这种数字信号。图 3-1 是模拟信号和离散信号的对比，图中模拟信号是 $\sin(2\pi10t)$，频率是 10 Hz，也就是每秒重复 10 个波形，模拟信号是连续的正弦曲线。而画圆圈的点，就是一个一个离散的点，图中离散信号每个周期有 10 个离散的点，那么模拟信号被离散化的速率是 $10\times10=100$ sps/s，也就是说每秒对模拟信号采样 100 个点，这就是采样率，图中一个周期的离散信号序列是：$[0, 0.59, 0.95, 0.95, 0.59, 0, -0.59, -0.95, -0.95, -0.59]$，有时为了显示方便，会把离散点用线连接起来，但是实际上点与点之间没有数，也不是 0。

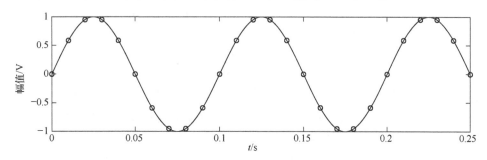

图 3-1　模拟信号与数字信号的对比

ADC（Analog-to-Digital Converter，模拟数字转换器），就是把模拟信号转换成离散数字信号的器件，如图 3-2 所示。一个 ADC 有分辨率和采样速率两个重要的参数，采样速率就是每秒可以采集多少个样本点，高速 ADC 每秒采样点数可以超过 10M 个，甚至是上 G 个，速度越高功耗也越高，发热也会跟着增加。

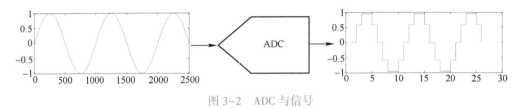

图 3-2　ADC 与信号

ADC 另一个重要的参数是分辨率，分辨率意味着 ADC 能分辨的最小电压值，对于 8 位 ADC 而言，它可以输出 2 的 8 次方（256）个数，也就是 $0,1,2,\cdots,254,255$，对于 10 位 ADC 而言，它可以输出 1024 个数，也就是 $0,1,2,\cdots,1022,1023$，ADC 位数越高，分辨率也就越高，**注意：ADC 的位数影响的是分辨率，而不是精度，有其他指标描述 ADC 精度**。虽然工程师在日常沟通时通常会说高位数的 ADC 精度更高，其实指的是分辨率更高，而不是精度，这个大家心里还是要区分开的，分辨率描述的是能分辨的最小电压，而精度描述的是 ADC 采集的信号准不准。

ADC 需要有参考电压，也叫作基准电压，有的 ADC 是外接参考电压，有的是内部自带参考电压，这个电压的噪声要求非常高，噪声要非常小，因此外接参考电压时电路设计和 PCB 走线就非常重要。

ADC 的最低有效位为 LSB（Least Significant Bit，LSB）。如果 ADC 满量程输入范围为 FS（Full Scale），则 LSB 的计算见式（3-1），其中 N 是 ADC 位数，比如有两个 ADC，一个是 8 位的，另一个是 10 位的，二者的满量程输入范围 FS 都是 2.55 V，那么 8 bit ADC 的 LSB 就是 $2.55/(2^8-1)=10$ mV，10 bit ADC 的 LSB 就是 $2.55/(2^{10}-1)=2.49$ mV，可见 10 bit ADC 能够分辨更小的电压信号。

$$\text{LSB}=\frac{\text{FS}}{2^N-1} \tag{3-1}$$

另一个与 FS 比较接近的物理量是参考电压 U_{ref}，参考电压和 ADC 位数是相辅相成的，共同决定了 ADC 分辨的最小电压，图 3-3 可以更清晰地介绍 FS 和 U_{ref} 的关系，式（3-2）是 U_{ref} 和 LSB 的计算关系。结合图 3-3 可以看到，$\text{FS}=U_{\text{ref}}-1\text{LSB}$。注意：$U_{\text{ref}}$ 和 FS 是电压值非常接近的两个物理量，但是二者还是有差异的。

$$\text{LSB}=\frac{U_{\text{ref}}}{2^N} \tag{3-2}$$

假设图 3-3 中的 ADC 分辨率为 3 位，只能输出 $2^3=8$ 种编码，即 0~7 这 8 个数字，当参考电压 U_{ref} 是 2.56 V 时，根据式（3-2）算得到 LSB 是 0.32 V，当输入电压小于 0.5LSB（<0.16 V）时，ADC 输出数字量 0；当 ADC 输入的模拟电压大于等于满量程输入范围 FS（$\text{FS}=U_{\text{ref}}-1\text{LSB}=2.56\text{ V}-0.32\text{ V}=2.24\text{ V}$）时，ADC 输出数字量达到最大值 7。

传输特性也经常用表格来显示，见图 3-3 右下角的表格。实际上由于量化误差的存在，ADC 的分辨率达不到标称值，往往会降低 2~3 bit，比如一个 12 bit 的 ADC 实际可能只有

10 bit，这个 10 bit 就是常说的有效位数（Effective Number Of Bits，ENOB），在一些微弱信号采集中，系统需要识别非常小的信号，比如生物信号采集中，某些生理信号比如心电信号，往往只有几毫伏，脑电甚至只有几微伏，这就需要更高分辨率的 ADC，这些场景往往使用 16 bit 或 24 bit 的 ADC。

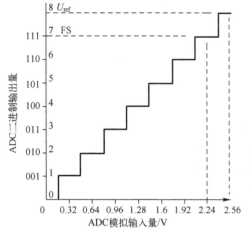
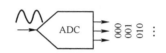

输入电压	描述	理想输出编码
≤1LSB	Negative full-scale code	000
MID	MID doce	100
≥U_{ref}−1LSB	Positive full-scale code	111

图 3-3 ADC 传输特性

我们搭建个简单的电路来模仿 ADC 的工作过程，这样理解得更深刻，图 3-4 中原始模拟信号源是 1 V DC+1 V_{pp} AC@ 1 Hz，原始的模拟信号被开关 Q1 离散化，Q1 开关频率是 10 Hz，也就是说 Q1 每秒开关 10 次，既每秒采样 10 个点，$C1$ 是采样电容，采样后的信号经跟随器输出。图中第二行是结果波形，红色曲线是原始模拟信号，绿色曲线是开关信号，开关的占空比是 10%，蓝色曲线是输出信号。可以看到，当开关为高电平时，开关导通，$C1$ 电容被充电，输出的电压跟随输入信号，当开关断开时，Q1 关断，$C1$ 电容上保持不变，

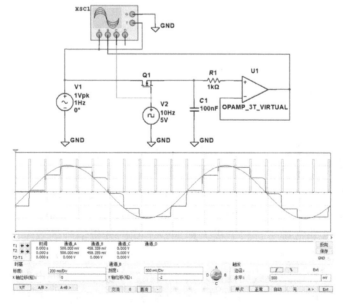

图 3-4 ADC 原理仿真

因此输出像台阶式的电平，对比红、蓝曲线，原始的红色连续模拟信号被采样成一个一个蓝色台阶电平。

3.2 信号分析基础

3.2.1 傅里叶变换与信噪比

常见的信号分析方法有时域分析、频域分析和时频分析等，本节介绍使用非常广泛的频域分析方法——FFT（Fast Fourier Transform, FFT），以及时频分析方法。

傅里叶变换的提出让人们看问题的角度从时域转到了频域，多了一个维度。快速傅里叶变换算法的提出普及了傅里叶变换在工程领域的应用，在科学计算和数字信号处理等领域，FFT 至今依然是非常强大的工具之一。傅里叶变换的物理意义是把时域复杂的信号从频谱中分解出来，时域无法确定信号有哪些频率，但是在频域上看就非常清晰。

比如图 3-5 第一行，信号 y 是由 0.9 V@25 Hz、0.4 V@250 Hz、0.46 V@412 Hz 三种信号和一个 0.1 V 直流组成：$y=0.1+0.9\sin(2\pi25t)+0.4\sin(2\pi250t)+0.46\sin(2\pi412t)$。在第一行的时域就难区分出这三种频率，直接看时域的信号波形，我们是看不出来这个信号是由哪些信号组合来的。

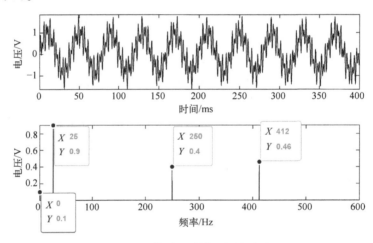

图 3-5 信号的时域和频域波形

但是经过傅里叶变换以后，在频域看，就非常清晰了，三种信号频率以及幅值跃然纸上，图 3-5 第二行可以看到 3 条频率谱线，分别是 0.9 V@25 Hz、0.4 V@250 Hz、0.46 V@412 Hz，还有一个 0.1 V 的直流成分，那么我们就可以通过频域轻松知道这个 y 的组成了：$y=0.1+0.9\sin(2\pi25t)+0.4\sin(2\pi250t)+0.46\sin(2\pi412t)$（本节不讨论相位信息）。如果只从时域来分析的话就非常难了，FFT 极大地加快了我们分析信号的效率。

比如 EMC 分析中，就可以用近场探头结合傅里叶变换，快速定位是哪个频率或频率范围的干扰大，就可以在电路板或周围的环境中找和这个频率相关的电路或者设备来针对性地进行优化。下面是使用 MATLAB 软件进行 FFT 变换的关键代码，s 是原始信号，n 是采样点数量，fft 函数之后我们需要换算成幅值（交流部分和直流部分的换算过程不一样，见下面代码部分），FFT 波形的横坐标是频率，频率的分辨率是采样率 f_s 除以采样点数 n，换句话说就是如果想要分辨更细的频率，在采样率不变的前提下就需要采集更多的点数，比如 250 Hz 的采样率，如果采集 250 个点，FFT 的横坐标中每两个点的频率分辨率就是 250 Hz/250 = 1 Hz；当采样率不变时，采样点数增加到 500 个时，FFT 横坐标分辨率就是 250 Hz/500 = 0.5 Hz。FFT 是双边谱，我们只需要截取一半就可以了，后面我们会根据香农采样定理再详细介绍。

```
fft_s = fft(s,n);
fft_s_abs = abs(fft_s)*2/n;                % 单位换算为时域幅度
fft_s_abs(1) = fft_s_abs(1)/2;             % 直流换算
fft_s_abs_half = fft_s_abs(1:n/2);         % 取单边频谱
f_s_abs = 0:fs/n:(fs-fs/n)/2;              % 横坐标换算为频率
```

时频分析在实际工程中也是非常有用的，因为我们采集的信号频率有时是一直在变化的，此时傅里叶变换就不是很有效，时频分析的优势就很明显了，时频分析可以理解为实时显示采集的信号中有哪些频率，如果从这个角度来考虑，时频分析就是把一个一个短时 FFT 拼接在一起显示，比如在手机音频中，扬声器发出的声音不是单频音源，而是时变的复杂音源，当扬声器异响时，就可以通过时频分析实时观察扬声器音频频率，进而判断是手机哪个模块对扬声器产生干扰。

用声音接收设备采集扬声器的声音进行时频分析，如果发现 GSM 通话时，扬声器发出的声音有 217 Hz 的音频存在、关闭通话时 217 Hz 消失，则扬声器干扰为 GSM 引入；如果发现点击屏幕时，扬声器有滋滋异响，则扬声器干扰大概率和屏幕相关，可以通过时频分析查看干扰频率，来判断是触摸部分还是显示部分产生的干扰；再比如，有一些手机的距离传感器使用超声波来实现，当打电话时听筒发出超过 20 kHz 的超声波来检测手机与人耳的距离，当关闭通话时听筒就不发出超声波，图 3-6 左图是通话时采集听筒附近的声音后进行 FFT 变换，听筒除了发出语音声音外还会产生超声波，超出人耳听觉范围听不到，图中大约 20 kHz 的位置有一条超声波谱线，FFT 的弱点是只能看当前状态的频率信息，时频分析就更灵活，右图是时频分析的结果，横坐标是频率，纵坐标是时间，频谱是从上往下随着时间逐渐刷新的，在通话时有 20 kHz 的蓝色超声波谱线，当关闭通话时谱线消失，时频分析可以看到频谱信息随时间的变化。

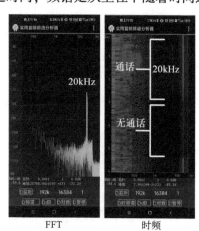

FFT　　　　　时频

图 3-6　FFT 与时频分析

信噪比（SNR）是信号与噪声的功率比（有效值比），它是衡量系统性能的重要指标之一，与傅里叶变换更是有千丝万缕的联系。在很多情况下，我们是通过傅里叶变换来估算信噪比，如果估算方法不对，很难得到我们期望的结果，经常会事与愿违。

在求解 SNR 的过程中，我们是用"评估 SNR"来描述的，这就是说我们无法精确计算出 SNR，只能进行近似估算，事实也是如此。评估 SNR 的方法分为时域和频域两种。我们以一组离散样本点为分析目标，看下如何评估 SNR 及其误区。

式（3-3）是时域评估信噪比的计算过程，其过程为分别求取离散信号、噪声功率，计算二者之比，比如 ADC 对一个模拟信号采集了一些离散点，取其中的信号部分求平方和，再对噪声部分求平方和，然后计算二者之比。这里有个前提是，我们需要分离出信号与噪声，然后才能求解，然而问题也在于此，对于一段给定的离散时间序列，我们很难完全分离出信号和噪声，图 3-7 中信号和噪声区分的还算是比较明显的，但是实际工程中信号和噪声往往是混合在一起难以直接区分的，所以时域评估 SNR 是有局限性的，非常不准，而且不够直观，所以通常我们在频域下求解。

$$\text{SNR} = \frac{\dfrac{1}{N}\sum_{N=0}^{N-1}\left[Xs(n)\right]^2}{\dfrac{1}{N}\sum_{N=0}^{N-1}\left[Xn(n)\right]^2} = \frac{\sum_{N=0}^{N-1}\left[Xs(n)\right]^2}{\sum_{N=0}^{N-1}\left[Xn(n)\right]^2} \qquad (3-3)$$

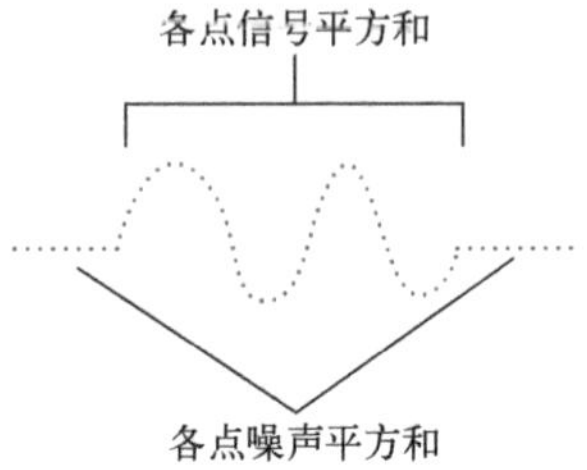

在频域上的 SNR 计算原理和时域很接近，时域和频域能量相等，这就是帕萨瓦尔定理。还是求信号功率与噪声功率之比，最简单的方法是在频谱 $X(m)$ 上设置阈值，阈值之上为信号，阈值之下为噪声，见式（3-4），如果用分贝（dB）作为单位，其值还需要取 10lg。这样就会有阈值设置带来的估计准确性问题，信号频带范围内虽然或多或少也会有噪声叠加进来，但频域比时域要精确得多，在频域计算 SNR 更准确。

图 3-7　时域信噪比估计

$$\text{SNR} = \frac{\text{阈值上方样本值 } X(m)^2 \text{ 的和}}{\text{阈值下方样本值 } X(m)^2 \text{ 的和}} \qquad (3-4)$$

很多人使用 MATLAB 评估 SNR，MATLAB 是非常强大的数学工具，其集成了 SNR 计算函数，但如果应用不正确，就无法得到预期结果，举例如下。

图 3-8 左边是 1V 2Hz 的正弦信号与 0.05V 9Hz 正弦信号叠加后的时域、频域波形，右边是 SNR 函数计算信噪比的示意图，SNR 函数是自动把右图中高功率的信号作为目标信号，其余成分作为噪声，以此来计算信噪比。使用该函数时，如果你的目标信号功率不是最大，那么 SNR 函数计算的信噪比很可能就不是你期望信号的信噪比。

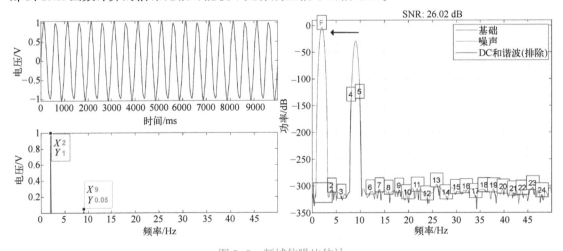

图 3-8　频域信噪比估计

再比如，以前遇到一个实例，有同学使用 MATLAB SNR 函数对 ADC 采集回来的正弦信号数据估算信噪比，但是结果时好时坏，非常不稳定，笔者在分析数据和代码后发现，采集系统的 50 Hz 工频干扰很大，MATLAB 在计算信噪比时，是以 50 Hz 工频干扰为目标信号来计算 SNR，而不是他实际要采集的正弦信号。所以我们一定要在理解 FFT 与 SNR 关系的基础上，正确使用 MATLAB 才能得到期望的 SNR 结果。

还有一点需要说明的是：**FFT 点数不一样，FFT 波形的底噪也会不一样**。这是因为 FFT 具有处理增益，直观点来理解就是如图 3-9 所示，左图是对采集到的 9000 个数据点做 FFT 分析，可以看到噪声整体小于 $0.02\,\mu V_{pp}$，右图是采集 2000 个点然后做 FFT 分析，可以看到数据点少了之后，噪声轻松超过 $0.03\,\mu V_{pp}$，这就是采样点数对 FFT 的影响，因此在 FFT 分析时，最好保持采样点数量不变，这就是一些 ADC 手册在画 SNR 曲线时会标注采样点数目的原因。

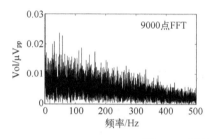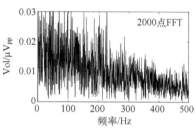

图 3-9　采样点数与噪声

3.2.2　调制与解调原理

前文我们理解了傅里叶变换的应用，就是把复杂的时域信号分解成不同频率，在频域分析信号，有了这样的基础印象后，我们再来理解调制与解调就容易多了。调制与解调是通信中非常常见的技术，其实在信号采集中也会涉及此技术，一些干扰的产生与调制解调密不可分，那么调制与解调究竟是怎么一回事呢？

调制分为幅度调制（AM）和频率调制（FM）两种，让我们先建立直观的应用概念，以调幅调制为例，理解调制解调的作用过程，然后再来从原理进行分析。

调幅调制说白了就是频谱搬移，在通信系统中，对于一个带宽为 B 的低频信号，这个信号的频率非常低，信号在空间中的传播速度是不变的，频率越低，波长越长，需要的天线也就越长（这在 5.12.2 小节后面的天线内容中也有介绍），这个是难以实现的，我们可以把这个低频信号搬移到高频（搬移到高频后的频率为 $F_c\pm B$，这个高频信号 F_c 就是载波，c 就是 carry 的意思，F_c 中承载着原始信号 B 的信息，而 B 信号就是需要调制的信号），图 3-10 揭示了这个过程（FFT 与频谱图在上一小节有介绍），调制到高频后，频率很高，波长很短，天线就可以做得很短，信号就更容易发射传输了，接收端接收到信号后，再进行解调，就又得到低频 B 信号了，调制的过程就可以理解为频谱搬移的过程，调制后的信号变成了高频、窄带宽信号。

下面举例解释调制解调的具体原理，清晰易懂，仅仅凭借高中三角函数知识就能分析清楚。

设目标低频调制信号为 $X=\cos(2\pi Bt)$，其频率为 B，高频载波信号 $X_c=\cos(2\pi F_c t)$，其

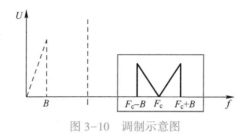

图 3-10　调制示意图

频率为 F_c，F_c 的频率非常高，远大于 B。调制就是做一次乘法，解调就是再做一次乘法。

二者调制后得到 $U_m = X \cdot X_c = \cos(2\pi Bt)\cos(2\pi F_c t) = 0.5\cos[2\pi(F_c+B)t] + 0.5\cos[2\pi(F_c-B)t]$（这是高中三角函数积化和差的内容），我们观察 U_m 中信号的频率成分是 F_c+B 与 F_c-B，如图 3-10 所示。调制后我们就得到了以 F_c 为基础的高频信号，这个高频信号包含了原始的低频信号信息，并通过天线被发送到接收端。

接收端接收到信号后，再进行解调，对 U_m 进行解调过程，即 U_m 再乘以载波信号 X_c，得到输出 U_o，解调过程为：

$$U_o = U_m * X_c = \{0.5\cos[2\pi(F_c+B)t]+0.5\cos[2\pi(F_c-B)t]\}\cos(2\pi F_c*t) = 0.25\{\cos[2\pi(2F_c+B)t]+\cos[2\pi(2F_c-B)t]+2\cos(2\pi B*t)\}。$$

U_o 包含了原始频带 B，也就是 $2\cos(2\pi B*t)$，但是也包含了更高的频率成分 $2F_c\pm B$，如图 3-11 所示，只要对其进行低通滤波后，就可以得到带宽为 B 的原始调制信号 X 了。

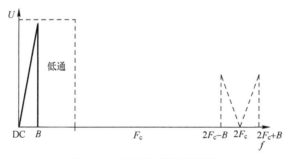

图 3-11　调制与低通示意图

图 3-12 是调制解调过程示意图，原始的调制信号 X 与载波信号 X_c 相乘进行调制操作后得到了调制后的信号 V_m，V_m 再乘一次载波信号 X_c 进行解调，解调后的信号 V_o 含有高频成分，进行低通滤波就得到了原始的信号，锁相放大的方法和这个过程非常类似。

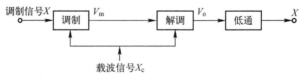

图 3-12　调制解调过程示意图

图 3-13 是调制解调过程中的时域和频率波形，图 3-13a 是原始调制信号 $X = \sin(2\pi t)$，峰峰值是 $2V_{pp}$，频率是 1 Hz；载波是 $sig\_c = \sin(2\pi 30t)$，载波频率是 30 Hz，二者相乘后得到了图 3-13b，从图 3-13b 的时域虚线中能看到低频信号 X 的包络，从频域中可以看到 30 Hz±1 Hz 的频率成分，这个结果与图 3-10 是一致的；调制后的信号 V_m 再乘一次载波信

号 sig_c 就进行了解调，得到了图 3-13c，从图 3-13c 的频率中可以看到解调后的信号含有 1 Hz 和 2 * 30 Hz±1 Hz 的成分，该结果与图 3-11 结果一致；对其再进行低通滤波，就可以恢复出原始信号了；图 3-13d 中第二行就是解调、低通后的信号与原始信号 X 的对比，细曲线是解调、低通后的波形，粗曲线是原始信号，可以看到二者只有幅值差异，这个差异在计算过程中是已知的，可以很容易复原，使用 MATLAB 可以理解调制解调的过程，核心代码如下：

```
X = sin(2 * pi * fsig * t);       % 原始调制信号
sig_c = sin(2 * pi * fc * t);     % 高频载波信号
Vm = sig_c. * X;                  % 调制
Vo = Vm. * sig_c;                 % 解调
lx = lowpass(Vo,15,fsam);         % 低通
```

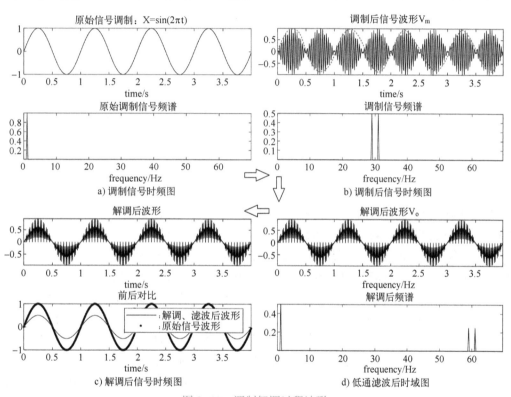

图 3-13　调制解调过程波形

3.2.3　傅里叶变换与 PWM

PWM 是脉冲宽度调制的意思，是一个周期内的高电平时间与周期时间之比，如图 3-14 所示，它与傅里叶变换有不解之缘。

话不多说，直接看 1 V 1 kHz 的方波，占空比从 10%～ 90% 的波形，如图 3-15 所示，左边是时域波形，右边是频域波形，周期方波也是由无数个正弦波叠加而成的，由此可以得到几个重要信息。

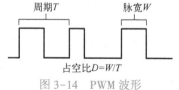

图 3-14　PWM 波形

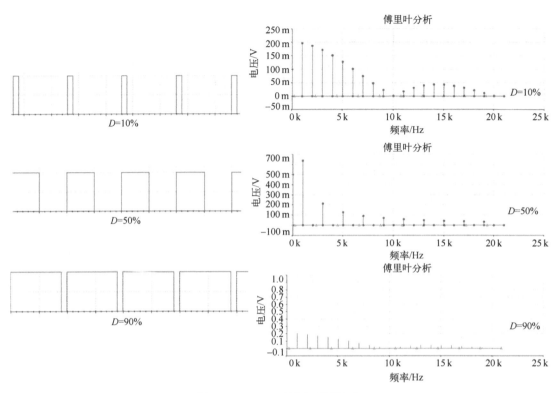

图 3-15　PWM 时域和频域波形

1）第二行可以看到占空比 50% 的方波在频域上只有奇数次谐波，没有偶数次谐波。方波频率是 1 kHz，从图中可以看到，频率部分只有 1 kHz（基波或基频）、3 kHz、5 kHz 等谐波存在，而且这些谐波幅值越来越低，没有 2 kHz 等偶数次谐波。

2）随着占空比的增加，直流成分也越来越高。占空比 D 为 10% 时，直流成分大约是 100 mV；$D=50\%$ 时，直流大约是 500 mV；$D=90\%$ 时，直流大约是 900 mV。

3）7 次谐波基本就可以重构方波信号。这一条可以参考图 3-16，在图中第四行中使用了前 7 次谐波叠加，基本就可以恢复出一个方波了。换句话说，我们平时使用的数字信号，有效的频率并不是特别高，它的高次谐波反而可能会产生 EMI 问题，非常"脏"（频域越高，波长越短，越易辐射），此时可以通过硬件手段抑制高次谐波而不影响信号本身的通信。比如 1 kHz，我们只要保留 7 kHz 谐波或更高一点就可以了，那么几百 MHz 或者 GHz 的高次谐波可以加以滤波抑制。

下面重点介绍第二条：随着占空比的增加，直流部分也越来越高。图 3-17 是 PWM 与低通滤波一起工作的波形，信号源是 1 V 1 kHz 的方波，占空比从 10%~90%；低通滤波的截止频率是 35 Hz（保留频率低于 35 Hz 的成分），右边是低通滤波后的波形和原始 PWM 波形，红色是原始 PWM 方波，蓝色是滤波后的波形。从前文可知，随着占空比 D 的增加，直流幅值也逐渐增加，通过低通滤波器后只保留我们要的低频成分（直流），抑制掉高频成分，右图波形也可以看到，随着占空比逐渐增加，滤波后的蓝色准直流幅值越来越高，与前文分析一致。这就是我们用 PWM 控制的原理，比如 PWM 控制电动机转速，占空比越高，直流成分越大，电动机转得就越快；反之，PWM 占空比越低，电动机转得就越慢。我们就是这样，通过调制 PWM 的占空比，进而得到我们想要的不同幅值的直流信号，2.5.3 小节就是应用之一。

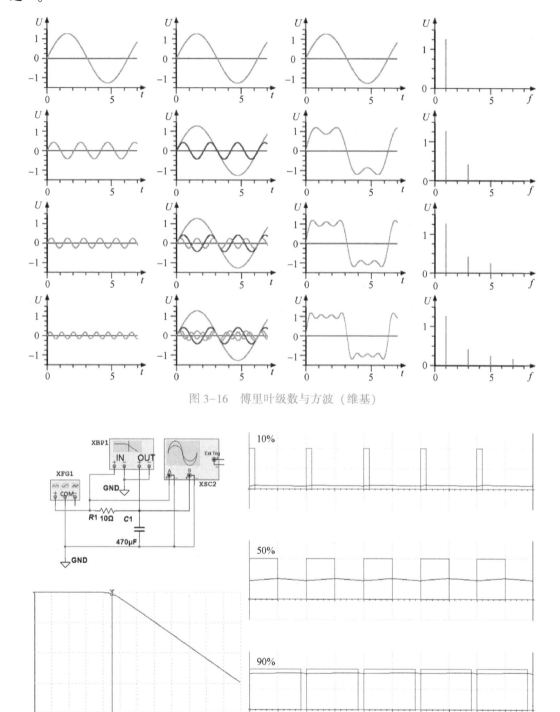

图 3-16　傅里叶级数与方波（维基）

图 3-17　PWM 与低通滤波

3.2.4 为什么系统带宽定义为−3 dB?

我们常说的电路带宽或系统带宽，通常指的是增益降低 3 dB（放大倍数减小到 0.707 倍）时的频率，为什么选 3 dB 呢?

对于带宽我们可以简单理解为：系统的有效增益降低 3 dB 时的频率。简单来说，比如一个系统−3 dB 的带宽是 0~1 kHz，那么它只能处理频率低于 1 kHz 的信号，所有高于 1 kHz 的信号都被衰减抑制为 0。

增益（Gain）的单位是 dB，它与放大倍数 A 的计算关系见式（3−5）。

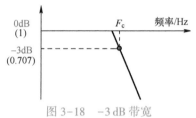

$$G = 20\lg A = 20\lg \frac{U_\text{o}}{U_\text{i}} \qquad (3\text{−}5)$$

G 为增益，A 是电压放大倍数（**注意：是电压放大倍数**），U_o 为输出电压，U_i 为输入电压。$G = -3$ dB 时，$A = 0.707$，换句话说，我们把系统放大倍数降低到 0.707 时的频率，定义为系统的带宽，如图 3−18 所示。

图 3−18　−3 dB 带宽

图 3−19 是一个一阶 RC 低通滤波电路，截止频率 $F_\text{c} = 1/(2\pi RC)$ Hz = 1 kHz，也就是说根据上文分析，输入 1 V 的 1 kHz 的正弦信号，输出是 0.707 V@1 kHz 的正弦信号，电压为原来的 0.707 倍（−3 dB）。右图第二行中，红色是输入 1 V 1 kHz 信号，可以看到蓝色输出

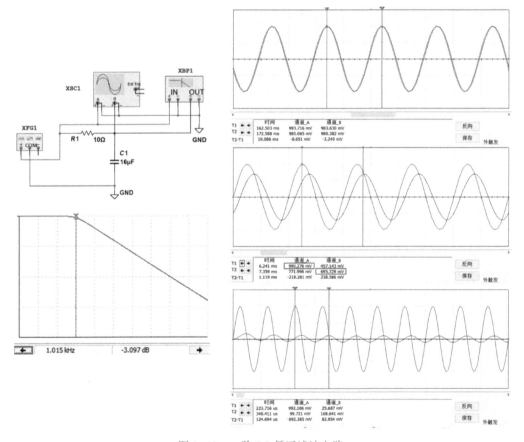

图 3−19　一阶 RC 低通滤波电路

信号为输入的 0.7 倍，与前文分析结果保持一致。右上图输入信号是 0.1 kHz，右下图输入信号是 10 kHz，可以看到低频信号没有衰减，正常通过系统，而高频的 10 kHz 信号被严重衰减，这就是低通。

有读者会有这样的想法，为什么不把放大倍数降低为 50% 的频率范围作为系统带宽？放大倍数低于 50% 的信号被抑制，放大倍数高于 50% 的信号可以正常通过系统，以 50% 作为分水岭（阈值）看起来不是更合理吗？

这是因为我们看系统的带宽是从功率的角度来看待的，式（3-5）系统增益的求解可改写为式（3-6）：

$$G = 20\lg A = 20\lg U_o / U_i = 10\lg P_o / P_i = 10\lg A_p \tag{3-6}$$

式中，P_o 是输出功率，P_i 是输入功率，A_p 是功率放大倍数（**注意：是功率放大倍数**），当系统增益 $G = -3\,dB$ 时，功率放大倍数 A_p 刚好等于 0.5。我们是从功率的角度，以 50% 作为分水岭来区分通带和阻带，定义系统带宽的，还记得上文介绍的信噪比吗？

概括来说，$-3\,dB$ 点，即为半功率点。这里格外说明一下，对于无源一阶 RC 低通滤波器，通带时的增益是 $0\,dB$，那么它的增益降低为 $-3\,dB$ 时的频率则为带宽。对于其他电路，如增益为 $20\,dB$ 的系统，那么它的带宽是 $17\,dB$（$20\,dB - 3\,dB = 17\,dB$）时的频率。

3.3 无源滤波器

3.3.1 为什么低通滤波器也是积分器？ ▶

3-1　为什么低通滤波器也是积分器？

在数据采集领域，RC 低通滤波器是最常见的一种滤波电路，用于抑制高频干扰或噪声，图 3-20 是无源 RC 低通滤波器的简单示意图，仅仅一个电阻和电容就可以实现，其截止频率 $F_c = 1/(2\pi RC)$ Hz，允许频率低于 F_c Hz 的信号通过，频率高于 F_c Hz 的信号不通过，一阶 RC 滤波器过渡带比较宽，信号不会衰减得那么剧烈。然而我们也听说过 RC 积分器，它的结构和 RC 低通滤波器是一样的，二者有什么区别呢？什么时候是低通滤波器？什么时候又是高通滤波器呢？

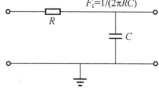

图 3-20　低通滤波器

3.2.4 节简单介绍过低通滤波器工作过程，本节继续使用 3.2.4 节中的仿真电路，我们重新看下红色曲线 10 kHz 的正弦输入信号 U_i，以及蓝色曲线对应的输出信号 U_o，如图 3-21 所示，可以发现 U_i 正弦信号的过 0 点恰好是 U_o 的最大值或最小值，仔细观察发现输出 U_o

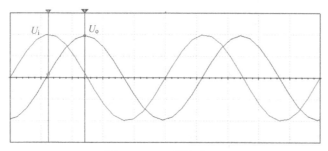

图 3-21　sin 积分为 cos

与 U_i 恰好相差 90°，此时，输入 sin 信号，输出后变成-cos 信号，实现积分的效果。

其实说到底，RC 电路的本质就是对电容充放电。如果输入信号的频率足够大，远大于 F_c 时，就会起到近似于积分的作用。如果把 U_i 变为 10 kHz 的方波信号，如图 3-22 所示，那么积分作用就更明显。红色曲线是输入 U_i，蓝色曲线是输出 U_o，U_i 是高电平时，U_o 不断累加，直线上升（积分求和）；U_i 是低电平时，U_o 不断降低，直线下降。

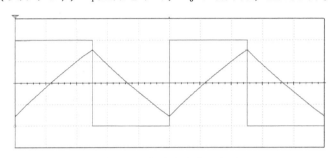

图 3-22　方波积分为三角波

积分器可以把方波变三角波，无源积分器误差比较大，如果加入运算放大器，构成有源低通滤波器（有源积分器），就是另一种玩法了，这里暂时不讨论。软件里的平均滤波算法是一种非常简单的低通滤波器，其计算过程见式（3-7），它是对输入信号 x 求和后除以系数 n 进行加权的过程，以此实现平均滤波。其分子中有求和的计算，在一定条件下也是可以实现积分的作用。

$$y = \frac{\sum x}{n} \tag{3-7}$$

3.3.2　为什么高通滤波器也是微分器？

上一节介绍 RC 低通滤波器，本节介绍下与之对应的 RC 高通滤波器，二者结构对比见图 3-23，RC 高通滤波器用于抑制低频干扰或噪声，也是一个电阻和电容就可以实现，其截止频率为 $F_c = 1/(2\pi RC)$ Hz，允许频率高于 F_c Hz 的信号通过，而频率低于 F_c Hz 的信号不通过，这与低通滤波器刚好相反。有的同学也会听过 RC 微分器，有求导的效果，它的结构和 RC 高通滤波器是完全一样的，二者有什么区别呢？什么时候是高通滤波器？什么时候又是微分器呢？

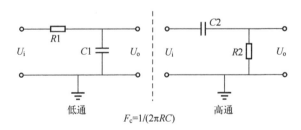

图 3-23　RC 低通、高通滤波器结构对比

先看高通滤波器，图 3-24 中高通滤波器的电阻是 33 Ω，电容是 500 nF，计算得到截止频率 $F_c = 1/(2\pi RC)$ 为 10 kHz，截止频率就是增益为-3 dB（放大倍数为 0.707，3.2.4 小节有详

细介绍）的频点。对于高通滤波器，直白点解释就是，频率为 F_c 的信号，经过滤波器后，幅度变为原来的 0.707 倍，频率高于 F_c 的信号可以通过，低于 F_c 的信号被衰减不能通过。

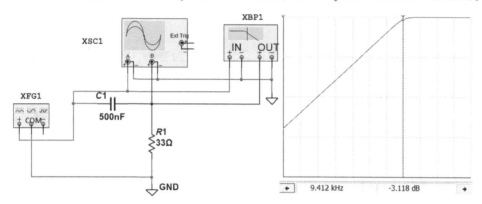

图 3-24　高通滤波器频率响应曲线

　　如果输入信号的频率足够小，远小于 F_c，高通电路就会起到近似于微分求导的作用，图 3-25 中以 10 Hz 三角波信号举例，红色信号是输入的三角波，黑色信号是经过高通（微分）后的方波。在三角波的上升沿时间内，对三角波求导（求微分或求斜率）的结果是一个正常数，对应的黑色曲线就是一个高电平；而在三角波下降沿时间内，对三角波求导（求微分）的结果是一个负常数，对应的黑色波形就是一个负电平，这就是高通微分电路的作用效果，可以把三角波变成方波。

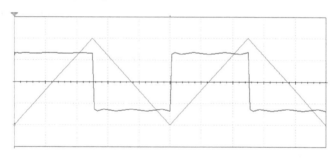

图 3-25　三角波求导变方波

　　下面看下更极端的情况：方波变脉冲波。图 3-26 红色是输入的 100 Hz 方波，黑色是输出的波形。如果在输入方波的上升沿对其求导，导数会非常大（含有非常高频的成分），对应黑色波形就是正窄脉冲；如果在方波的下降沿对其求导，导数也非常大（绝对值大），对

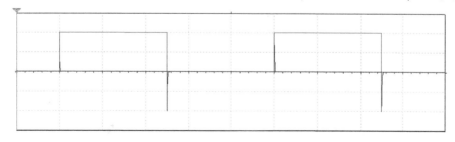

图 3-26　方波求导变窄脉冲

应的黑色波形就是负窄脉冲，这里也可以看出来，在单电源供电的系统中也可以产生正负双极性信号，以上就是高通滤波器与微分电路的介绍。

3.3.3 什么是二阶滤波器？

滤波器是常见的信号调理电路，其中低通滤波器最为普遍，我们常听说一阶滤波器、二阶滤波器，二者有什么差别呢？低通滤波器有 3 个重要频带：通带、阻带和过渡带，如图 3-27 所示，理想的滤波器是没有过渡带的，超过 F_c 截止频率的成分会被滤除，而实际滤波器会有过渡带的限制，信号在过渡带内被逐渐衰减，我们一般希望过渡带窄一点，这样滤除得会更干净一点。

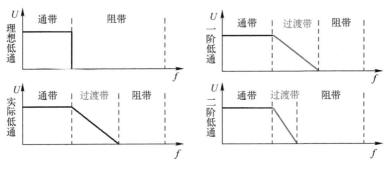

图 3-27　滤波器频率响应

一阶和二阶滤波器显著的差异之一是过渡带的不同，二阶低通滤波器的过渡带更陡，不需要的干扰信号会衰减得更快，噪声滤除得更干净，一阶、二阶、三阶低通滤波电路结构如图 3-28 所示。

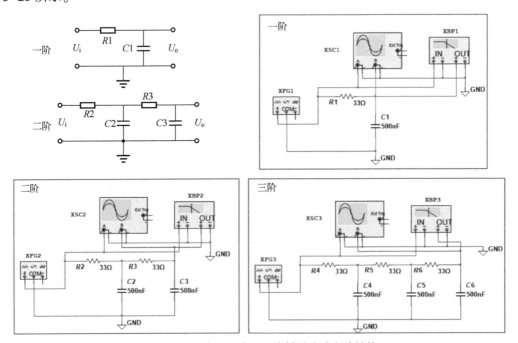

图 3-28　一阶、二阶、三阶低通滤波电路结构

观察仿真结果，图 3-29 左边从上到下依次是一阶、二阶、三阶滤波器的幅频曲线（纵坐标是幅度，横坐标是频率），可以看到一阶滤波器最缓，三阶滤波器最陡峭。右边是时域波形，红色曲线是输入的 10 kHz 正弦信号，蓝色是滤波器的输出信号，在截止频率是 9.7 kHz 的低通滤波器作用下，如果是理想滤波器，10 kHz 的输入超过 9.7 kHz 会被完全抑制掉，是没有输出的，但是实际上由于过渡带的存在，10 kHz 信号无法完全滤除，右图从上到下分别是一阶、二阶和三阶的时域对比图，可以看到，一阶抑制的效果最差，二阶其次，三阶抑制的最好，以上就是一阶滤波器和二阶滤波器的原理和差异。

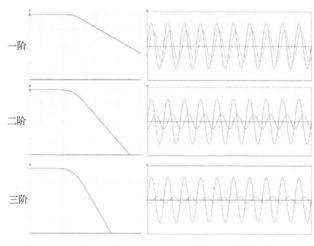

图 3-29　无源一阶、二阶、三阶低通滤波器性能对比

3.3.4　先滤波还是先放大？

先滤波还是先放大，这是一个问题！

传感器是连接模拟世界与数字世界的桥梁，微弱信号采集是非常具有挑战性的一个应用，我们的目标信号本身极其微弱，还伴随着各种各样的干扰，信噪比 SNR 非常低。比如 ECG 心电信号，是毫伏级别，而 EEG 脑电信号甚至是微伏级别，而且还有眼电、肌电、50 Hz 工频、失调电压等各种干扰。

对于微弱信号采集，很多同学会有这样一个疑问：应该先滤波还是先放大呢？本节提供一个思考方向。

以实际波形举例说明，更清晰容易理解。比如一个信号 $s = 0.1\sin(2\pi \times 2t)$，信号波形如图 3-30 第一行所示，如果信号叠加噪声后，降低其信噪比，从第二行时域就很难分辨其波形，SNR 被大大降低，除了噪声之外，此处还添加了一个大约 0.3 V 的直流偏置（模拟低频噪声），带噪信号见图 3-30 第二行，第二行的波形就是通常接入采集系统的实际信号。如果此时先直接用放大器放大，放大后的低频噪声非常容易导致放大器进入非线性区域产生失真，进而影响其性能，放大后的结果见图中第三行，可以看到信号顶部已经失真了，对于工作范围是 ±5 V 的系统，放大后超过 5 V 的部分被截止，只有低于 5 V 的部分被保留下来。

因此在微弱信号处理时，先滤波、再放大，是一个选择，以保障后续电路的要求，这可以满足大部分应用需求。或者第一级放大器放大倍数特别小，它的主要作用是以很高的输入阻抗采集到带噪信号，然后通过后续的信号调理电路对信号进行滤波，接着再多级放大、滤波，最终通过 ADC 将模拟信号转换成数字信号，实现信号的高精度采集。

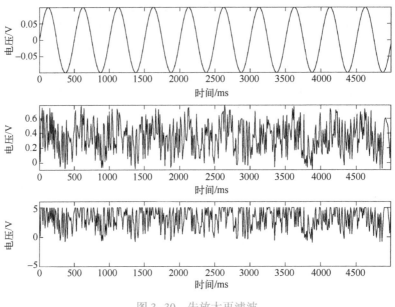

图 3-30　先放大再滤波

3.4　共模信号与差模信号

我们非常有必要梳理清楚单端信号、差分信号、共模信号与差模信号的概念以及区别，通常而言，单端信号指的是一根信号线和一根地线（参考线）之间的电压差。差分信号是基于两根信号线和一根地线，这两根信号线的信号振幅相等、方向相反，二者做差即为差分信号，此时也称为差模信号，这两根信号线上幅值、相位相同的信号，就是共模信号。

下面基于运算放大器、MIPI 等接口来形象地介绍这几种信号的波形特征。

在后文中会介绍同相放大电路和反相放大电路，这些电路都是基于单端信号而言的，比如图 3-31 中的同相跟随器，单端信号是以 GND 为参考，在 GND 基础之上波动。

此外还有一些单端采集的 ADC 比如图 3-32 中的 ADS7887，也是采集的单端信号。像数字电路中的 UART、GPIO、SPI、I^2C 等通信接口传输的也是单端信号，这些信号有信号线和共用的地线，所有的电平都是基于地线而言的。

单端信号的波形有两种情况，第一种比较简单，所有的信号都是正值，如图 3-33 所示，这种情况常见于数字电路，此时电路系统只要单电源就可以了。

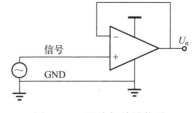

图 3-31　运放与单端信号

第二种比较麻烦，信号有正有负，此时电路系统的电源如果还是单电源，采集的信号就会失真，甚至烧毁，如图 3-34a 所示。换句话说就是，电路工作范围为 $0 \sim +U_{cc}$，它无法正常处理负信号，比如有时发现测量的波形只有正半周，负半周失真。对于这种情况通常有两种处理方式，一种是加入直流偏置（也叫作电压抬升，把输入的负信号给抬升/调理为正信号，来适配电路的单电源），另一种是使用双电源方案。

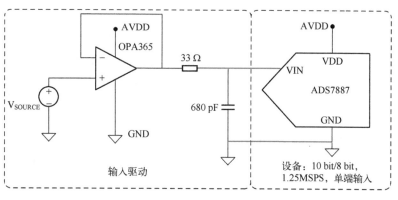

图 3-32　ADC 与单端信号

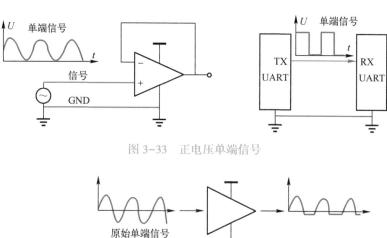

图 3-33　正电压单端信号

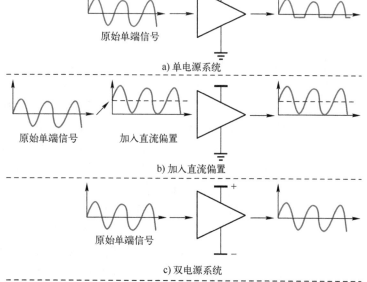

图 3-34　采集单端信号的电路结构

　　图 3-34b 示意的就是加入直流偏置的方案，原始的单端信号有正有负，加入偏置后信号就在单电源内波动，整体被抬升为正电平，后续的单电源电路系统就可以处理加入直流偏置后的信号了，比如电源域是 0～5 V 的系统，可以使用 2.5 V 的直流偏置，让信号在 2.5 V 基础上下波动，而不是 0 V 基础上下波动。

图 3-34c 中示意的是使用双电源的方案，硬件电路使用了正负电源，这种情况就可以直接处理正负信号了。在一些电路里是结合了这两种方法，先用正负电源的放大器，获取到目标信号后再进行电压抬升，让放大后的信号进入单电源域，以被单端 ADC 进行数字化。

图 3-35 示意了差分信号的接收过程，第一行中，差分接收端有两根信号线，每根信号线的电平都是相对于 GND 0 V 的，属于单端信号，这两根单端信号特点是大小相等、方向相反，此时这两根单端信号相减就构成了一对差分信号，也可以说成差模信号 ± 2 V，这个 ± 2 V 就是两根单端信号构成的差分信号。从这个角度来说，我们可以认为差分信号是两个信号线（相对于地线的电平）彼此做差，而单端信号，是单独的一根信号线与地线做差。

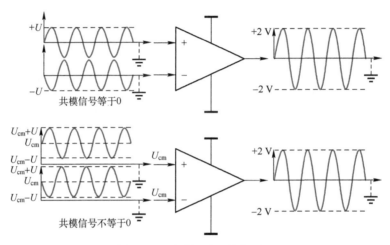

图 3-35　差分信号的接收过程

图 3-35 第二行是共模信号 U_{cm} 不等于 0 的情况，可以看到接收端正负极上的单端信号是在 U_{cm} 电平基础上波动，这个 U_{cm} 就是共模信号，同时我们也可以看到，接收端的共模信号 U_{cm} 在做差求取差分信号后变成了 0，共模信号 U_{cm} 从而被抑制，第一行和第二行即使输入共模信号不同，但是输出的差分信号依然是相同的，都是 ± 2 V，这就是差分信号抗干扰能力强的原因之一，共模干扰被减掉了。一对差分信号的 PCB 走线都是紧耦合的平行走线，这就意味着一对信号线经过的走线环境基本一样，所以环境中的干扰影响到这一对差分信号时的幅值基本也一样，这个相同的共模干扰在做差后会被抑制，进而提高抗干扰效果。

以仪表放大器为例，图 3-36 左边是差分信号等效模型，右边是波形示意图，红色的波形是在共模信号 U_{cm} 基础上波动（$U_{cm} = (U_p + U_n)/2$），正负引脚做差后即得到蓝色的差模信号，$U_{od} = (U_p - U_n)$，差模信号还是有正负电压，如果后续的运放或 ADC 也是正负双电源供电，则可以直接用 ADC 采集这个蓝色的差模信号，如果运放或 ADC 是单电源供电，那么可以通过修改仪表放大器的 U_{ref} 引脚进行电压抬升，U_{ref} 参考端电位定义了输出电压的基准电位，如果单电源供电的 ADC 输入范围是 0～5 V，那么推荐 U_{ref} 连接到低噪声的 2.5 V，让信号在满量程的半幅波动，实现一种差分转单端的效果。

了解完模拟信号后，再来看看高速数字差分信号就会变得很容易了，比如手机中 MIPI、LVDS 和 USB 等接口的物理层都使用了差分的电平标准，即采用一对差分信号线（两根线）和伴随地线传输数据。图 3-37 显示了 MIPI 的实测波形和测试连接方式，测试连接方式见

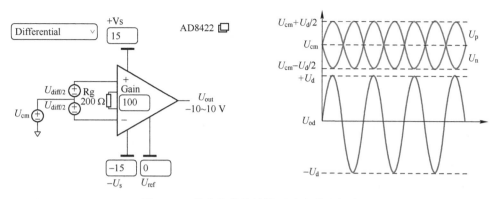

图 3-36 差分信号等效模型及波形示意图

左下角，MIPI D-PHY 的一对差分信号用了两根单端信号线并共用地线，测试使用了示波器的两个通道（两个通道分别与 P 和 N 连接）并与 DUT（Device Under Test，待测设备）共地。第一行中 MIPI 波形分为 HS 模式和 LP 模式，HS 模式时使用的是差分信号传输数据，白色框内可以看到，两根信号线上的对地电压幅值相等、方向相反，在 200 mV 的共模电压 U_{cm} 基础上波动，P−N 即可得到差分信号 VOD（VOD1 是 300 mV−100 mV＝200 mV、VOD0 是 100 mV−300 mV＝−200 mV，图中没有画出），在 LP 模式时使用单端信号传输数据，此时速度很慢，幅值为 1.2 V，结合第一行波形和右下角的波形示意图来理解会更清晰。此外，测试 MIPI 时，由于 MIPI 速率比较高，通常几百 MHz 或上 GHz，对于普通的示波器或者普通的几百兆带宽的探头而言，基本采集不到 MIPI 在 HS 模式下的高速信号，一定要用足够带宽的示波器和探头前端测 MIPI 信号。

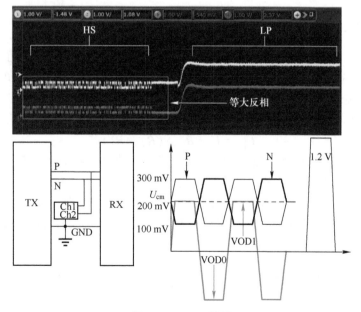

图 3-37 MIPI 波形

3.5 运算放大器基础

3.5.1 同相放大电路

对于运算放大器而言，分析的思路大同小异，都是以"虚短、虚断"为基本原则（国外有教材称之为黄金法则，其重要程度可见一斑），这里结合虚短、虚断原则，简要介绍同相放大电路、跟随器和反相放大电路的计算过程，理解这三个过程以后，就可以举一反三，计算其他结构的放大电路。

虚短原则：对于电压而言，运放的同相输入端、反相输入端接近短路，二者电位几乎相等。

虚断原则：对于电流而言，运放的同相输入端、反相输入端接近断路，二者之间电流几乎为0。

同相放大电路如图 3-38 所示，根据虚短原则，'+'与'-'电位相等，即 A 点电位等于输入电压 U_i。

根据虚断原则，'+'与'-'之间不走电流，电流路径见图 3-38 虚线路径，因此流过 R 的电流等于流过 R_f 的电流，只要一个方程（3-8）就可求解出输入输出关系，整理可得到式（3-9），这就是同相放大电路的计算过程。

$$(U_i-0)/R=(U_o-U_i)/R_f \qquad (3-8)$$

$$U_o=(1+R_f/R)U_i \qquad (3-9)$$

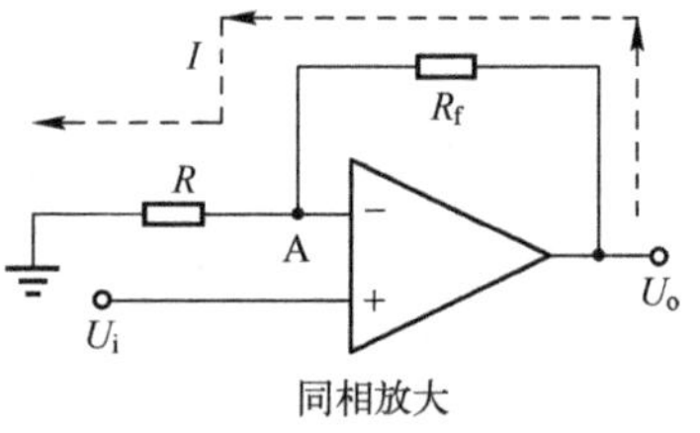

图 3-38 同相放大电路

有的信号源输出阻抗很大，那么负载采集到的信号就小了，噪声就大了，为了降低信号源高输出阻抗的影响，增加采样精度，跟随器是一个常见的降低阻抗方案。图 3-39 是信号源与负载示意图，信号源具有一定的源阻抗 $R1$，这个阻抗导致传输到负载端的信号被分压，见式（3-10），如果源阻抗 $R1$ 远大于负载阻抗 R_{load}，则 $R_{load}/(R_{load}+R1)$ 接近于 0，大部分的信号都被源电阻 $R1$ 分担，那么负载端采集的信号就非常小了，所以在信号采集时我们要提高负载阻抗，尽可能多地采集到原始信号。

$$U_{load}=U_i*R_{load}/(R_{load}+R1) \qquad (3-10)$$

信号源与负载的模型非常有助于我们分析电路，比如对于生理心电信号的采集，把心脏工作产生的电压看作信号源，放大电路是负载；再比如图 3-39 右图所示，从手机主板端看，相机就是信号源，它把照片数据传输到手机主板，主板的 CPU 就是负载（高速信号传输模型在第 4 章会有详细介绍）；同样地，主板作为信号源，把要显示的内容传输到屏幕，此时屏

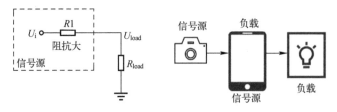

图 3-39 信号源与负载示意图

幕就是负载；再比如手机充电，充电器就是信号源（这里用电源描述更合适），而电池就是负载，**分析调试电路的基本思路就是缕清信号从源到链路再到负载之间经历了什么。**

跟随器的特点是输入阻抗非常大，而跟随器的输出阻抗又非常小，这样就可以增加驱动能力，图 3-40 是加入跟随器后的示意图。如果没有跟随器，信号源直接与 R_{load} 连接，信号源阻抗是非常大的 $R1$，$R1$ 非常大导致 R_{load} 上分压小；而加入跟随器后，由于跟随器的输入阻抗非常大，$R2$ 远大于 $R1$，$R2$ 上分压就特别大，基本采集了原始信号电压，与此同时，跟随器的输出阻抗 $R3$ 又非常小，因此 R_{load} 上分压就多了，这个跟随器就起到缓冲、增加信号源的带载能力或驱动能力的功能，U_{load} 就更准确了。

图 3-41 是跟随器的电路图：根据虚短原则，A 点电位等于 U_i 等于 U_o，则 $U_o = U_i$，输出电压会跟随输入电压，因此叫作跟随器；根据虚断原则，'+''-' 之间几乎无电流通过，$R = U/I$，I 约等于 0，因而输入阻抗 R 非常高，跟随器输出阻抗很小，就提高了驱动能力。

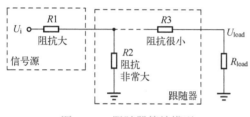
图 3-40 跟随器等效模型

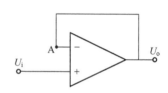
图 3-41 跟随器电路图

3.5.2 反相放大电路

图 3-42 是反相放大电路，特点是输入信号 U_i 接到运放的反相输入端，运放的同相输入端接地。根据虚短的原则，A 点的电压和同相端相等，都是 GND 0 V；根据虚断原则，电流没有从运放的负端输入，电流路径见图中虚线，因此流过电阻 R 的电流等于流过电阻 R_f 的电流，只要两个方程就能够求解出输入输出计算关系，见式（3-11）和式（3-12）。

$$(U_i - 0)/R = (0 - U_o)/R_f \qquad (3-11)$$
$$U_o = -R_f/R \times U_i \qquad (3-12)$$

图 3-42 反相放大电路

从反相放大电路的输入端看，它的对地输入阻抗近似于电阻 R（A 点电位接近 GND），它的输入阻抗没有同相放大电路高。

3.6 模拟电路实战案例讲解

3.6.1 实战讲解：滤波电路中电容的分析方法 ▶

3-2 电容
分析方法

滤波就是利用不同频带增益的不同，来降低非目标频带增益，比如电路系统的带宽是 0~1 kHz，而对你有用的信号是 0.3~100 Hz，那么把 0.3~100 Hz 的信号增益设置成大于 0~0.3 Hz 和 100~1000 Hz，这就是滤波。电容是滤波电路中最常见的基础器件之一，本节结合有源低通滤波电路介绍下电路中对电容相关电路分析的基本方法，有助于快速定性建立电路工作状态和原理分析。

图 3-43 是一种基于同相放大器的有源低通滤波电路，滤波电容 $C1$ 与反馈电阻 $R1$ 并联，截止频率 $F_c = 1/(2\pi R1C1) = 177\,Hz$，3.5.1 节中详细介绍了同相放大电路的输入输出计算过程：$U_o = (1+R1/R2) * U_i$，与 3.5.1 不同的是本节多了个 18 nF 电容 $C1$，那么假如我们不知道这个是低通滤波器，怎么分析这个电容的作用呢？

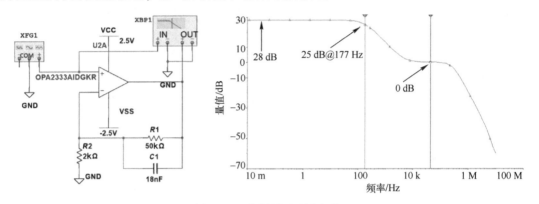

图 3-43　有源低通滤波电路

极端假设法。我们都知道电容是隔绝直流、通交流，所以假设两种极端情况，第一种极端情况是输入信号的频率非常低，是一种直流或准直流，此时电容 $C1$ 相当于开路（断路）状态，见图 3-44 左图低频部分，此时的放大倍数是 $(1+R3/R4) = 25$ 倍（28 dB），从图 3-43 波特图中可以看到，在很低频时的增益就是 28 dB（在 177 Hz 时，增益下降了 3 dB，从 28 dB 降低为 25 dB，这个 177 Hz 就是本低通滤波电路的截止频率）。

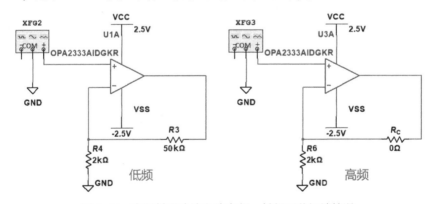

图 3-44　有源低通滤波电路高频、低频两种极端情况

第二种极端情况，当信号的频率非常高时，电容 $C1$ 就相当于导线（短路），于是电阻 $R1$ 就被短路了，此时的电路见图 3-44 右图中的高频部分，此时的放大倍数是 $(1+R_C/R6) = 1$ 倍（0 dB），这个高频的 0 dB 增益见图 3-43 波特图第二个台阶，那么结合低频和高频的两种极限情况假设，我们得出结论：低频信号被放大 25 倍，高频信号没有被放大，以此实现低通滤波的功能。波特图中，当频率继续上升，曲线从 0 dB 继续下降，这是运放自身带宽导致的，这里不做过多讨论。

根据电容隔直通交的特性再加上同相放大电路的计算过程，我们不需要复杂的建模和计算，就可以通过极端情况假设的方法，初步判断电路的功能，这在分析实际问题时往往很有用。

3.6.2 实战讲解：模拟信号受蓝牙干扰案例分析

以前做过一个微弱信号采集项目，解决关于蓝牙干扰模拟信号采集的问题，本节和大家分享下问题的经过，需要说明的是硬件工程师也要有一定的软件背景，了解软件工作流程有助于分析解决实际问题，本节介绍问题发生的现象和分析思路以及整改措施，其中分析思路格外重要，"授人以鱼不如授人以渔"，这也是本书的初衷。

微弱信号采集的目标信号大约是 μV 级别，带宽小于 100 Hz，前期调试时发现会有一个 22 Hz 的干扰，这是怎么回事呢？

我们的采集系统结构并不复杂，如图 3-45 所示，主要由一个前端运放、ADC 和蓝牙模块组成，蓝牙使用的是 CC2640，微弱信号经过运放放大之后，被 ADC 转换为数字信号，通过蓝牙发送给计算机。

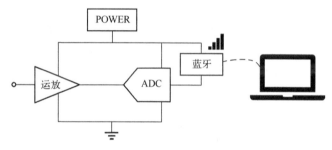

图 3-45　微弱信号采集电路结构

笔者听说电路里有蓝牙模块时，心里已经有了怀疑方向，但笔者以前没接触过蓝牙，先进行常规分析。

接到问题后当然是先复现现象，**分析问题的第一步永远都是复现现象**。图 3-46 是采集 $10\,\mu V_{pp}$ @ 13 Hz 正弦信号的时域和频域图（频域的介绍在 3.2 节），22 Hz 及其谐波的干扰很明显，达到了 $2.2\,\mu V_{pp}$。

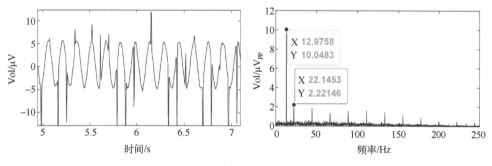

图 3-46　采集标准 10μVpp 信号

首先要判断 22 Hz 干扰是从哪里引入的，将运放与 ADC 断开，单独用 ADC 采集时，基本没有干扰，则干扰大概率和前端运放有关，猜测前端运放拾取到了干扰并把干扰放大后传输至 ADC。笔者降低了前端运放的放大倍数，将放大倍数降低为 2 倍，22 Hz 干扰也基本消失，和单独使用 ADC 的结果接近，得出初步结论：干扰很可能是被高放大倍数的前端运放放大后，再被 ADC 采集到，进而在频谱上出现。

基于上述分析，恢复运放放大倍数后，将前端运放输入端就近短路（测短路噪声），重新连接 ADC 测试，发现在输入为 0 V 时，也有 22 Hz 干扰，如图 3-47 所示。

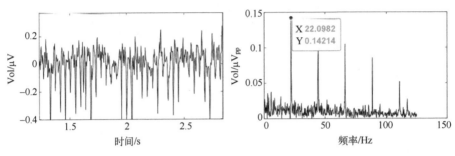

图 3-47　输入端短路后采集的结果

以上实验证明笔者的猜测大概率是正确的：干扰被高放大倍数的前端运放放大后，被 ADC 采集到。

既然干扰和前端运放强相关，就着重检查了前端运放的模拟信号、电源走线，以及电源分配和地回流的处理。发现了几个可能的风险点：模拟信号缺乏屏蔽、模拟电源缺乏屏蔽、模拟地和数字地、模拟电源数字电源隔离不干净。

接下来测试电源纹波，看看能不能找到 22 Hz 相关的东西，此时笔者更怀疑干扰是蓝牙引起的。笔者测试了模拟电源的纹波，受限于示波器精度，只能分辨 10 mV，电源纹波没发现异常，但这并不代表电源就是没问题的，需要进一步排除。

笔者甚至怀疑是电源的开关噪声被采集到了，因为系统电源的架构包含电荷泵以及 BUCK，这个是一个怀疑的对象，但是电荷泵、BUCK 电源中没有发现与 22 Hz 有关的频率，电源手册中也没有相关频率介绍，因此 22 Hz 大概率不是电源内部开关引起的，那就剩 ADC 和蓝牙两个怀疑对象了，接下来着重排除蓝牙的影响。

考虑到手头没有测电流以及高精度电压测试仪器，为了进一步对电源进行测试，笔者尝试抓取蓝牙模块工作的电流，重点是**抓蓝牙工作时的电流波形，很怀疑是蓝牙间歇性工作引起的干扰，如果猜测正确，应该会在软件代码中找到证据**，于是先从硬件角度锁定蓝牙这个**干扰源**。

测试原理如图 3-48 所示，将一个电阻串联到蓝牙电源线路中，根据欧姆定律，流过电阻的电流和电压成正比，那么用示波器测量电阻两端的电压，就可以间接观察蓝牙工作时的电流情况（**系统使用的是电池供电，我为什么强调这点呢？**），图中实际测试的工作电流是 ADC 和蓝牙的总电流，ADC 采样率大于 250 Hz，系统工作时钟也没有 22 Hz 相关的频率，所以也暂时不考虑 ADC 的影响，即认为所测电流中如果有 22 Hz 的成分，就认为它是蓝牙引起的。

对于电阻的选择要注意，如果选择的太小，那么微弱电流乘小电阻得到的电压太小，无法被 10 mV 分辨率的示波器看到。反之如果电阻太大，那么其分压就大，导致蓝牙得到的电压就低了，使得蓝牙无法正常工作，阻值计算过程这里不做介绍。

需要格外说明的是，本硬件系统使用的是锂电池供电，图 3-48 电阻 R 两端分别接示波器探头的信号引脚和地线引脚。如果系统使用 220 V 工频电源整流后的 DC 直流电供电，此时需要使用差分采集设备，具体原因在 3.6.6 节有详细说明，让我们先把精力放在分析 22 Hz 干扰上面。

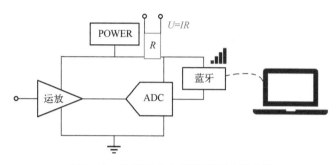

图 3-48　蓝牙工作电流波形测试示意图

果不其然，电阻两端的电压波形如图 3-49 所示，电阻两端的电压存在 22 Hz 的纹波，很可能蓝牙工作时有 22 Hz 的脉冲电流，前文已经分析了干扰和 ADC 相关的概率不大，则得出结论：22 Hz 干扰大概率由蓝牙引起。

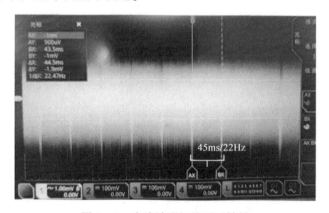

图 3-49　电流波形间接测试结果

事情到这里还没有结束，上面只是表象，我们需要进一步验证蓝牙的影响。我们的蓝牙在工作时，并不是实时连续地发送数据，而是间歇性地发送数据，这个间歇性的频率可调，我们项目就是默认的 22 Hz，如图 3-50 所示，间歇性工作期间，蓝牙就会从电源抽一个比较大的电流，虽说该蓝牙模块是低功耗器件，然而这个低功耗指的是平均功耗，并不是瞬时功耗，图中就可以看到一个一个的电流脉冲。

笔者没有研究过蓝牙，凭直觉，这个连接间隔并不是固定的，大概率是可调的（就好比 DCDC BUCK 降压电源工作在低功耗模式时，也就是 PFM 模式时，开关频率并不是固定的，万事万物都是相通的），笔者联系软件同事，找到了和 22 Hz 有关的代码，图 3-51 的代码就是和蓝牙连接间隔时间有关，刚好是 22 Hz。

为了 100% 锁定干扰由蓝牙引起，我们修改了时间间隔，将其由 22 Hz 改为 33 Hz，再次测量干扰的频率，同时串电阻测量蓝牙电流波形，均发现干扰和电流频率从 22 Hz 转变为 33 Hz，干扰的频谱图和电流的时域波形如图 3-52 所示，那么问题就变得清晰了。

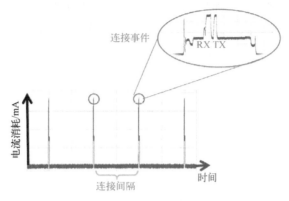

图 3-50　蓝牙工作电流脉冲

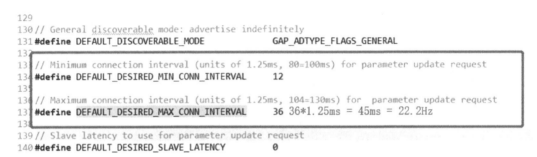

图 3-51　蓝牙配置代码

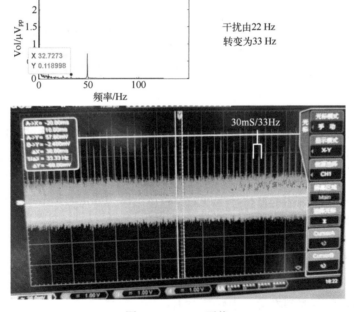

图 3-52　33 Hz 干扰

问题就是蓝牙引起，干扰源被锁定。 对于 EMC 而言，有传导和辐射两种方式，那么这个属于哪种呢？

这里额外再多说一点，我们需要排除蓝牙芯片内部电源模块是否是干扰源，先看下蓝牙的电源架构，如图 3-53 所示，蓝牙芯片 CC2640 的主电源是 VDDS，VDDS 进来后会通过一个 BUCK 降压产生 VDDR 给射频 RF 回路使用，降压 BUCK 拓扑和工作原理我们前文已经介绍过了。蓝牙也可以设置选择 LDO 给射频使用，LDO 和 BUCK 二选一，LDO 缺点是功耗大，优点是可以节省面积。蓝牙内部的 BUCK 并没有 22 Hz 开关频率，但是蓝牙工作时的 22 Hz 干扰，却会通过电源线路耦合到模拟电路。

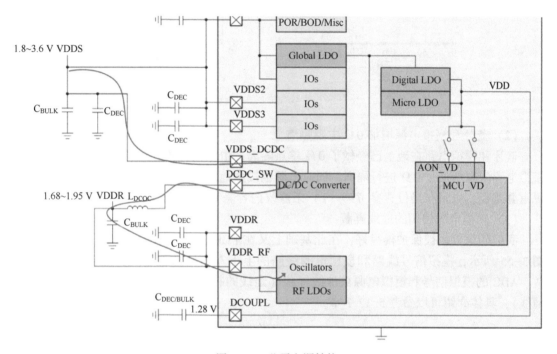

图 3-53　蓝牙电源结构

由于板子是第一版走线布局，影响因素非常多，不能做单一排除，一共做了 5 条整改措施，先看下整改前后的结果，图 3-54 第一行是时域波形，第二行是频域波形，改版前后采集的都是 13 Hz@ 10 μV_{pp} 信号。可以看到改版前有 22 Hz 及其谐波的干扰；改版后采集的信号，不管从时域还是频域看，都是很干净的。

具体有哪些整改措施呢？

（1）蓝牙的 GND 路径和运放的 GND 路径重新分配

这是为了降低数字电路在地线上的电压波动对模拟地的影响，因为整个电路最终只有一个电池地，不管数字地还是模拟地，最终都会汇聚到这个电池地，人们常用单点地来隔离模拟地和数字地，但是这并不意味着随便在 PCB 上取一个位置进行单点地就可以了，单点地做得不好，则数字电路引起的地线上的电压波动最终也会影响模拟电路，比如蓝牙每秒 22 次的大电流波动，就有可能引起模拟电路电源波动，进而在频谱上出现干扰，具体原理在 5.12.4 节模拟电路 PCB 走线攻略有更详细的介绍。

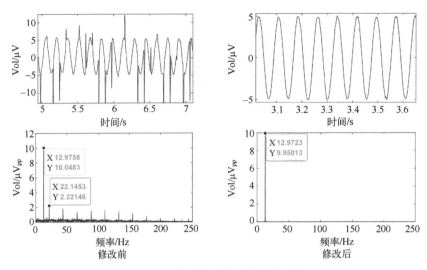

图 3-54　修改前后的采集波形对比

（2）蓝牙和模拟电源增加 0Ω 电阻隔离

蓝牙和模拟电路在地上已经做了 0Ω 单点隔离，由于项目的特殊需求，我们改版时也在模拟电源位置增加了 0Ω 进行隔离。同时电源也按照地的处理方式，减小数字电源与模拟电源重叠路径，电阻布局位置参考第（1）条修改内容。

（3）模拟电源使用的地线屏蔽

我们的信号线被保护得很好，在此基础上又在 PCB 上对模拟电源进行了地线保护，如图 3-55 所示，模拟信号线路和模拟电源线路的上下左右四面包地线，这样做就保证了运放、ADC 的模拟信号和模拟电源被地线屏蔽（走线的临层和左右边沿分别有地平面和伴随地线），具体介绍可以参考 5.12.3 节。

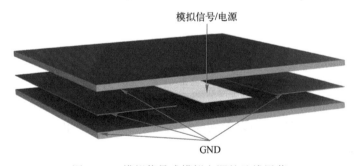

图 3-55　模拟信号或模拟电源的地线屏蔽

（4）缩短电池线路回路

如图 3-56 所示，这是为了减小总电源线路上的电压波动，同时减小环形天线的辐射干扰，因为环路电流在变化时，就像是一个环形天线，会向外辐射能量。同时，环路减小后，电池线路上的走线电阻也会减小，相同的系统电流在电池线路上引起的电压跌落也就会更小，这也有助于缓解 22 Hz 的干扰。

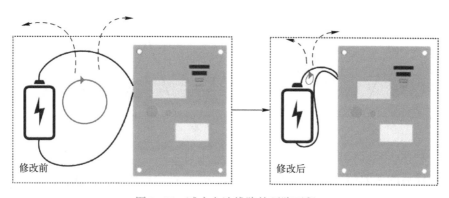

图 3-56　减小电池线路的环路面积

（5）低通滤波器

在整个模拟电路的输入端加入 RFI（射频干扰）低通滤波器，这是为了将高频干扰在进入模拟电路前就抑制掉。有人说蓝牙是几 GHz 的频率，干扰不会落在 100 Hz 以内的频带，其实不然，这个解释起来还是挺复杂的。由于运放内部非线性器件的存在，会把高频整流，进而在低频频谱出现。加入的 RFI 滤波器可以抑制 RFI 干扰，同时这个低通滤波器还有抗混叠的作用。

以上就是蓝牙的 22 Hz 干扰的分析思路和修改方案。

3.6.3　实战讲解：低采样率能不能采集到高频信号?

奈奎斯特采样定理告诉我们，要以信号带宽 2 倍以上的采样率对该信号进行采样，否则会出现频率混叠，如图 3-57 所示，比如对 1 kHz 信号进行采样，采样率 f_s 要高于 2000SPS，这看似简单，实际可以挖掘出很多内容，有助于指导我们进行硬件电路、软件算法的设计。

那么问题来了，如果面试时面试官问：采样率低于信号的频率，我们可以采集到信号吗? 你该怎么回答呢?

说能采到信号不行，说不能采到信号也不行，这个问题里有很多隐藏的陷阱，稍不注意，就容易进坑。

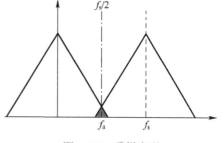

图 3-57　采样定理

本节咱们好好聊聊，看看采样定理与傅里叶变换是如何指导我们设计硬件的。

1. 能采到

接着上文，采样定理除了告诉我们，采样率要超过信号带宽的 2 倍之外，还告诉我们，**连续的周期信号，经过采样离散化后，会按照采样频率，在频域进行周期性复现，也叫作频谱折叠或频谱翻转**（一定要记住这个内容）。如图 3-58 所示，信号的带宽为 f_a，采样频率是 f_s，采样离散化后的结果就是 f_a 这个信号在频谱上以 f_s 的频率进行周期性延拓，离散化后的信号，就变成了 $\cdots -f_s \pm f_a$、$0 \pm f_a$、$f_s \pm f_a$、$2f_s \pm f_a$、$3f_s \pm f_a \cdots$ 通常我们看的频谱是单边谱，频率范围显示到采样率 f_s 的一半，这是因为频谱按照 $f_s/2$ 对称，比如图 3-54 中采样率是 500 Hz，而频谱图只显示到 250 Hz 就可以了。

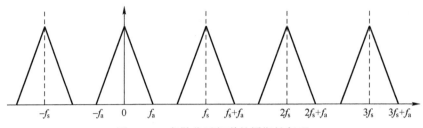

图 3-58 离散化后频谱的周期性复现

重构采样后的离散信号最直接粗暴的方法，是将各个采样点依次连接。上面说的是正常采样（或者过采样），下面介绍降低采样率的情况，也叫欠采样或者带通采样。按照前文理论的介绍，采样离散后的信号按照 f_s 进行周期性延拓，比如图 3-59 的频域图，信号的频率 $f_a=1000\,\mathrm{Hz}$，采样率 $f_s=900\mathrm{SPS}$，f_s 不满足刚开始提到的采样定理要求，$f_s<2f_a$，离散化后的信号按照 f_s 进行周期延拓后，在图中就得了 $\cdots-f_s\pm f_a$（$-1900\,\mathrm{Hz}/100\,\mathrm{Hz}$）、$0\pm f_a$（$\pm1000\,\mathrm{Hz}$）、$f_s\pm f_a$（$-100\,\mathrm{Hz}/1900\,\mathrm{Hz}$）、$2f_s\pm f_a$（$800\,\mathrm{Hz}/2800\,\mathrm{Hz}$）、$3f_s\pm f_a$（$1700\,\mathrm{Hz}/3700\,\mathrm{Hz}$）$\cdots$ 的离散序列，在采样率 f_s 频带内，$1000\,\mathrm{Hz}$ 原始信号就变成了 $100\,\mathrm{Hz}$。这就是说，理论上，低采样率是可以采集到高频信号的，只是频率会失真。

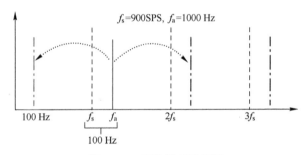

图 3-59 低采样率示意图

画出具体的时域波形图，会更容易理解，图 3-60 黑色实线是原始的 $1\,\mathrm{kHz}$ 正弦信号，"--" 虚线是以采样率 $900\mathrm{SPS}$ 进行采样后的波形，$*$ 是以采样率 $500\mathrm{SPS}$ 进行采样后的波形。可以看到，以低采样率对高频率信号进行采样，是采集到了信号的，只是频率会失真。同时，如果采样率小于信号频率，并且成整数倍，那么就采集不到交流信号，比如图中"$*$"曲线 $500\mathrm{SPS}$ 采样的结果所示，全是 0，同理 $200\mathrm{SPS}$ 也是采集不到信号的。

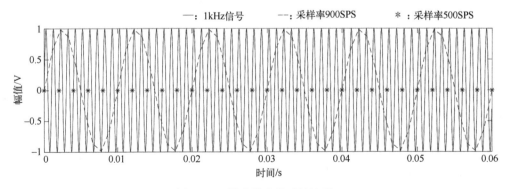

图 3-60 低采样率的时域波形

对图 3-60 的信号进行 FFT 分析，分析结果如图 3-61 所示，黑色实线是原始的 1 kHz 信号的频域波形，"--"虚线是以采样率 900SPS 进行采样后的频域波形，＊＊是以采样率 500SPS 进行采样后的频域波形。从频率来看，结果也是和上文分析一致的，实际上 1000 Hz 的信号，900SPS 采样后，变成了 100 Hz（$-f_s+f_a=-900+1000$）；而 500SPS 采样时，则没有信号。

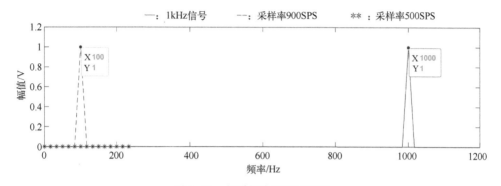

图 3-61　低采样率的频域波形

综上所述，理论上，采样率低于信号频率时，是可以采集到目标信号的，在频谱上可以出现的（通过简单换算可以复原）。

2. 不能采到

有同学说，为什么实际试验时低采样率却采集不到高频信号？那是因为，信号在进入采集设备的 ADC 之前，被进行了低通滤波，超过 $f_s/2$ 的高频成分已经被滤除了，如图 3-62 所示，这个低通滤波也被叫作抗混叠滤波器。

如图 3-63 所示，红色虚线之外的信号被低通滤波器抑制掉，因此本应该出现在 $-f_s+f_a$ 的频率成分就并没有出现。换句话说，如果没有这个低通滤波器，频率超过 $f_s/2$ 的信号 f_a 还是会在低频处以 $-f_s+f_a$ 的频率出现，而如果在 ADC 前加上这个低通滤波器，那么 f_a 就会在进入 ADC 前被抑制掉。因此我们在设计电路时，有效的低通滤波器将会非常重要，这是指导硬件设计的重要原则之一，这也就是 3.6.2 节抑制蓝牙干扰时加入低通滤波器的原因之一。

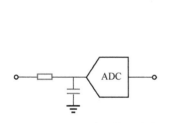

图 3-62　ADC 前的低通滤波

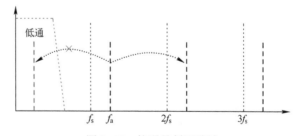

图 3-63　抗混叠低通滤波

3. 实物测试

恰好笔者手里有一块便携式采集卡，带宽是 30 MHz，最大采样率是 100MSPS，我们就基于上文介绍，以 10MSPS 的速率采集 11 MHz 的信号，看看结果如何。

11 MHz 的信号使用 10MSPS 的采样率，那么根据前文的分析，采集后的信号频率应该是 1 MHz，频域和时域波形如图 3-64 所示，FFT 变换后明显看到 1 MHz 的频率成分，11 MHz

的信号经过 10MSPS 采样后变成了 1 MHz，与前文的分析基本一致。如果系统开启抗混叠滤波，那么采集到的 1 MHz 信号幅值就会非常低，如果把 11 MHz 的目标信号频率增加，那么就会被滤波器衰减得更严重。

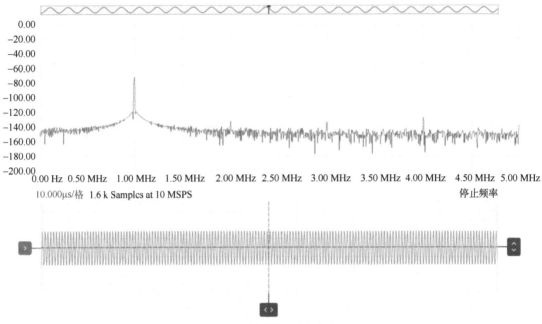

图 3-64　实测低频采集高频 1

那么同样地，10kSPS 采样率，采集 30 kHz 的信号会有什么结果呢？根据前文的分析，整数倍关系时（30k 是 10k 的 3 倍），应该采集不到，实际测试结果如图 3-65 所示，频谱上没有看到明显的频率信息。

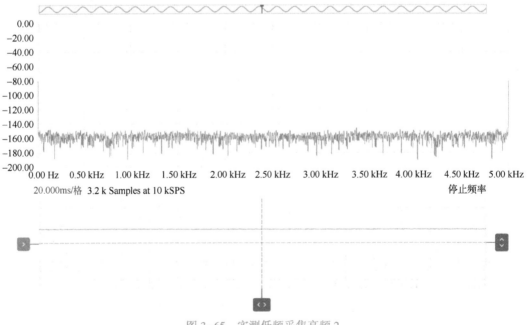

图 3-65　实测低频采集高频 2

对于本节开篇的问题，如果面试官问：采样率低于信号的频率，我们可以采集到信号吗？你该怎么回答呢？理论上是可以的，但是系统硬件结构和软件滤波策略相关，本来是想直接写答案的，后来想想，相比于结果，分析过程更重要。

3.6.4 实战讲解：高通滤波器去除基线漂移

以前介绍过低通滤波器、高通滤波器以及一阶滤波器和二阶滤波器的差别。本节结合实际案例介绍高通滤波器去除人体基线漂移的过程，这个结果是以前笔者上学时的数据，**大家在平时也要养成记录数据的好习惯。**

事情的背景是采集人体心电信号时，采集的信号一直上升，不断漂移，图 3-66 中短短 4 s 就超出了系统的量程，最终饱和。

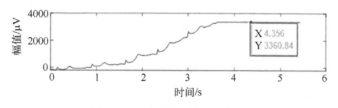

图 3-66　漂移饱和的心电信号

这属于低频干扰，最简单最常见的做法就是在模拟链路中加入一个高通滤波器。图 3-67 是取消所有信号调理电路，只加入高通滤波器后的采集结果，采集了 35 s，信号漂移被有效抑制，如果开启更多的滤波电路，则采集的信号会更干净。

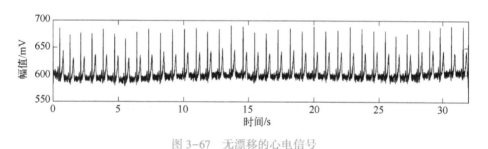

图 3-67　无漂移的心电信号

3.6.5 实战讲解：什么是地？有哪几种地？

作为一名硬件工程师，理解地的概念是至关重要的，这会影响到我们系统的稳定性、测试的精确性甚至是安全性，本节从信号源、示波器、手机、生物电信号等角度解读地的概念，加深对地的理解。

信号源和示波器是我们常用的设备，一个最简单的操作是用信号源产生一个信号，用示波器来采集这个信号，这个简单的过程就可以帮助我们理解地的概念。图 3-68 是信号源、示波器与地的连接示意图，信号源和示波器的探头各有两根线，一根是信号线、另一跟是地线，构成了单端信号的传输方式，信号源与示波器的电源插头都是 3 引脚的 220 V 插头，有地线、零线和火线 3 个引脚，当它们插在 3 引脚插座时，3 引脚插座也有一个地线，将信号源的地、示波器的地与大地连接在了一起，此时信号源与示波器探头上的地线即使不连接，示波器也能够采集到信号源的信号。哪怕把插座上和大地连接的地线断开，也是可以工作的，因为信号源、示波器的地在插排上已经是共地了。

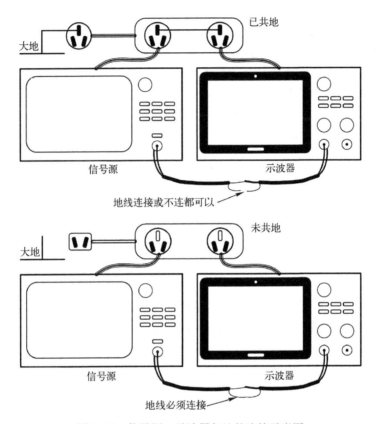

图 3-68　信号源、示波器与地的连接示意图

　　在第二行的图中，使用了两引脚的插座，插座上虽然用 3 引脚的孔，但是地孔上并没有导线连接，因此信号源和示波器插到这种 2 孔插排上，它们的地并没有连接，没有做到共地。这种情况下为了做到共地，就需要把信号源探头地线和示波器探头地线连接到一起，共地后才能正常采集信号。

　　接下来介绍手机的地和大地的关系，我们平时使用的电子产品，比如手机、平板、无人机等，它们的地指的是电池的地（电池负极），电路里的模拟地或数字地最终都要汇聚到电池的地。单独一个手机，它的地和大地是没有连接的，图 3-69 第一行显示了这个结构，示波器和大地共地，而手机的地相较于大地而言是浮动的，二者之间有个变化电压的存在，理解这个对于分析 EMC 问题也有帮助。

　　在图中第二行里，手机的地通过示波器的地线与大地共地，如此一来，手机、示波器、大地这三个地实现了共地，这才是正确的连接方式，不过，有时候我们的插排是 2 孔的，没有和大地连接，只把手机的地和示波器的地共地，没有和大地连接，也是可以正常采集手机上的信号，关键点是采集设备和被采集设备的共地。

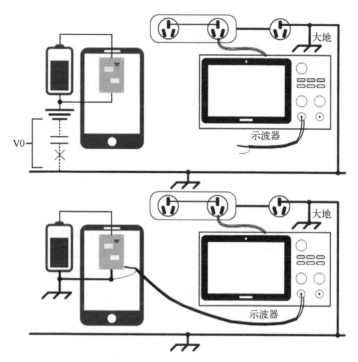

图 3-69　手机的地和大地

接下来介绍生理电信号采集过程中涉及的概念，人体除了携带我们想要采集的生理信号外，相对于采集系统，人体也携带了我们不想要的共模信号，图 3-70 左边的图示意了这个概念，人体和采集系统的地之间存在电位差，这个电位差 U_{cm} 沿着导联（信号采集电缆）传输到采集系统构成共模干扰，共模信号和差模信号的概念在 3.4 节有详细介绍。系统的共模抑制比是有限的，这个 U_{cm} 共模信号会转换成小幅值的差模信号，影响采集系统的信噪比。

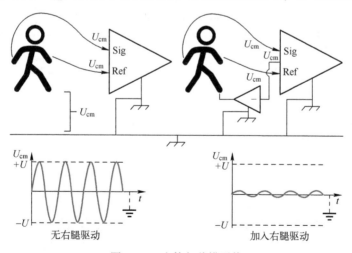

图 3-70　人体与共模干扰

生理电信号采集中，右腿驱动电路是非常经典的去噪手段，右腿驱动电极和地有千丝万缕的关系，这常常让人感到迷惑。这是因为右腿驱动电路把进入系统的共模干扰信号取反并放大后加载同人体，和人体的共模信号叠加后导致共模信号幅值降低，降低到接近采集系统的地电平，因此右腿驱动电极有地线的效果，但是它和系统的地并不是直连的。右腿驱动降低了共模信号，统一了人体和采集系统的共模电平，同时为仪表放大提供直流偏置回路，也就提高了系统的共模抑制比，降低了噪声，这个设计非常精妙。

3.6.6 实战讲解：测电流时没有理解地线，导致电路烧毁

3.6.2 节中提到了串联电阻来测电流，有必要单独介绍这个测量过程，否则，轻者测量不到目标信息，重者烧坏电路，但是像手机这种使用电池供电的系统，对地线的要求会低一些，一般不会涉及这个问题。

下面列举两个例子。

第一个例子是用采集卡采集功放的输出电流，电路连接错误导致地线烧毁。图 3-71a 是采集卡测电流的示意图，大功率的功放驱动负载，用采集卡测量串联电阻的电压，进而通过 $I=U/R$ 间接测量功放的输出电流波形，采集卡是单端采集模式，有两个通道，当按照图 3-71a 连接电路后，图中的**红色地线发热严重最终烧毁**。这是因为采集卡和功放都是 3 头的电源插头，连接了接地插排，二者的地在插座处形成了共地。图 3-71a 中 Ch1 探头有信号线和地线，当地线连接到电阻的一边时，相当于把电阻的这一边直接接地了（**注意：这个地线隐藏较深，很多人没有注意到这个问题**），这样就把功放输出的高电压短路到地，短路电流路径见图 3-71a 中的虚线箭头或红色路径。想要正确测量功放输出电流波形有多种方法，如图 3-71b 中是用两个通道，按照单端采集方式分别采集电阻两端的电压，通道的地

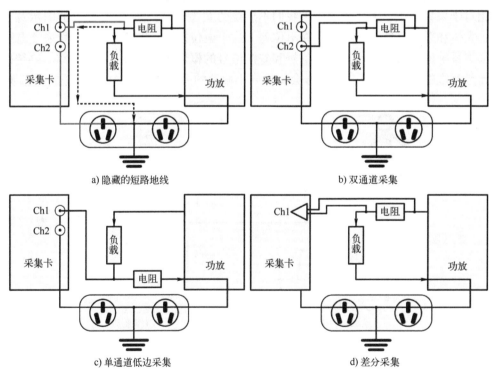

a) 隐藏的短路地线

b) 双通道采集

c) 单通道低边采集

d) 差分采集

图 3-71　采集卡测电流

已经通过插座或探头与功放共地了，然后用 Ch1 的电压减 Ch2 的电压就是电阻两端的电压。图 3-71c 是把电阻放在低边，电阻和负载是串联关系，用采集卡的一个通道测量经过电阻的高边电压就是电阻两端的电压（因为电阻另一端接地）。图 3-71d 是使用差分采集方式，这种方式的采集精度更高，但是如果把电阻放在靠近地的低边检测，实现起来更容易，手机电池电量计很多就是放在低边检测电流。

第二个例子是示波器测量电源电流，**电路连接异常导致测量结果为 0**。测量过程与上文类似，也是高边串联电阻，通过测电阻两端的电压来间接测量电流，然而测量时发现，本来系统是正常工作的，一旦连接了示波器探头，系统就关机，电源输出电压为 0，这是因为示波器和电源还是通过插座共地了，如果把探头的地线再和高边小电阻连接，就相当于把电源和地短路，见图 3-72 中红色曲线，与上面采集卡、功放的例子不同的是，所用电源检测到发生短路时，就关闭了输出进行短路保护，因此系统关机，要想正确采集到电流，处理方法和上文采集卡测电流是类似的。

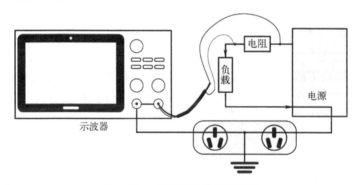

图 3-72　错误的示波器测电流

第4章

天下武功唯快不破：信号完整性基础

4.1 从传输线说起

4.1.1 高速、高频和高带宽有什么差异？

"高频"与"高速"在工程应用中常常作为同一个词来理解——快！

"天下武功，唯快不破！"然而实际上，高频与高速两个概念有共性也有异性，虽然我们日常沟通中，往往混用这两个词，但是对于每个词背后的物理意义，还是要区分开的。

问：1 kHz 的方波信号是高速信号吗？

在讨论信号速度时，我们不能只看信号的频率，应该重点关注信号跳变的上升沿，高速信号是针对信号的上升沿而言的，对于一个 1 kHz 的方波，如果它的上升沿很窄，那么它也会变成高速信号，图 4-1a 所示，上升沿越快，就认为信号越快，就有必要处理好阻抗控制。而高频信号是从频域角度考虑，看的是信号本身的频率，如图 4-1b 所示。

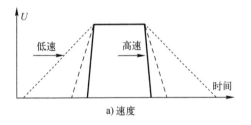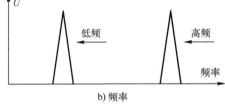

图 4-1　速度与频率

接下来讨论频率与带宽的区别，有的信号虽然频率非常高，但是带宽却很窄，比如 GSM900，载波频率 F_c 大约为 900 MHz，但是它的带宽却只有几十 MHz（参考 3.2.2 小节调制的原理，频率很高，但是带宽很窄）。图 4-2 中，在频域列举了两个信号，左边信号的载波频率 F_{c1} 小于右边信号的载波频率 F_{c2}，从频域上看左边的信号是低频信号，但是它的带宽 $B1$ 却高于 $B2$，因此左边的信号相比于右边信号而言，是属于低频高带宽的信号。

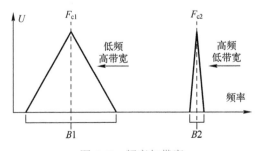

图 4-2　频率与带宽

我们举个例子来看下频率、速度和带宽的意义，比如对于频率为 1 kHz 的方波信号，这个 1 kHz 就是信号的频率；通常，我们把数字信号的带宽定义为 0.35/Tr（经验值），Tr 为上升沿时间。如果上升沿只有 1 ns，1 ns 对应着速度，0.35/1 ns＝350 MHz，则该信号带宽就达到了 350 MHz。格外提一点，在模拟电路领域，如运算放大器电路设计中，小信号用于评估带宽等参数，大信号用于评估速度相关的参数，如压摆率等。

4.1.2 环路电感

相比于原理图设计工程师，PCB 工程师对环路电感这个词更敏感些，因为环路电感和走线强相关，不管是信号完整性还是电源完整性都涉及这个概念，一旦电路走线、PCB 叠层确定，环路电感也随之确定，如果环路电感初期评估失误将会给后期改版带来巨大工作量，增加风险。

然而并不是所有人都清楚这个词背后的物理意义。我们从自感、互感，最后再到环路电感进行完整的介绍，彻底搞懂环路电感，从根本上认识走线对于环路电感的影响，以及如何优化 PCB 走线来减小环路电感。

1. 自感

自感这个概念我们高中就学过，指的是一个线圈中通入变化的电流，根据电磁感应原理，线圈自身会产生感应电动势阻碍电流变化。图 4-3 中红色箭头是输入的电流和它所产生的磁场方向，蓝色箭头是感应出来的电流方向，感应的电流和原始电流方向相反，阻碍红色电流。

自感可以理解为对交变电流的阻碍程度，自感越大，对电流的阻碍程度就越高，换句话说，相同频率下，电感量越高，则阻抗越大，这可以参考 1.1.3 节中的阻抗频率曲线。我们常用的电感就是用的线圈自感，图 4-4 是典型的叠层电感器示意图。

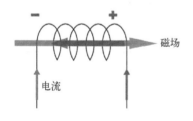
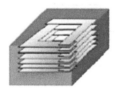
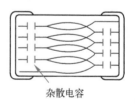

图 4-3　电磁感应　　　　　　　　　　图 4-4　叠层电感器示意图

2. 互感

互感指的是两个线圈彼此之间的作用，当两个线圈彼此靠近时，一个线圈中通入变化的电流，会在第二个线圈中产生感应电动势，如果第二个线圈有闭合回路，就会产生感应电流，如图 4-5 所示。

3. 走线自感与互感

PCB 走线也存在自感与互感，其形成原因与上面基本一致。一段导线中通入变化的电流，会在自身的导电平面上产生自感，同时又会与相邻平面产生互感，自感与互感相叠加共同作用于信号，如图 4-6 所示。

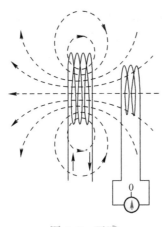

图 4-5 互感

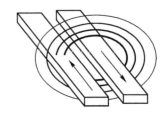

图 4-6 走线互感

4. 环路电感

先建立信号路径与返回路径的概念，假设有两个导体，一个用来传输信号，另一个作为参考平面，如图 4-7 所示，信号的总传输路径分为信号路径和返回路径（返回路径也叫回流路径），信号路径有其自感 $L1$、返回路径有其自感 $L2$，二者有互感 $L3$，环路电感是自感和互感的共同作用结果。在高速信号走线或在 BUCK 开关回路走线中，信号层的下面往往有完整的参考平面，回流会自动选择阻抗最小的路径（高速信号中的"地"概念与传统电路不同，与信号距离较近的导体，也可能成为回流路径），因此，此时的回流路径就是信号路径在参考平面的投影。

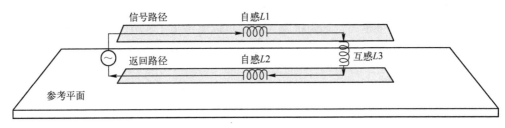

图 4-7 环路电感

环路电感计算公式：

$$L=L1+L2-2L3 \tag{4-1}$$

式（4-1）是一个非常重要的公式！

5. 怎么减小走线的环路电感

从式（4-1）可以看出，减小环路电感的方法为减小信号路径和返回路径的自感，或者增加信号与返回路径之间的互感。

减小信号路径和返回路径自感的方法为缩短 PCB 走线，或者增加这段走线的线宽或线厚，其中缩短走线的效果更明显，这就是我们走线是要尽量短的重要原因之一。

增加信号路径与返回路径互感的方法为：选择介质厚度更薄的 PCB 叠层结构，让信号路径和返回路径距离更近，或者是保证完整的参考平面，尤其是避免跨分割（参考层不连续）的出现，说白了就是走线临层要有完整参考平面。信号完整性里我们通常所说的减小环路面积，主要指的就是增加信号路径和返回路径的互感，这个环路面积是信号与参考层之间的路径，并不单单是信号自身的走线面积，这点我们不要搞混了。

而在 PCB 设计中，一旦根据 PCB 层叠和设计工艺确定好线宽后，那么减小环路电感的主要方法就是靠缩短走线长度和环路面积。

举个例子，你的信号线相邻层有大的参考平面，回流就会在参考平面上紧挨着信号线回流，信号线和参考平面近，二者的互感就大，那么环路电感就小。反过来，如果信号线临层没有参考平面，互感小，那么环路电感就大，这也是高速传输线通常采用 GSG（GND–SIGNAL–GND）平面结构的原因，信号线上下两层均为地平面，即采用内层带状线结构。

4.1.3 参考平面与传输线

一对导体就可以构成传输线，信号以电磁波的形式在这一对导体之间传播。这两个导体，一个被称为"信号路径"，另一个被称为"参考路径"或"回流路径"，前文有简单介绍。传输线的形式多种多样，比如 PCB 中的走线、同轴电缆等。

在我们传统的观念中，信号是从发射端产生，经过"信号路径"到达负载，再从负载沿着地线也就是沿着"参考路径"回到发射端，构成一个回路。

但是在传输线的概念中，"参考路径"与是否接地无关，哪怕"参考路径"是浮空的金属导体，也可以构成传输线，有的 PCB 设计中就是以电源平面作为参考平面。此外，在传输线的概念中，只要发射端刚刚产生信号，"参考路径"上就会同时产生伴随的返回电流，而不是传统观念中，信号经过负载后再通过地线回流，这个区别一定要牢记，这一点接下来会详细介绍。

信号在传输线传输的过程，就是一个不断建立电磁场的过程，在信号变化时建立电磁场，在信号变化的前后，没有电磁场的建立，如图 4-8 所示，所以在信号刚进入传输线时，就会产生伴随电流。

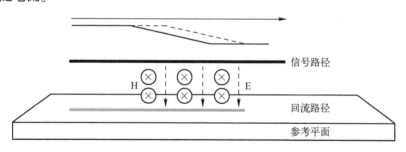

图 4-8　信号的传输过程

另一个重要的区别，传统的信号传播模型被看作是一个集总参数模型，这个模型认为传输线缆上各个位置的信号是相同的，即传输线的长度远远短于信号的波长，因为速度等于波长乘频率（$v=\lambda f$），同一介质中，v 是一定的，则 f 较低时，波长相比于走线长度较长，等效于集总参数模型；反之，而 f 较高时，波长相比于走线长度较短，等效于分布式参数模型。而在传输线中，信号的传播模型是分布式参数模型，传输线的长度远长于波长，即传输电缆上各个位置的信号是不同的，信号是逐步向前传输的，图 4-9 就是集总参数模型和分布式参数模型示意图，如果走线长度大于信号传输有效长度的 1/6~1/4，那么我们就可以将其看作是一个分布式模型。

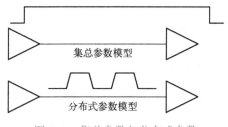

图 4-9　集总参数与分布式参数

满足以上特点的一对导体就可以构成传输线，在 PCB 走线中，一般把一个完整的平面用于"参考路径"，我们习惯称之为参考平面，对信号要求高的场合，信号会有上下两个参考平面，甚至左右也有伴随参考线。这些参考平面构成良好的传输线模型，可以控制阻抗、避免反射、减小损耗，提高信号传输效率，同时也起到良好的屏蔽作用。

4.1.4　微带线与带状线

我们常常听说微带线和带状线这两个概念，什么是微带线？什么又是带状线呢？

有人说表层走线是微带线，内层走线是带状线，其实这个回答不严谨。这个是基于特定公司内部，约定俗成或习惯性走线方式来称呼的。

PCB 中微带线的概念是只有一个参考平面的传输线，带状线是有两个参考平面，如图 4-10所示，而表层走线只有第二层一个参考平面，满足微带线的概念；而内层走线，由于层叠结构特点，信号线通常有上下两个参考平面，满足带状线的概念。因此大家才说，表层走线就是微带线，内层走线就是带状线。如果，内层走线只有一个参考平面那么就是微带线而不是带状线，对应 SG（Signal-GND）结构，信号主要参考相邻层的平面。这在日常沟通时没有问题，但是要注意区分二者区别。

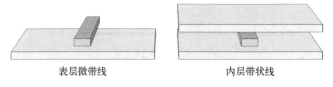

表层微带线　　　　　　　　　　内层带状线

图 4-10　微带线与带状线

4.1.5　特性阻抗

信号在传输线中，是一步一步向前走的，电磁场的建立也是需要一个过程的，信号不是一下子从发射端传播到接收端。信号线与信号线、信号线与参考平面之间充满了电容与电感。信号每向前传播一步都会遇到特定的电容参数与电感参数，如图 4-11 所示，这里我们引入两个新的量——"单位长度电容 C"与"单位长度电感 L"。

如果一条传输线长度为 H，那么它的总电容就是 HC，单位长度电容一般为 pF 级别；同理，如果一条传输线长度为 H，那么它的回路电感就是 HL，单位长度电感一般为 nH 级别。

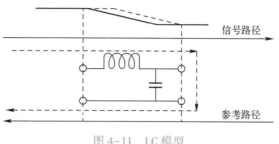

图 4-11　LC 模型

信号每走一步都会遇到单位长度电感 L 和电位长度电容 C，此时的阻抗定义为式（4-2）：

$$Z = \sqrt{\frac{L}{C}} \qquad (4-2)$$

信号在传输线一步一步传播的过程中会遇到不同的阻抗 Z，这个阻抗叫作瞬时阻抗，如果传输线做得非常均匀、传输环境处处一致，那么阻抗 Z 就处处相等，我们称这个处处都相等的阻抗为特性阻抗 Z_0：

$$Z_0 = \sqrt{\frac{L}{C}} \qquad (4-3)$$

我至今还记忆犹新，当初刚毕业时与面试官聊天，所有的问题都答完之后，面试官随口问了一句："特性阻抗的计算公式是什么？"

我微笑着："根号下 L 比 C"。顺利完成面试。

我们通常所说的阻抗控制，就是为了让传输线满足目标阻抗，传输环境尽量均匀、统一，减小反射，实现最佳功率传输，减少干扰，这个阻抗指的就是特性阻抗。

由上面介绍可以知道，特性阻抗的概念是基于两个及以上的导体，因此需要有良好且完整的参考平面作为回流路径，我们要避免图 4-12 中参考平面被割裂出现跨分割的情况，信号线临近的参考平面被割裂，这可能会导致阻抗不连续，出现反射。

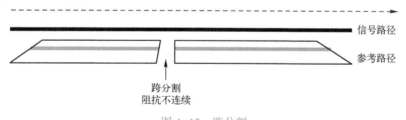

图 4-12　跨分割

这就好比是你在路面上骑车（**又是类比法，类比法就是这么简单有效**），如图 4-13 所示，路面越平，骑得就越快；如果路面有小坑，就会很颠簸，速度就会降下来；如果出现个大坑，就会摔得很惨。同样地，对于高速信号，完整的参考平面、良好的阻抗控制至关重要。

进一步类比，高速信号对应小轮子的自行车，更容易感受到坑的存在，过坑时（阻抗不连续）更

图 4-13　颠簸的路面

容易颠簸；低速信号对应大轮子的自行车，过坑时不易感受到坑的存在，不易颠簸。而轮子的大小，类似于信号上升沿、下降沿时间跨度的大小，关键还是要看能不能跨过去。信号速率越高，即上升沿、下降沿时间跨度越小，对阻抗的波动更敏感，因此阻抗控制就格外重要。

4.2 信号的反射

4.2.1 反射与反弹图

如图 4-14 所示，对于传输线而言，当信号从左向右传播时，如果保持叠层结构、材料不变的情况下走线突然变细，那么对应的单位长度电感和电位长度电容就会发生变化，使得阻抗突然变大，$Z_2 > Z_1$，产生正反射。

图 4-14 阻抗突变

这个信号反射的现象可以类比于液体在管道中的传播过程，注意是类比。在图 4-15 水管内部，管内壁光滑，如果整个水管连续平滑、粗细一致，水就流动自如。如果水管突然变细，水流和管壁之间就会产生压力，进而发生"反射"。如果水管阀门突然关闭，后续水流在惯性的作用下继续流动，压力迅速变大，并产生破坏作用，这就是水锤效应。

信号反射类比图 4-16 声波的反射更接近，声波的反射在日常生活中更常见一些，当声波在均匀的空气中传播时不会反射，如果传播过程中遇到墙等较高的声阻抗率介质时就会发生反射，产生回音。

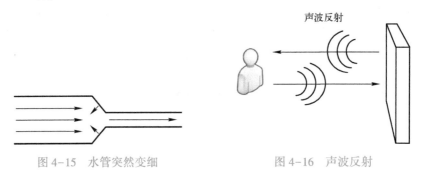

图 4-15 水管突然变细　　　　　图 4-16 声波反射

1. 反射系数

信号在传播时，阻抗无论是突然变大还是变小，只要阻抗突变，就会引起反射，反射的电压等于入射电压乘反射系数 R，反射系数 R 的计算式见（4-4），Z_1 是当前阻抗，Z_2 是新阻抗。

$$R = \frac{Z_2 - Z_1}{Z_2 + Z_1} \tag{4-4}$$

根据式（4-4），R 的变化范围是从 -1 到 1，正数表示正反射，负数表示负反射，0 表示阻抗连续无反射，下面详细介绍这三种情况。

1）当 Z_2 为无穷大时，即阻抗突然变为无穷大，代表开路，反射系数为 1。图 4-17 中信号源阻抗为 50 Ω，传输线阻抗为 50 Ω，负载开路时相当于阻抗无穷大，所以反射系数 $R≈1$，为全反射。

2）当 $Z_2=Z_1$ 时，即阻抗未突变，没有发生反射，反射系数 R 为 0，表示通道阻抗理想连续。

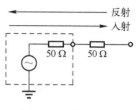

图 4-17　信号反射

3）当 $Z_2=0$ 时，阻抗突变为 0，表示短路，反射系数为-1。

根据反射系数为 1 和-1 的两种典型状态，结合 TDR，可以准确判断信道的开路和短路情况。当信道某一位置开路时，对应 TDR 在某个时间点的阻抗迅速升高，因为开路存在，在开路位置阻抗突然变大，对应于全反射的状态，这在 4.5.2 小节有详细介绍。

当信道某一位置短路时，对应 TDR 在某个时间点的阻抗迅速降低，因为短路存在，在短路位置阻抗突然变小，对应于反射系数为-1 的状态。这在实际工程中检测信道开短路非常方便。

接下来我们分析下反射过程，结合图 4-17 开路状态，图 4-18 虚线是信号源输出端波形，实线是接收端的波形。假设信号传输延迟为 2 ns，第 0 s 时，信号源产生一个 1 V 信号向传输线，经过 2 ns 后到达终端，传输线阻抗是 50 Ω，终端开路则阻抗为无穷大，计算的反射系数 $R≈1$，那么反射回来的信号电压也是 1 V×1=1 V，反射的 1 V 和入射的 1 V 叠加后，幅值变为 2 V，那么在第 2 ns，在终端测量时就会看到一个 2 V 的信号，如图 4-18 中实线所示。反射的 1 V 信号经过 2 ns 后传播回发射端，与发射端的 1 V 叠加后，发射端的信号也变为 2 V，见图 4-18 中虚线在第 4 ns 的波形。此后，源端阻抗匹配，信号反射停止。

上面的例子很有意思，即信号是以半幅度在传输线中传播，经过反射后幅值变为二倍，反射到源端的信号不会继续反射，反射停止，这就是通常所说的源端端接有效。

2. 反弹图

如果源端阻抗不匹配，反射回源端的信号就会再次反射，向负载端传播，到负载端后再次反射到源端，来来回回，导致振铃，这就是接下来要讲的反弹图。

当阻抗不匹配时，在源端与走线之间串联小电阻进行匹配，就是这个原理，关于电阻端接匹配后面还会继续介绍。图 4-19 就是反弹图，B 端阻抗无穷大，B 点的反射系数是 1，是全反射，从 B 点反射回 A 的信号会再次反射，A 点的反射系数是(10-50)/(10+50)=-0.67。

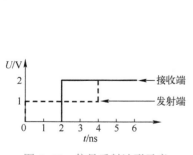

图 4-18　信号反射波形示意

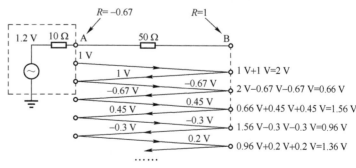

图 4-19　反弹图

我们还是假设传输线的延迟是 2 ns，假如信号源电压为 1.2 V，由于信号源输出阻抗为 10 Ω，PCB 特性阻抗为 50 Ω，二者会分压，则加载到传输线时 A 点的电压为 1.2×50/(10+50) V = 1 V。

2 ns 后到达 B，入射电压是 1 V，反射电压是 1×1 V = 1 V，入射电压与反射电压叠加后，此时 B 点电压为 1 V+1 V = 2 V，反射的 1 V 电压反向往源端 A 传播。

再经过 2 ns 后，1 V 反射电压到达 A 点，在 A 又发生负反射，A 点的反射电压是 1×(−0.67 V) = −0.67 V，向 B 传播。

再过 2 ns 后，−0.67 V 这个电压从 A 点传播到 B 点。到达 B 点后，发生全反射，反射的电压也是 −0.67 V，B 点原来的电压是 2 V，入射电压是 −0.67 V，反射电压是 −0.67 V，三者叠加后：2 V−0.67 V−0.67 V = 0.66 V，

再过 2 ns 后，−0.67 V 反射电压到达 A 点，在 A 又发生负反射，A 点的反射电压是 (−0.67)×(−0.67) V = 0.45 V，向 B 传播。

再过 2 ns 后，0.45 V 这个电压从 A 点传播到 B 点。到达 B 点后，发生全反射，反射的电压也是 0.45 V，B 点原来的电压是 0.66 V，入射电压是 0.45 V，反射电压是 0.45 V，三者叠加后：0.66 V+0.45 V+0.45 V = 1.56 V，

再过 2 ns 后，0.45 V 反射电压到达 A 点，在 A 又发生负反射，A 点的反射电压是 (0.45)×(−0.67) V = −0.3 V，向 B 传播。

再过 2 ns 后，−0.3 V 这个电压从 A 点传播到 B 点。到达 B 点后，发生全反射，反射的电压也是 −0.3 V，B 点原来的电压是 1.56 V，入射电压是 −0.3 V，反射电压是 −0.3 V，三者叠加后：1.56 V−0.3 V−0.3 V = 0.96 V。

……

我们根据上面的分析过程画出 B 点的波形，如图 4-20 所示，可以看到信号的振荡过程，那么如果在源端做匹配的话，B 端的电压升到 2 V 就会稳定下来停止振荡（源端端接有效），现在 A 端没有做匹配，那么信号就会来回反射，产生振铃，最终接近于信号源的 1.2 V 驱动电压。右图是实测某信号的振铃波形，与反弹图分析的结果很相似，振铃都是在上升沿/下降沿的位置出现，这也再次印证了高速信号主要的关注点是信号沿变化的快慢，也跟前面的传输线理论吻合。

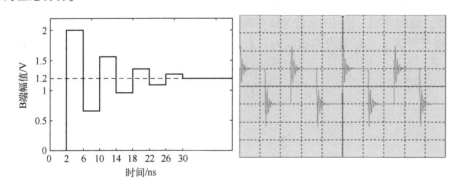

图 4-20　反射波形

4.2.2 阻抗控制

前文介绍了传输线、特性阻抗以及信号反射的概念，如果阻抗不连续，信号会发生反射，产生干扰，严重时将会导致系统不能正常工作，比如相机或屏幕花屏。都有哪些参数会影响阻抗呢？了解相关参数后我们就可以知道用哪些方法来控制阻抗了，相关参数示意如图 4-21 所示。

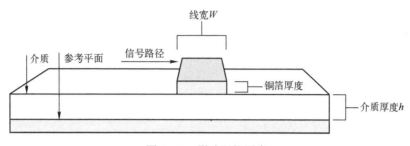

图 4-21　影响阻抗因素

1. 线宽 W

走线加宽，则单位长度电感减小，单位长度电容增加，根据阻抗计算式（4-2）可以看到，走线加宽后特性阻抗减小，反之则阻抗增加。

2. 介质厚度 h

介质厚度增加，信号路径与参考路径距离增加，则单位长度电感增加；单位长度电容减小，根据阻抗计算公式可以看到，介质厚度增加后特性阻抗变大。

3. 介电常数

介电常数越大，单位长度电感基本不受影响，但是单位长度电容会变大，特性阻抗变小。

4. 铜箔厚度

走线铜箔厚度增加，电感减小，电容增加，特性阻抗就会跟着减小。

上述 4 种影响阻抗的参数中，最常用的是线宽，根据目标阻抗调整线宽，其实反过来讲，就是通过控制线宽来控制阻抗，这是最常用的阻抗控制方法。

在图 4-22 所示的 SI9000 软件中，我们输入走线参数就可以计算出阻抗了，然后根据结果调节线宽，就可以达到目标阻抗。比如，如果填完参数发现计算的阻抗比目标阻抗 50 Ω大，那么就可以增加线宽，使得阻抗减小，也可以在软件里把阻抗设置为 50 Ω，然后计算对应的线宽，或者其他单一的参数。当然，如果没有意外情况，可以直接和 PCB 厂家询问叠层和阻抗数据，他们会给出不同层叠结构对阻抗线宽的具体约束参数。复杂的案子，通常会根据设计的情况，跟 PCB 板厂沟通叠层，确定线宽和线距。比如，设计里有 0.8 mm 的 BGA 中心间距，BGA 阵列内的空间受限，很多情况下就要通过选板材和叠层来让 BGA 内能穿越单端阻抗线。如果板材和叠层不合理，BGA 内的走线就会出现 Neck 瓶颈而引入阻抗不连续点，这是高速设计不被允许的。

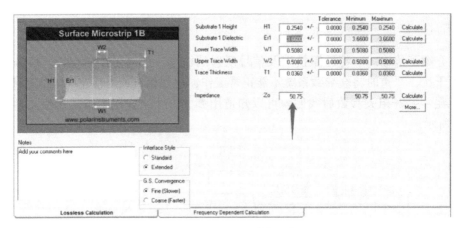

图 4-22　SI9000 计算阻抗

4.3　哪来的串扰？如何抑制？ ▶

我们经常听说 PCB 走线间距大于等于 3 倍线宽时可以抑制 70% 的信号间干扰，这就是 3W 原则，信号线彼此之间的干扰被称为串扰，串扰是怎么形成的呢？

当两条 PCB 走线很近时，一条信号线上的信号可能会在另一条信号线上产生噪声，产生干扰的走线叫作攻击线，受到干扰的走线叫作受害线。

参考图 4-11 LC 模型，PCB 上走线与走线之间、走线与地之间会形成电容，其中一条走线有信号经过时，会产生变化的电场，这个电场通过电容，作用于另一条走线，在受害线上产生噪声，进而产生串扰，如图 4-23 左图所示，这就是通常所说的电场耦合产生容性耦合噪声。

同样的道理，PCB 上走线与走线之间会形成互感，其中一条走线有信号经过时，会产生变化的磁场，这个磁场作用于另一条走线，在受害线上产生噪声，进而产生串扰，如图 4-23 右图所示，这就是通常所说的磁场耦合产生感性耦合噪声，在实际的 PCB 环境中，容性耦合和感性耦合通常是共同存在的，因为在间距很难拉开的情况下，这两种耦合都会发生。

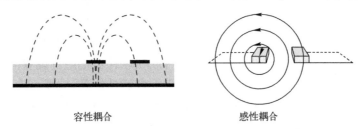

容性耦合　　　　　　　　　　感性耦合

图 4-23　容性耦合与感性耦合

等长走线不一定等时。

为了控制群组走线等时性的要求，如手机 MIPI 信号、USB 或 DDR 信号，通常的做法是对 PCB 走线进行绕等长处理，在初步调整走线后，选一根最长的走线为目标长度走线，其余走线通过绕线的方式增加走线长度，

4-1　蛇形走线

最终达到所有走线长度一致，俗称蛇行走线，如图 4-24 所示。

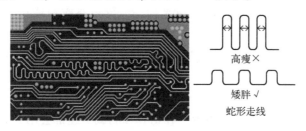

图 4-24　蛇形等长走线

等长走线确保等延迟是依据信号在相同走线环境下的传播速度相等，走线长度一样、信号传播速度一样，那么信号传播的时间就一样了（时间=长度/速度）。实际上即使走线长度一样，信号传播的时间也有可能不同，比如高瘦和矮胖这两种绕等长的方法，高瘦走线中，有大量相邻走线，会增加串扰；而矮胖走线，相邻走线长度小，串扰也小。

蛇形等长走线从物理长度上保证了传输线的长度一致，但要等时，需要合理设计蛇形线的高度和宽度，尽量减小蛇形线内的串扰。当串扰发生在信号的边沿时，其作用效果类似于影响了信号的传播时间，如图 4-25 所示，有 3 根信号线，前两根等时传播，第三根信号线在边沿时受到了串扰，看起来信号传播的时间被改变了。蛇形线内的串扰通常会导致信号超前。因为蛇形线凸起部分的两侧，通常是耦合发生的位置，串扰的相位和极性跟原始信号相同，会"跨过"蛇形线凸起部分的长度提前产生，当信号经过蛇形线凸起部分长度到达时，会和串扰叠加，信号的上升沿会被抬升，在时间轴表现为超前。有时观察信号的眼图，如果眼皮变厚，就很可能是串扰导致的。

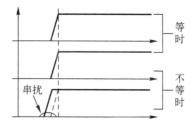

图 4-25　串扰影响信号边沿

容性耦合和感性耦合共同构成了串扰，如何抑制串扰呢？增加走线之间间距，这是非常有效的手段。

减小平行信号走线的长度，尽量做到垂直走线，避免图 4-26 边沿耦合或宽边耦合的走线方式。

做好阻抗控制或做好端接。避免阻抗不连续使得串扰被反射，而加剧串扰的影响。

使用地线隔离。在相邻信号之间添加一条地线进行隔离，并且地线上打地孔，孔的间距小于 $\lambda/10$（λ 是波长，隔离地孔的使用场景比较复杂，这里只提供个经验参考）。

在满足数据手册需求条件下，延缓信号上升沿时间。

除了上述方法，采用内层带状线走线也是常用的缓解串扰方法。

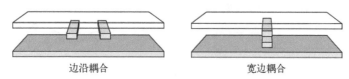

图 4-26　边沿耦合与宽边耦合

本节介绍的是串扰对时间的影响，实际上，PCB 走线过程中，也很难保证走线环境的一致性，比如 PCB 的介质，无法做到 100% 均匀，这也会影响信号，在一些更严格的场景中，考虑的因素就会更多。

4.4 S 参数

介绍信号完整性就必须说说 S 参数，在仿真和测试中经常会用到 S 参数。S 参数的全称为 Scatter 参数，即散射参数，是在传输线两端有终端的条件下定义出来的，一般终端是 50 Ω。我们把传输通道作为一个黑盒子看待，S 参数描述的是这个黑盒子本身的频域特性。通过 S 参数，我们能看到传输通道的几乎全部特性，例如信号的反射，串扰，损耗甚至是阻抗，都可以从 S 参数中找到信息，我们以信号反射过程为例了解下 S 参数。

对于无源二端口网络，从端口出去的正弦信号与进去的正弦信号同频率，下面介绍 S 参数的简单理解。

根据以前信号反射的介绍，信号在传输过程中会有入射波和反射波，既有进入端口的信号，也有从端口中出来的信号，如图 4-27 所示。

a_1：从端口 1 进入的正弦信号。

b_1：从端口 1 出来的正弦信号。

a_2：从端口 2 进入的正弦信号。

b_2：从端口 2 出来的正弦信号。

S 参数可以表示为式（4-5）：

$$S_{11} = \frac{b_1}{a_1}, \quad S_{21} = \frac{b_2}{a_1}$$

$$S_{22} = \frac{b_2}{a_2}, \quad S_{12} = \frac{b_1}{a_2} \tag{4-5}$$

S 参数具有对称性，即如果传输通道完全对称，则 $S_{11} = S_{22}$；$S_{21} = S_{12}$。$S_{11} = S_{22}$，要求传输通道必须完全对称，而实际环境中对于绝大多数的传输线结构，S_{11} 和 S_{22} 是不能画等号的，$S_{12} = S_{21}$ 对于传输线通道是成立的。

S_{11} 的具体理解可以见示意图 4-28，S_{11} 等于反射回来的信号 b_1 除以入射进去的信号 a_1，这两个信号的频率一样，幅度和相位有差异，S_{11} 也是我们前文提到的反射系数，只是表达不同而已。

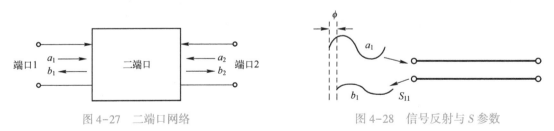

图 4-27　二端口网络　　　　　　　　图 4-28　信号反射与 S 参数

举例说明，为了与后文的 PDN 相对应，同时为方便各位读者下载并理解 S 参数，这里暂时不以传输线的 S 参数为例，而是以陶瓷电容 GRM32ER60E337ME05 为例，它的 S_{11} 参数如图 4-29 所示，这是怎么来的呢？

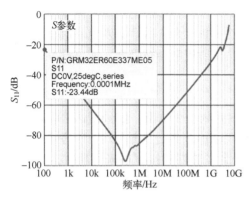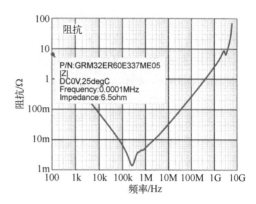

图 4-29　电容的 S 参数、阻抗频率曲线

我们可以在官网下载到 GRM32ER60E337ME05_25degC_series. s2p 参数，这就是 S 参数，见图 4-30，在频率是 100 Hz 时，S_{11} 是 −23 dB。S 参数的 dB 和幅度 Mag 的计算关系见式（4-6）。

$$\mathrm{dB}(S_{11}) = 20\lg[\,\mathrm{Mag}(S_{11})\,] = -23\,\mathrm{dB} \qquad (4-6)$$

因此可以反过来求出 S_{11} 的幅度，$\mathrm{Mag}(S_{11}) = 0.0708$，通俗解释为：

如果端口 1 的入射正弦信号幅度是 1 V，那么从端口 1 出来的正弦信号幅度只有 0.0708 V，S 参数和阻抗是可以转换的，如图 4-29 中左右两个曲线的形状很接近。

S_{11} 是返回的信号幅度除以进入的信号幅度，也就是反射系数，在工程上又称回波损耗，S_{21} 工程上又称为插入损耗，以上就是 S 参数的介绍。

#GRM32ER60E337ME05	
#In Production	
#2022/02/16	
#s11	
#DC0V 25degC series	
Frequency[Hz]	S11[dB]
100	**-23.05951722**
104.5792151	-23.44324079
109.3681224	-23.82715631
114.376324	-24.21124013
119.6138619	-24.59546963
125.091238	-24.9798233
130.8194349	-25.36428082
136.8099383	-25.74882316

图 4-30　电容的 S_{11} 参数

4.5　信号完整性实战案例讲解

4.5.1　实战讲解：端接电阻与阻抗匹配

如图 4-31 所示，从信号源到传输线再到负载，一共有 3 部分阻抗，如果信号源的阻抗很小，而负载的阻抗非常大，远大于传输线的阻抗 Z_1，那么信号就会在源端和接收端之间来回反射，详细的过程在 4.2.1 小节反射与反弹图中有过更详细的介绍，当时提到过一个概念叫作"源端端接有效"，根据这个原理，不管是在源端还是在接收端，只要其中任意一端实现阻抗匹配，那么就可以缓解反射，由此引入本节的主题：端接电阻缓解阻抗突变抑制反射。

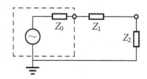

图 4-31　阻抗链路

有两种端接方法最常见：源端串联电阻，即串联端接，使源端阻抗与传输线特性阻抗匹配；接收端并联电阻，即并联端接，是接收端阻抗与传输线特性阻抗匹配。

1. 串联端接

图 4-32 是串联端接的示意图，在靠近源端串联一个小电阻 Z_r，如果信号是以半幅度经过 Z_r 和传输线 Z_1 到达接收端 Z_2，接收端 Z_2 的阻抗非常大，信号会发生一次全反射，反射回到源端后由于 Z_r 和 Z_0 的存在，不会再次反射，反射程度会被降低。如果没有 Z_r，信号会在源端和接收端来回反射，Z_r 缓解了这个现象。

2. 并联端接

图 4-33 是并联端接的示意图，在靠近接收端并联一个电阻，信号到达接收端后，由于 $Z_r = Z_1$，信号反射得到缓解，信号是以全幅度从源端出来经过传输线 Z_1 到达接收端，并停止反射，反射程度会被降低。如果没有 Z_r，信号会在源端和接收端来回反射，Z_r 缓解了这个现象。

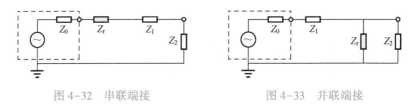

图 4-32　串联端接　　　　　图 4-33　并联端接

串联端接的特点是功耗低，不会给驱动端增加额外的直流负载，信号以半幅度传播。并联端接的特点是会增加额外的功耗，在一定程度上会拉低负载端高电平的幅值，其他对应的常用并联端接方式还有末端并联到电源、末端并联到电源和地（戴维南）等几种。

3. 谐振

如果读者理解了上面的介绍，那么就应该会有这样的疑问：为什么有的信号串联了一个小电阻，但是这个信号似乎并不属于高速信号？

这是因为走线具有寄生电容和寄生电感（还记不记得第 1 章提到的：我们在做工程时，一定要形成这样一个思想，即实际环境中没有完美的器件，一切器件都有寄生参数），当走线比较糟糕时，寄生参数就大，容易引起 RLC 谐振，使得信号也有振铃现象，这个 RLC 串联电路结构产生的谐振是电路分析里的二阶电路响应的典型内容。

图 4-34 串联谐振中，假如走线电阻 $R = 0.1\,\Omega$，走线寄生电感 $L = 100\,nH$，寄生电容 $C = 100\,pF$，根据式（4-7），谐振频率 f_0 大约是 50 MHz。

$$f_0 = \frac{1}{2\pi\sqrt{LC}} \tag{4-7}$$

图 4-35 是仿真的结果，红色曲线是理想的输入方波，蓝色曲线是谐振波形，出现的振荡是因为阻尼电阻 R1 太小了，系统处于欠阻尼状态，会出现振荡，放大谐振的振铃，可以看到振铃的频率就是 50 MHz。

如果增加电阻值，则振荡就会小很多，随着电阻的增加，系统慢慢从欠阻尼状态转化为临界阻尼，再到过阻尼。在欠阻尼状态里，电阻的增加会减少振荡的效应。图 4-36 中蓝色曲线，虽然存在稍微振铃，但是已经非常接近标准的输入方波（阻尼电阻的变化，不会影响振荡的周期频率）。从能量守恒的角度看，电阻起到的作用是吸收消耗系统振荡的能量。当电阻较小时，能量吸收效果小，振荡的现象明显，振荡的幅值也大，次数也多。当电阻较大时，吸收的能量就可观了，振荡幅值减小，次数也相应减小。

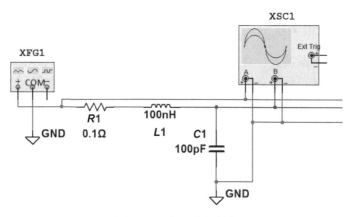

图 4-34　串联谐振仿真

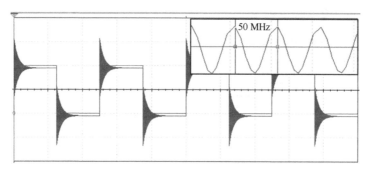

图 4-35　串联谐振波形

当电阻大到改变系统的阻尼状态时，振荡就会消失。通常消除振铃是加大电阻，让系统处于过阻尼状态。通过计算，33 Ω 的电阻系统处于过阻尼状态；而 2 Ω 的电阻，系统就刚好处于临界阻尼状态。各位读者可以做仿真实验让电阻从 0.1 Ω 慢慢变化，能清楚地看出来振荡变化的效果，更能加深理解。

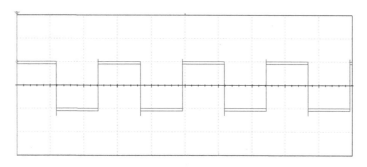

图 4-36　加电阻吸收振荡的波形

所以从波形上看，谐振和阻抗不匹配都会引起振铃现象，但背后的原因还是有一定差异的，我们平时用示波器测纹波时，要减小探头的环路电感来减小振铃就是这个道理。

4.5.2 实战讲解：TDR 阻抗测量

随着科学技术的不断发展，对各数字接口的速度要求越来越高，对信号完整性的要求也越来越严苛。控制阻抗是信号完整性的重要研究内容之一，时域反射计（Time Domain Reflectometry，TDR）是测量特性阻抗的重要技术，本节介绍 TDR 测量的基本原理与应用。

TDR 是利用信号的反射来评估链路中阻抗变化的程度。它基本的工作原理如图 4-37 所示。TDR 测试设备的输出阻抗是 50 Ω，通过 50 Ω 线缆连接到待测链路，设备输出一个上升沿非常陡的信号给待测的传输环境，如果待测传输环境阻抗不连续，那么将会发生反射（正反射或负反射），TDR 通过测量反射波的电压，就可计算出阻抗的变化，而且，通过测量反射点到信号输出点的时间，就能算出路径中阻抗变化的位置。

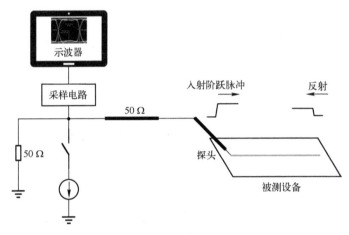

图 4-37　TDR 测量

阻抗不连续时典型的时域波形图接近图 4-38 的波形（图中仅做示例介绍，并不是实测波形），图中是发生了正反射，绿色信号是理想的信号，红色是实际发生反射的信号，可以看到在信号的上升/下降边沿产生了振铃。

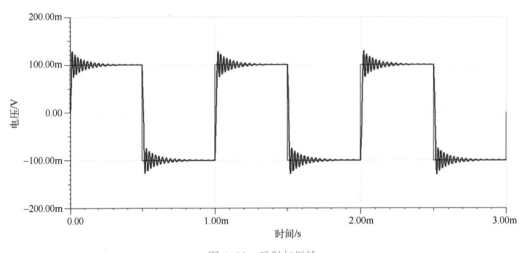

图 4-38　反射与振铃

这里额外介绍下，在使用示波器测量信号时，如果使用了较长的地线，会使得测量链路中的环路电感增加，也会引起振荡，使得测试不准确，因此在测量要求比较严格时，要使用接地弹簧进行信号测量。

下面以实际采集波形来做具体介绍，TDR 设备连接到开路的终端，根据反射系数公式（4-4），$Z_1=50\,\Omega$，Z_2 为开路，此时 Z_2 阻抗为无穷大，是正反射，反射系数 $R=1$，那么入射的电压的幅度 U_i，到达终端时就会全反射，入射信号和反射信号叠加为 $2U_i$，在图 4-39 中，输入 250\,mV 的信号，达到终端后变为 500\,mV，这就是终端开路，阻抗无穷大、没有端接的电压波形。

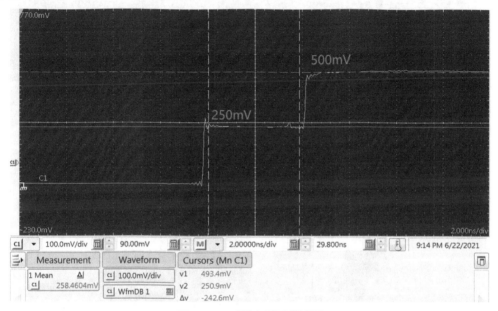

图 4-39　时域电压反射波形

TDR 除了可以测量阻抗，当然也可以测量距离，比如测量线路长度。图 4-40 是终端开路时的阻抗曲线，反射 1 是测试设备接入待测链路的连接点，从阻抗曲线可以看出，连接点阻抗突变，信号会产生一次反射。在全反射位置处，链路是开路状态，此时阻抗为无穷大，反射 1 和全反射之间的线路阻抗大约是 50\,Ω。

在反射 1 和全反射之间可以看到时间大约为 500\,ps，由于 TDR 测量的原理，是信号到终端再反射回来的过程，因此信号走了双倍线路长度，那么信号走的单程时间就是 $500/2=250\,ps$。在通用 FR4 类 PCB 板材中，信号的速度大于 6\,inch/ns（0.01524\,cm/ps），高速板材介电常数小一点，信号速度略高一些。如果是 FR4 板材，那么就可以估算出走线的长度，大约是速度×时间 $=0.01524\times(500/2)\,cm=3.81\,cm$，其实用电压反射波形也可以算走线长度，这里为了显示阻抗曲线，就选择了用阻抗曲线测距离。

4.5.3　实战讲解：为什么用网格铜?

在实际工程中，有时候要达到目标阻抗需要控制多个参数，图 4-41 FPC 软排线就是一个例子。有同学拆手机时会发现，给相机模组或者屏幕模组用的 FPC 软排线使用的是网格铜，为什么用网格铜呢?

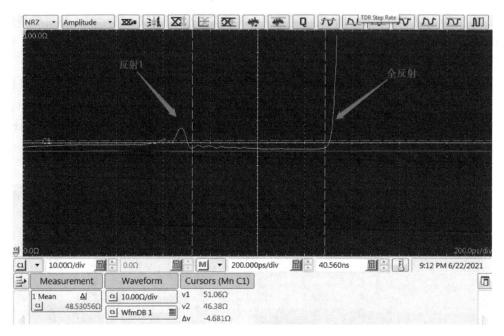

图 4-40　时域阻抗测试结果

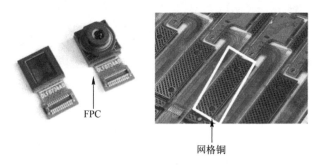

图 4-41　相机模组与网格铜

其中一个主要原因是方便制造，可保障导线质量，因为网格铜相比于实铜而言更软，如图 4-42 所示，因此也就更方便弯折，这会方便装机，避免线路出现折痕。

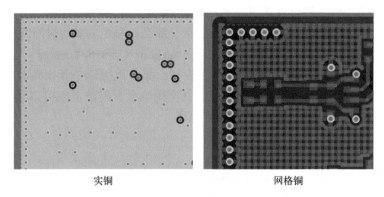

图 4-42　实铜与网格铜

另一个原因是有利于控制阻抗，FPC 软排线非常薄，根据前文介绍，介质变薄会使得阻抗变小，如果要增加阻抗到 50 Ω，就需要把走线做得非常细，这对制作工艺要求非常高，为了既控制阻抗，又尽量不减小走线宽度，可以使用网格铜。也就是说，网格铜相比于实铜可以起到增加阻抗的效果。

4.5.4　实战讲解：短线不用做阻抗？

很多人都听说过"短线"不用控阻抗，为什么短线不用控阻抗？多短的线才算短线呢？

先抛出临界长度的概念，由于信号传输的时间和长度成正比，因此在信号完整性中常用时间表示长度，临界长度 T_d 就是信号上升沿时间的一半，即式（4-8）。

$$T_d = \frac{T_r}{2} \tag{4-8}$$

临界长度与反射是什么关系呢？

比如一个信号的上升沿是 100 ps，那么临界长度是 100/2 ps = 50 ps，我们分别看看图 4-43 中走线长度小于临界长度、等于临界长度和大于临界长度三种走线情况下负载开路状态的反射波形，一个最明显的特征是等于临界长度时，反射波形刚好达到最大值，走线小于临界长度时反射比较小，达不到最大值；走线大于临界长度时达到最大值并保持了下来，振铃现象明显。

我们可以根据图 4-44 简单理解这个现象，如果传输线很短，而信号上升沿又很长，信号从 A 点出来后经传输线到达 B 点并发生正反射，反射回 A 的信号又发生负反射向 B 端传播，与此同时缓慢的上升沿也向 B 传播，B 点的电压还没有来得及到达最大值，就被反射回 B 的负电压拉低了。因此，走线很短时，信号反射达不到最大值，宏观来看就是 B 端的信号反射现象很小，此时就可以弱化管控，甚至是不管控该走线。

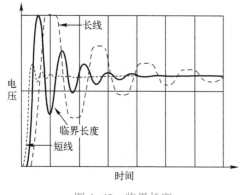

图 4-43　临界长度

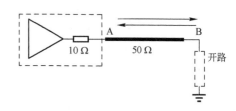

图 4-44　临界长度与反射

而临界长度就是反射信号刚刚达到最大值的分水岭，当传输线长度小于临界长度时，振铃达不到最大值，因此哪怕是短线也是存在反射的，只是振铃小，走线越短振铃越小。

那么多长的短线才算短呢？其实这个没有统一的要求，得看系统能容忍多大的噪声，工程中一般使用 $T_d \leqslant \left(\dfrac{T_r}{6} \sim \dfrac{T_r}{4} \right)$ 作为参考（即 4~6 倍的传输延迟），认为小于该长度的走线可以放宽对阻抗的要求，当然具体问题还要具体分析。

第 **5** 章

家书抵万金：手机基带硬件设计

5.1 手机基带简介

什么是基带？手机里有两个非常关键的芯片，一个是 AP（Application Processor，应用处理器），一个是 BP（Baseband Processor，基带处理器），基带芯片决定了我们的手机支持什么样制式的网络，如 GSM、CDMA、WCDMA、TD-SCDMA 等都是由它来决定的，随着科技的发展 AP 和 BP 都集中在一起。在通信领域，信息源也就是发射终端发出的没有经过调制（频谱搬移，3.2.2 节有调制的介绍）的原始信号所固有的频带（频率带宽），简称基带（Baseband）。

早期的手机功能简单，基带主要指 Modem 这一部分电路，而随着科技的发展，手机更新换代加快，加入了越来越多的功能，基带电路的概念也不可同日而语，它的概念被大大拓展了，囊括了存储电路、音频电路、电源电路、充电电路、显示相机电路、传感器电路等内容。

而基带硬件工程师的职责内容并不仅仅局限于电路设计本身，这和其他硬件工程师也是一样的，图 5-1 是某公司手机基带工程师的职位要求，要求很明确，需要掌握充电、传感器、平台最小系统、存储器等电路的设计开发，需掌握 Cadence Allegro 等 EDA 设计软件的使用，作为一名硬件工程师，基本的测试也必须掌握，示波器、万用表、综测仪的使用都是基本要求，同时，由于手机集成度特别高，涵盖了各种 I^2C、SPI、MIPI 等通信接口，以及高速数字电路和敏感的模拟电路，此外还要了解生产工艺，所以要求工程师有比较全面的技能，甚至对软件策略也要有所了解。

接下来先整体介绍智能手机的基带电路架构，包括屏幕、相机、Modem、ROM、RAM、SIM/SD 卡、电动机、距离传感器、音频、其他传感器、充电、电源和 USB 几大模块，如图 5-2 所示，其中屏幕包括显示部分和触摸部分，是用户和手机交互的最直接的途径；相机包括前摄、主摄等相机，高端的手机往往还有超广角相机、微距相机以及长焦相机，各自有不同的使用场景；Modem 也就是传统手机的基带电路，现在大部分已经集成到 CPU 中，在 5G 刚发布时，一些 CPU 是外挂 5G 基带，比如高通 865 平台外挂 X55 基带芯片，由于Modem 和通信息息相关，因此很多公司把这部分设计归为射频工程师的工作范畴；ROM 和RAM 是存储功能，我们的系统和应用以及照片等数据是存储在 ROM 中的，掉电后数据不会消失，而 RAM 是动态随机存储器，是用来存储系统或应用运行过程中的数据，掉电后数据会丢失；早期的手机 SIM 卡插槽和 SD 存储卡的插槽是分开的，而现在手机集成化越来越高也越来越轻薄，SIM 卡和 SD 卡就做成了二合一插槽，甚至一些手机取消了存储卡只有 SIM

基带硬件工程师

北京-海淀区　　3-5年

招聘要求:

岗位职责:

1、负责手机硬件基带（充电/Sensor/平台小系统/存储等）电路设计开发，通过创新和吸纳先进技术，构建持续竞争力;

2、负责单板硬件器件选型及BOM制作，原理图设计，参与PCB布局布线完成模块设计，单板测试，联合软件、结构、工程工艺系统化解决硬件问题，达成产品交付目标;

3、负责技术问题攻关，综合进度、成本、性能以及质量等维度，给出最优化的解决方案;

4、指导生产加工试制，解决生产中的硬件问题，保障产品顺利量产;

5、参与硬件质量改进，追求高质量产品和极致用户体验，不断提升用户满意度。

岗位要求:

1、

2、熟练掌握模拟、数字电路、计算机原理、通信原理等基础知识，熟悉电源、时钟、通信接口、存储等模块电路原理;

3、熟练掌握DxDesigner、Allegro等EDA软件;

4、熟练使用示波器、万用表、综测仪等工具;

5、具有良好的沟通能力、合作精神，有较好的英语听、说、读、写能力;

6、具有消费类电子或嵌入式硬件研发工作经验;

7、具有Android/Linux嵌入式驱动软件开发，手机、PAD行业产品研发经验者优先。

图 5-1　基带硬件工程师能力要求

卡；现在用户对振动体验要求越来越高，线性电动机越来越普及，已取代传统的转子电动机；音频模块对干扰很敏感，音频包括听筒、扬声器和 MIC 耳机等电路；距离传感器在打电话时检测手机与人体的距离，当手机屏幕靠近人体时就息屏，避免误触，当手机屏幕远离人体时，就亮屏，除了距离传感器，手机还有磁力计（数字罗盘）、加速度计陀螺仪、光感等传感器，有的手机还有红外功能；当今手机充电功率越来越大，充电相关的电路设计变得越来越复杂；电源是电路之本，一切电路都离不开电源，手机里有几十、几百路电源；最后是 USB 部分，用于充电和数据通信功能。

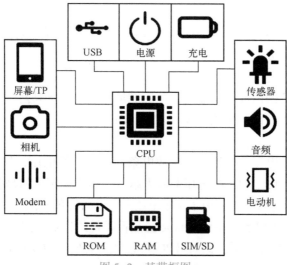

图 5-2　基带框图

5.2 锂电池及其保护

5.2.1 锂电池参数介绍

锂电池的发明与使用，无疑给人类带来巨大便利，因此锂电池的发明者们获得了 2019 年诺贝尔化学奖，以表彰他们"在发明锂电池过程中做出的贡献"，实至名归。手机离不开电池，电池通常有哪些参数呢？下面就介绍下电池一些常见的参数，图 5-3 是一个锂电池的标牌截图，包括厂商、参数、认证信息等。

图 5-3　锂电池标牌

1. 充放电倍率 C（C-rate）

锂电池有个重要的参数概念，充放电倍率，是指电池在规定的条件下放出其额定容量时所需的电流，在数据值上等于电池额定容量的倍数，一定要先理解充放电倍率，才方便理解其他参数。比如 3300 mAh 电池，以 3300 mA 放电电流释放其额定容量需要的时间是 1 h，此时放电倍率为 1C，换句话讲，3300 mA 放电，1 h 放完，为 1C 放电；如果放电电流减小为 330 mA，放电时间变成了 10 h，即为 0.1C 放电。如果放电电流增至 33000 mA，放电时间缩短为原来的 1/10，即为 10C 放电。

充放电倍率=充放电电流（A）/额定容量（Ah）。

2. 额定容量

电池的额定容量是指电池在工作电压范围内，在一定放电条件下，放电到终止电压，所能释放出的最低限度的电量，当然我们希望容量越大越好。

比如某手机电池额定容量是 4000 mAh，按照 4000 mA 的电流给电池放电，该电池可以连续放电 1 h（4000/4000=1 h）；如果容量是 8000 mAh，按照 4000 mA 的电流给电池放电，该电池可以连续放电 2 h（8000/4000=2 h），容量越大续航时间越长。

3. 典型容量

每一块电池的容量不可能完全一样，典型容量是生产过程中电池容量统计分布的均值，是具有代表性的一个参数。

4. 额定能量

电池在工作电压范围内放电的能量，额定能量和额定容量只差一个字，额定能量是标称电压和额定容量的乘积，因此单位是 V·mAh=Wh

5. 额定电压

额定电压也叫标称电压，电池在一定放电条件下的平均电压，代表电池电压的近似值，因为随着放电的进行，电池的实际电压会越来越低，额定电压指的是整个过程中，电池电压的平均值。图 5-4 是锂电池不同放电倍率下电压和电量的关系示意图，可以看到**电池电压和电量的关系不是线性的，用电压来估计电池电量是很粗糙的方法**，同时也可以看到放电倍率越高，电池能释放出来的容量越低，比如以 2C 放电时，释放了 1800 mAh 后电压就降低到了 3 V，而以 0.2C 放电的话，释放 2000 mAh 后电池才会降低到 3 V，即 0.2C 可以放出更多的电量。

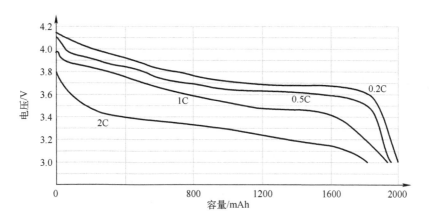

图 5-4　锂电池不同放电倍率下电压和电量的关系

6. 充电限制电压

充电限制电压是指电池充电时两端的限制电压，要注意充电时通常不要超过此电压，否则可能引起电池损坏或寿命降低。

有人会有这样的疑问：手机插着充电器时，是充电器给手机供电还是电池给手机供电？换种说法就是：手机插着充电器时，电流路径是从充电器到手机主板还是从电池到手机主板？这个答案是看使用情况的，不同情况的电源路径是不同的，具体在 5.4 节有详细介绍。

5.2.2　锂电池放电欠电压保护 UVP 原理

锂电池的使用越来越普及，市面上大部分电子产品使用的都是锂电池，锂电池需要有 4 种基本保护功能（其实还有很多种其他保护功能），分别是充电过电压保护（Overvoltage Protection，OVP）、放电欠电压保护（Undervoltage Protection，UVP）也叫过放保护、充电过流（Overcurrent in Charge，OCC）、放电过流（Overcurrent in Discharge，OCD）。本文主要介绍放电欠电压（UVP）和放电过流（OCD）保护这两种基本思路，其余保护分析思路大体相同。

什么是放电欠电压？什么是放电截止电压？锂电池放电时电压会降低，放电截止电压意思是电池放电过程中，电压降低到一定程度后，不宜再继续放电，否则会严重减小电池容量，严重时会发生不可逆的损伤，会彻底损坏电池，这个放电的下限电压就是放电截止电压，是安全放电的最低电压，如果电池电压低于放电截止电压就会触发放电欠电压保护。锂电池标称电压一般是 3.7 V，放电截止电压一般是 3.2 V，不同材料或者不同应用场景的电池会有一点差异。

以前曾购买过一个电子书阅读器，但是放置一段时间后发现充不进去电了，只能一直插着充电器用，网上很多用户有同样的反馈，这应该是电池过放而失效（俗称电池死了），过放保护没做好，所以锂电池放电欠电压保护非常重要。

我们通常见到的手机上的电池（Package），是由电芯（Cell）和保护板（Protection Circuit Module，PCM）两部分构成的，如图 5-5 所示。电池保护的一般逻辑是在过放或过流等异常状态下，及时关断保护板上的 FET，停止放电回路，进而保护电池，当异常状态消失时，再打开 FET，使得电池继续工作。有的保护板上不但有保护功能，还有电池温度检测功能、电池电量计功能，为了增加安全性、避免第三方机构更换劣质电池，有的手机电池甚至有加密功能。

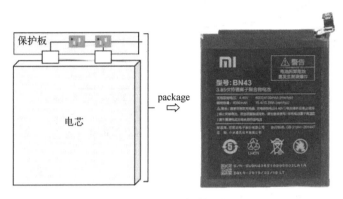

图 5-5　电芯与保护板

本节以 BQ2971 为例介绍电池保护的基本逻辑，图 5-6 是电池保护板 PCM 的原理图框图以及放电回路，放电回路是绿色箭头路径，其中 COUT、DOUT 分别是充电（Charge）、放电（Discharge）控制引脚，V-是重要的检测（Sense）引脚，用来检测电池各种过放、过充的状态。

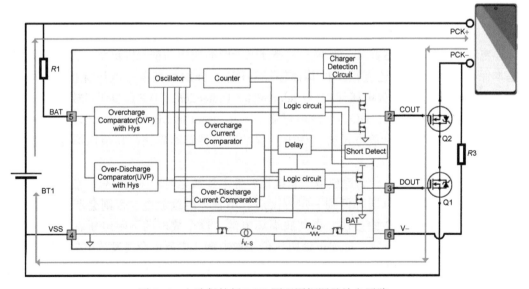

图 5-6　电池保护板 PCM 原理图框图及放电回路

当电池过放时，电池电压 BAT 会降低，当电池电压低于过放检测电压并且持续一段时间后，DOUT 输出低电平，关闭放电 MOS Q1，则电池放电路径被切断，对电池进行保护，如图 5-7 所示。

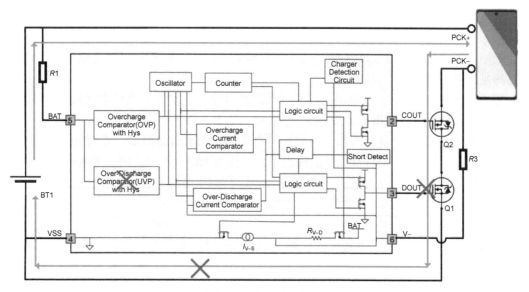

图 5-7　电池过放保护

虽然此时电池没有放电路径，但是依然有充电路径，如图 5-8 红色箭头所示，当手机插入充电器后，USB 通过手机主板给电池充电（充电与放电路径刚好相反）。DOUT 控制的 MOS 虽然关断了，但是可以通过体二极管给电芯充电，此时充电电流较小，充电功率较低，当电芯电压 BAT 上升到一定值以后，控制板解除放电欠电压保护状态，电池继续正常工作，关于 MOS 的体二极管的意义，1.7.3 节已经有过详细介绍。

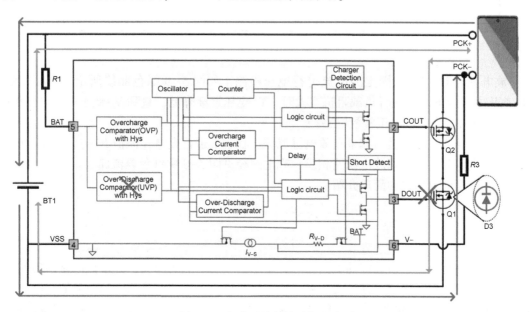

图 5-8　电池过放保护时充电路径

以上就是电池过放保护的基本过程，需要格外说明的是过放保护原理看似简单，其实需要手机厂商根据自己设计的电池以及用户的具体使用场景，包括最大电流、温度等场景来设置具体的保护参数，以提高电池的寿命和安全性。

5.2.3 锂电池放电过流保护 OCD 原理

上一节介绍的是电池过放保护，过放保护与电压相关，本节介绍的是电池的过流保护，针对的是放电时的电流。

还是以 BQ2971 为例，放电时电流路径见图 5-9 中红色箭头。当放电过流时，相当于负载电阻减小，使得电池输出电流变大，V_{bat} 降低（2.5.7 节已经介绍过负载电流变大，电压降低的原理了）；随着电流的增加，当监测的电流超过放电过流阈值一定时间后，即判断为放电过流，此时保护 IC 关断 DOUT 的输出引脚，使得 MOS Q1 被关闭，放电回路停止。

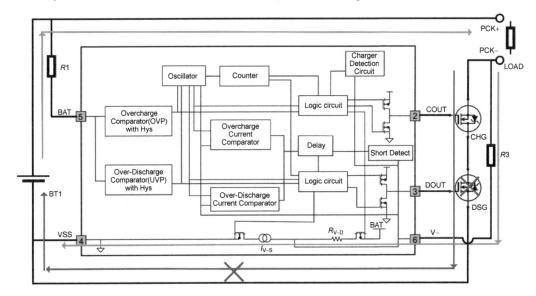

图 5-9　电池放电过流保护

放电截止时，V-以固定的电流进行电压检测，如图 5-9 绿色曲线所示。当移除负载（电池从主板拆下来）或者负载阻抗变大时，V-电压逐渐降低，直到 V-低于一定电压值时，再打开 DOUT，恢复电池正常放电路径。

同时，需要注意的是，如果在放电过流保护状态下进行充电，保护 IC 也会退出 OCD 状态，因为充电时的回路和放电回路相反，充电路径见图 5-8 中红色电流路径。

以上就是电池保护的简单介绍。

5.3　电源架构梳理

电源电路是手机中最关键的电路之一，是手机一切功能的源头，如果该电路出现问题会使得整个手机工作不稳定，甚至无法开机或直接死机。手机的电是从电池中来的，电池电压经过电源管理 IC 后，输出到各个负载，这个电源管理芯片叫作 PMIC（Power Management IC），如图 5-10 所示，电池的电经过 PMIC 后转换为一个叫作 VPH 的电，这就是手机的主电源，这个电源在有的平台被叫作 V_{sys}，总之万事万物都是相通的，手机里其他模块的电都是从这路电转换而来的。从图中可以看出，VPH 是电池电压 V_{bat} 经过一个开关 Q1 后得到的，因此 VPH 的电压略低于电池电压，一般是 4 V 左右。VPH 是手机主板的电源源头，高端手机里有上百路电源，低端手机也有林林总总六七十路电源，都是从 VPH 来的。有极个别的情况是 VPH 无法满足负载大电流需求，此时可以考虑直接从电池 V_{bat} 抽电，当然这是非常少见的应用和设计场景。

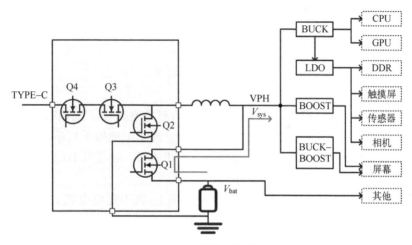

图 5-10   手机电源结构

电池电压 V_{bat} 经过一个 MOS Q1 后得到 VPH 电源，VPH 是手机的总电源，几乎所有的电源都是从 VPH 转换来的。VPH 后面通常会接 BUCK 降压开关电源、BOOST 升压开关电源和 BUCK-BOOST 负电压电源等，这些电源的工作原理在本书第 2 章电源章节中都有详细介绍，这里不做赘述（最好先看完第 2 章再看本节）。BUCK 电源的特点是效率比 LDO 高，但是纹波大，通常给高功率负载使用，BUCK 电源后级连接的可以是 LDO，LDO 连接到 BUCK 的后级而不是 VPH 的后级，主要出于功耗考虑，因为把 VPH 通过 BUCK 降压后再给 LDO 可以缓解 LDO 功耗，这一点在 LDO 章节中也有详细介绍。

图 5-11 引用的是麒麟 990 芯片的内部照片，可以看到 CPU 内部具有大核、小核、GPU、

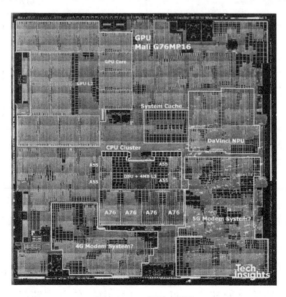

图 5-11   芯片版图

NPU、缓存、Modem 等模块（IP），这些模块和接口各有不同的电源域，对电源也有不同的要求，通常使用 BUCK 开关电源，此外还有一些接口，如 DSI、CSI、USB、SPI、I^2C、I^3C、UART 等接口。对电源噪声要求高的电源域使用 LDO，比如屏幕的触摸部分、相机还有传感器。OLED 屏幕还需要高压和负电压，这是用 BOOST 电源和 BUCK-BOOST 负电压电源来供电的，LCD 还会有更高的电压需求。

5.4 非常重要的 Power Path：电源路径

万事万物都有源，非常有必要梳理手机电源的充放电路径。比如有同学会有这样的疑问：手机插着充电器时，是充电器给手机系统供电？还是电池给手机系统供电？换种说法就是：手机插着充电器时，电流路径是从充电器到手机主板？还是从电池到手机主板？这个答案因情况而异，不同情况的电流路径是不同的。

一般有 4 种情况，如图 5-12 所示：①系统电流 I_{sys} 大于充电电流 I_{in}；②系统电流 I_{sys} 小于充电电流 I_{in}；③只有电池供电；④只有充电器供电。

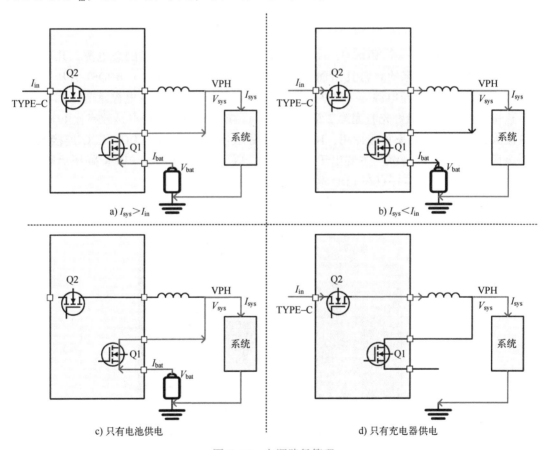

a) $I_{sys} > I_{in}$ b) $I_{sys} < I_{in}$

c) 只有电池供电   d) 只有充电器供电

图 5-12　电源路径管理

1）当系统电流 I_{sys} 大于充电电流 I_{in} 时，优先通过电池给系统供电，此时手机 CPU、存储、屏幕、相机等电流是从电池流入，见图 5-12a 中红色电流路径。

2) 当系统电流 I_{sys} 小于充电电流 I_{in} 时，充电电流 I_{in} 等于 I_{sys} 加上 I_{bat}，换句话说就是，充电电流足够大，既能给手机系统供电，也有足够的能力给电池充电，此时系统供电电流来自充电器，见图 5-12b 中的红色路径。

3) 当只有电池而没有充电器时，情况就很简单了，系统的供电只能来自电池，见图 5-12c 中红色路径。

4) 当只有充电器而没有电池时，系统的供电只能来自充电器，如图 5-12d 所示。

这里需要格外说明的是：在手机研发的初级阶段，手机的软件系统功能比较简单、充电功能单一，在系统功耗或者开机功耗低的情况下，只插 USB 充电线就可以开机，而随着手机研发节奏的推进，手机会加入更多的功能，功耗逐渐增加，开机峰值电流甚至会逼近 3 A，此时，只插 USB 充电线的话，手机往往不能开机，还是需要连接着电池。而且，出于安全和保密的考虑，手机会做电池在位的检测，所以仅插 USB 很多情况下是无法开机的。

电池可以一边充电一边放电吗？如果把气流类比为电流，那么这个问题就好像是在问：一个人能一边呼气同时又一边吸气吗？**请记住：充电时，电流是从高电压流向低电压的，因此，电流在一个时刻，只有一个方向。**

5.5　手机充电原理

5.5.1　手机充、放电架构

手机快充功能是当前智能手机重要的功能之一，在无法大幅度增加手机电池容量来延长系统续航的情况下，快充功能是实现"长续航"的重要辅助手段，是一种弯道超车的策略，电池电量告罄后可以通过快充在短时间内将电池充满，相比于早期的 5 W 或 10 W 慢充，当今的手机都可以实现 30 W、100 W 甚至更高功率充电，快充这种"曲线救国"的方法用户体验非常好，那么手机快充的原理是怎样的呢？

图 5-13 是手机充放电结构示意图，220 V 工频交流电经过充电器整流为直流电，整流后的直流电经过 USB 线缆传输至手机 TYPE-C 插头到达手机的 USB 充电小板，这路电在手机上被称为 VBUS，USB 小板上的 VBUS 经过 BTB 软排线达到主板，再在主板上通过充电管理 IC 把 VBUS 的电传输到电池，实现充电功能。

接下来介绍手机主板上是如何实现充电功能的，图 5-13 中画了两条充电路径，两条放电路径，从电池的角度来看，它既放电为整个手机提供能量，也会被充电来存储能量。放电时电流走的是输出路径，见图中绿色曲线路径，此时 Q1、Q2、Q3、Q4、Q5 五个管子只有 Q1 导通，电池电压 V_{bat} 经过 Q1 变成 VPH，VPH 作为主电源给整个手机供电。

充电时电流走输入路径，见图 5-13 中蓝色和红色路径，USB 充电线的充电电流经过 TYPE-C 连接器进来后经过主充电 IC 或者辅助充电 IC 进入电池，实现充电功能；蓝色路径是 BUCK 低功率充电，这是主 charger IC 的任务，此时 Q1、Q4 恒导通，Q2、Q3 交替开关，沿着蓝色电流路径看，Q3、Q2 与电感 L 构成了 BUCK 降压电源拓扑（BUCK 电源和其工作原理在 2.1.1 节有详细介绍），主充电 IC 工作时，就是通过 BUCK 降压电源把 VBUS 降低为 VPH 给电池充电，VPH 的电压高于 V_{bat}，电流流入电池。

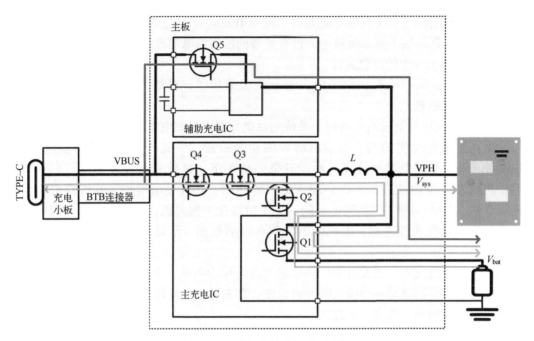

图 5-13　手机充放电结构示意图

充电路径中红色的路径是高功率电荷泵充电，此时 Q5 导通，TYPE-C 口的 VBUS 电压经过辅助充电 IC 的电荷泵变成 VPH 再流入电池（电荷泵电源结构和工作原理在 2.3 节有详细介绍）。

手机 OTG（On The Go）功能怎么通过 TYPE-C 接口给其他设备供电呢？OTG 功能让手机能够连接 U 盘、读卡器、鼠标等诸多 USB 设备。将图 5-13 中蓝色路径反过来就是 BOOST 升压结构，见图中的橙色路径，此时 Q1、Q4 恒导通，Q2、Q3 交替开关，沿着橙色电流路径看，电感 L、Q2 与 Q3 构成了 BOOST 升压电源拓扑（BOOST 升压电源和其工作原理在 2.1.3 节有详细介绍），主充电 IC 此时通过 BOOST 升压电源，把 V_{bat} 升到 5 V 变成 VBUS 给其余 USB 设备供电，电流流出电池，手机就可以升压，通过 TYPE-C 接口给其他设备供电。

有同学好奇，为什么充电还要走两个路径？这两条充电路径一条是主充电路径，一条是辅助充电路径，主充电 IC 充电功率低，辅助充电 IC（也有的公司把它叫作从 charger）充电功率高，我们当前手机里的快充功能主要就是依靠辅助充电 IC 实现大功率充电的，主从互相配合，共同实现充电功能，这将在下一节进行详细介绍。

5.5.2　手机充电流程

虽然各个手机厂家的充电协议和充电架构是有差异的，但是充电的流程大致一样，本节结合辅助 charger IC BQ25970 与主充电 IC 介绍手机充电流程。我们结合图 5-14 充电电压、电流曲线，才能深刻理解手机充电过程，图中有 3 条曲线，蓝色是电池电压（对应图 5-13 中 V_{bat} 的电压）、红色是进入电池的电流（图 5-13 中 V_{bat} 的电流）、绿色是 USB 提供的电流（图 5-13 中 VBUS 的电流）。

假如电池被放电或长时间不使用，电量会非常低，甚至低于 3.5 V，图 5-14 中电池是从低于 3 V 的电压开始充电的，此时叫作预充电（Pre-Charge），预充电过程就是图 5-13 中的主充电 IC 在工作，充电路径见图 5-13 中的蓝色曲线，USB 线缆上的电流和进入电池的电流基本一致。图 5-14 中经过预充电后达到 T1 CC 阶段（Constant Current，恒流阶段），这个阶段的特点是电池电压缓慢上升，而电流保持不变，USB 电流和电池电流一样，图中的电流是稳定在 3 A，而电池电压逐渐从 3 V 上升到 3.5 V，电池电量也跟着缓慢上升，这个阶段依然是主充电 IC 在工作。

接下来到达时间 T2~T3 也是 CC 阶段，从 T2 开始，辅助充电 IC 开始介入充电过程，充电路径见图 5-13 红色路径，此时的充电功率有了大幅变化，这就是快充阶段，从图 5-14 可以看到，USB 充电线上的电流可以达到 4 A，进入手机的电流是 USB 电流的 2 倍，大约是 8 A，图里辅助充电 IC 是降压电荷泵充电架构，特点是电压减半、电流加倍，USB 提供的电流是 4 A 而充进电池的电流是 8 A，假如 USB 提供的大约是 8 V，那么电池电压就是 4 V，这就是电压减半、电流加倍，8 V×4 A=32 W，此时充电器的充电功率大约是 32 W，这里格外提一点，TYPE-C 的最大电流为 3 A，超过了需要用 e-mark 芯片。

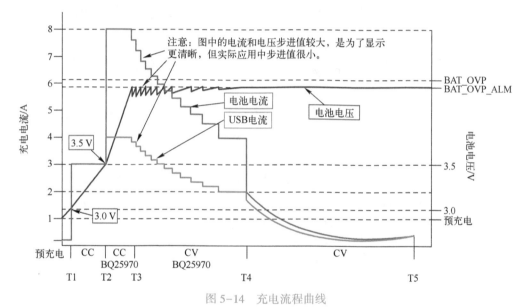

图 5-14　充电流程曲线

快充的持续时间是很短的，当电池充到一定程度后，充电电流就会下降，充电过程进入图 5-14 的 T3~T4 阶段，此时的特点是，电池电压波动虽然大但是整体来看基本保持不变，而充电电流逐渐降低，此时叫作 CV 过程（Constant Voltage，恒压充电），不过，USB 电流和电池电流还是保持 1:2 的关系，此时的充电功率虽然没有 T2~T3 阶段高，但是依然很可观，一些手机充电时间就是从这里开始拉开差距的。

T4 阶段以后，充电功率就明显下降，辅助充电 IC 休息了，让主充电 IC 慢慢工作，此时就进入 CV 阶段，电池电压保持不变，充电电流很小，电池慢慢也就充满电了。

以上就是手机充放电架构及工作流程的介绍，需要说一句的是：手机的电量和电压不是线性关系，在一些要求不高的设备里我们可以用电池电压粗略估计电量，但是手机这种对电量准确性要求高的设备，高精度、体验友好的电量是非常重要的，因此需要结合电压和电流对电量进行估计和拟合，比如有的电量计就用卡尔曼滤波估计电量，更简单点的做法是对电流积分来和电压互相补充从而估计电量。此外，电池低电量时放电会特别快，不能让用户上一秒看手机还有15%的电，下一秒就突然变成1%了，甚至有的手机玩一会游戏，退出游戏后手机电量反而变高了（这是因为玩游戏时系统属于重载，消耗电流大，手机电池电压低，而退出游戏后，系统消耗电流小，变成了轻载，使得电量反弹，这在5.12.12小节有详细介绍），这都是非常不友好的体验，需要手机厂商进行特殊优化。

图5-15是小米一款手机实测的充电曲线，黄色是USB电压，蓝色是USB电流，橙色是功率（电压×电流），大功率的持续时间只有刚开始的一小段时间，该手机使用了更复杂的电池和充电架构设计——120 W秒充技术，它采用的是两颗电荷泵设计，将USB网络的20 V/6 A高电压和高电流转换为两路10 V/6 A电压电流，如图5-16所示，最终汇合成10 V/12 A的大电流输入电池，实现120 W高级秒充，为了实现10 V/12 A电池充电，该手机使用双串电池架构，双电池串联的特点是：总电压升高、容量不变；双电池并联的特点是：总电压不变，容量升高。由于电池串联，总电压加倍，在总电流相同的前提下，串联设计将会带来更快的充电功率。该手机的双串电池电压高，因此相比于单节电池而言，需要格外设计降压模块，把双电池的高压降低后再给系统供电，充电结构非常复杂，如果考虑到无线充电，那么就更复杂了。

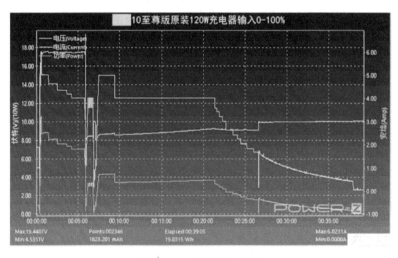

图5-15　实际充电曲线

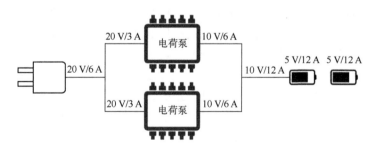

图5-16　120 W充电原理示意图

受限于电池自身材料、结构以及温度特性，想要进一步提高充电功率将变得非常困难，而且功率越大就越需要更复杂的充电架构以提高充电效率降低损耗，而且功率越大，电池容量越小，不一定划算。以上就是手机充电放电架构和工作流程的介绍，然而笔者更期望的还是电池技术本身的进步，提供容量更大、更稳定的电池才是根本。

5.5.3　一种快充方案介绍

现代手机快充的实现离不开散热问题的解决，也就是需要解决充电过程中充电效率的提升，得益于改良型 Dikson 架构的电荷泵电路可以在大功率转换的过程中，极大提高效率；早期手机厂商通过把电池串联，提升充电电路电压，利用简单的 4:2 电路可以在 CC（恒流充）阶段提升充电效率，但串联电池带来的锂电平衡、再次降压给系统供电（双串电池由于电压高，需要降压后再给系统供电，相比于单节或双并电池而言，双串电池的电路更复杂）、双节串联占用手机空间等问题日益凸显，因此利用更加有效的方案实现单节锂电池大功率充电变得更加迫切，艾为推出 4:1 电荷泵结构，可以解决 4:2 方案的痛点。

考虑到电荷泵式的电路只有在输入输出电压比例最为契合时，效率最高，因此目前电荷泵式的充电芯片只参与锂电池能够承受大电流灌入的 CC 阶段，预充和恒压部分的工作依旧需要一个 BUCK 型充电满足其充电过程需求。

图 5-17 为国内半导体设计厂商艾为电子首发的 AW32280 芯片应用方案，其中虚线部分为 charge pump 芯片的拓扑，芯片集成 16 个低内阻功率 MOS，包含两个完全相同的 4:1 架构，每个架构工作时都有两个导通状态，两种相位切换来实现电压的 4:1 降压。

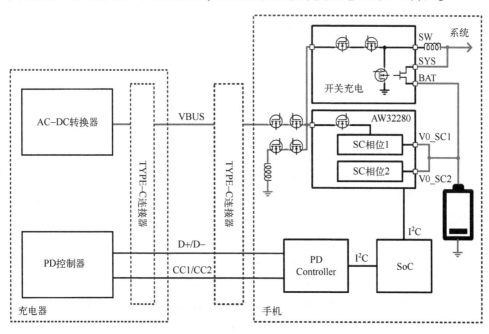

图 5-17　AW32280 4:1 架构电荷泵

图 5-18 为其中一个 4:1 电路的简化结构，包含 8 个主要的功率 MOS，在芯片工作的稳态下，其中一个 Z0 相位里，S1、S3、S6、S7 处于导通状态，S2、S4、S5、S8 处于关断状态，C_{f1}、C_{f2}、C_{f3} 为 charge pump 架构中存储电量的开关电容，分别存储 3 倍、2 倍、1 倍的 V_{bat} 电压，因 V_{bus} 电压始终为 4 倍 V_{bat} 电压，Z0 相位中 V_{bus} 通过 C_{f1}（3 倍 V_{bat}）后给 V_{bat} 充电，C_{f1}、C_{f3} 为储能过程，C_{f2} 为放电过程。

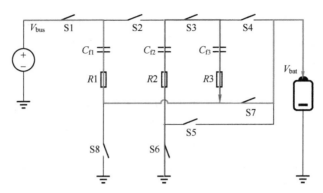

图 5-18　4:1 架构电荷泵 Z0 相位工作过程

在另一 Z1 相位中，如图 5-19 所示，S1、S3、S6、S7 处于关断状态，S2、S4、S5、S8 处于导通状态，此相位中 C_{f1} 通过 C_{f2} 给 V_{bat} 充电，C_{f1}、C_{f3} 为放电过程，C_{f2} 为储能过程。

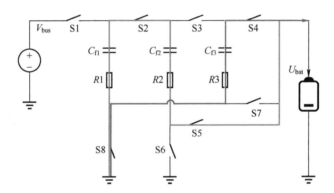

图 5-19　4:1 架构电荷泵 Z1 相位工作过程

通过 Z0、Z1 两个状态的切换，实现了电压 4:1 的高效降压，调整电路电流需要调整电路中 $V_{bus}-4V_{bat}$ 的余量，余量电压越高，电路电流越大；在应用中需要根据快充协议匹配及当前整机温度情况，实时调整充电器提供的 V_{bus} 电压，正常状态单颗芯片可实现 12 A，4.5 V 的稳定充电，效率可达 95.5%，远高于同功率下电感 BUCK 式的方案效率。

高功率充电应用中芯片效率和发热问题一直是工程师最为关注的性能指标，AW32280CSR 既可通过外围电容优化走线寄生参数，也可通过调节芯片开关频率优化效率，多种方式解决工程师的后顾之忧。电荷泵电容的增加降低了电容 ESR，降低电荷泵能量迁移中的损耗，提升了芯片效率。芯片可通过寄存器调节开关频率，低开关频率降低了芯片开关损耗，提升效率。

AW32280CSR 也支持反向模式工作，分为 1:1/1:2/1:4 三种工作模式，采用 AW32280CSR 充电方案既能使终端设备间无线反充的功能得以实现，又能节省高压升压芯片。同时，AW32280CSR 集成系统保护、过电压保护、过电流保护、过温保护等 30 重充放电安全保护，对充电或放电过程中芯片各个端口的电压、电流、温度等各项指标进行检测，全方位保障应用安全，可以为消费者的终端设备保驾护航。

5.6 PDN 及其优化

5.6.1 PDN 概念

信号完整性（Signal Integrity，SI）研究的是信号的波形质量，而电源完整性（Power Integrity，PI）研究的是电源质量，PI 研究的对象是电源分配网络（Power Distribution Network，PDN），它是从更加系统的角度来研究电源问题，抑制或缓解电源噪声，满足负载对不同频率电流的需求，为负载提供干净、稳定、可靠的电源，和 SI 一样，PI 也是硬件工程师的基本要求之一，拉线拉得好不好，PDN 是重要考核方向之一。

第 4 章详细介绍了信号完整性，本节是介绍电源完整性，二者有什么差异呢？SI 的分析基础是传输线，通常强调的是走线，而 PI 的分析基础是传输平面，通常强调的是平面，SI 的常见整改方法有修改走线宽度、长度、参考层、介质等，而 PI 的整改方法有修改电源平面/地平面、优化匹配电容、电容数量或安装方式等。

在手机基带硬件设计或者其他电路系统中，PDN 应该是最复杂的互联结构之一，笔者建议新手从电源开始，这里的电源包含两个方面，第一个方面是电源拓扑基础，包括 BUCK、LDO 等电源拓扑，通过电源树（Power Tree）可以基本了解手机上各模块的电源需求，以本书图 5-10 中的电源结构为例，整理得到图 5-20 的电源树参数，这些拓扑在第 2 章已经有详细介绍。

输入网络	一级电源	输出网络	输出电压/V	额定电流/mA	二级电源	输出网络	输出电压/V	额定电流/mA	负载	负载电流/mA	负载功率/mW	效率
V_{bat}	VPH	U1:BUCK1	S1_3V3	3.3	4000					U2:CORE	1000	3300	
										U2:GPU	900	2970	
					U3:LDO1	VDD2H_1V08	1.08	2000	U9:DDR	1700	1836	33%
					U4:LDO2	VDDIO_1V8	1.8	100	U13:OLED	1	1.8	55%
					U5:LDO3	VDDS_3V	3	100	U11:SENSOR	1	3	91%
					U6:LDO4	AVDD_2V8	2.8	150		100	280	85%
					U7:LDO5	DVDD_1V2	1.2	500	U12:CAMERA	200	240	36%
					U8:LDO6	IOVDD_1V8	1.8	100		1	1.8	55%
		U9:BOOST1	AVDD_7V6	7.6	500					U13:OLED	100	760	
		U10:B-B	ELVSS_-3V3	-3.3	100					U13:OLED	100	-330	

图 5-20　电源树参数

注意：图中的数据只是示例，具体还是要以实际电路为准。从电源树中，就可以挖掘出很多信息，比如对功耗敏感的 LDO，只有 U5 和 U6 效率比较高，其他 LDO 效率都很低，这就需要再优化电源架构，提高电源利用率，还有其他信息可以挖掘，前文已经有介绍，这里不再赘述。

第二个方面是 PDN，PDN 可以保证整个系统工作的有效性，避免负载在复杂工作条件下，电压波动超标，导致系统异常，由此方能完成从电源源端→互连链路→负载的完整设计，深刻了解电源后会让你对手机整体设计有个总的印象，会对整个硬件系统有更加深刻的认识，以后如果做充电、音频、屏幕、相机、传感器要从容得多。

上述两个方面，前者是电源工程师的重点，后者是电源完整性工程师的重点，相比于电源工程师，电源完整性工程师更关注电源路径及终端，PDN 链路起始于电压调整模块 VRM（Voltage Regulator Model），包括路上的 PCB 平面、电容、过孔、package 和 Die 电容等，链路纷繁复杂，需要从系统性角度来分析 PDN 问题并优化，最终达到为芯片提供稳定、干净的电源的目的。

在设计 PDN 时，需要关注直流和交流两部分。

直流部分即 $U=IR$，从 VRM 到 IC 是有走线电阻存在的，通过直流电时就会产生压降，比如 1 A 的电流从 VRM 到达负载，线路电阻是 10 mΩ，就会产生 1×0.01 V = 0.01 V 的压降，这个压降就是常说的 IR drop，负载电流不是一个固定值，是不断在变化的，因此会产生电压波动，比如当负载在 2 A 工作时，那么 2×0.01 = 0.02 V，就会产生 0.02 V 的压降，这和前文中介绍 LDO 的走线情况很像。

但是负载不会稳定地工作在一个电流值，比如玩游戏时，CPU 会进行各种复杂的运算，GPU 会进行复杂的渲染，这些芯片内部的器件都在高速工作，使得其从电源抽取的电流变得很复杂，分析这类复杂的时变电流，就不能用电阻了，就需要引入和时间/频率相关的参数，即阻抗 Z（阻抗＝电阻＋容抗＋感抗），电压的波动和电流的波动是相辅相成的。

我们再回到经典的计算公式 $\Delta U = \Delta IR$，现在稍微改变一下，那么就变成了 $\Delta U = \Delta IZ$，即：电压的变化量等于电流的变化量乘阻抗，R 是常数与频率无关，而 Z 就与频率有关了，ΔU 是电流改变时引起的电压变化量，如果 ΔU 太大了，超出了负载允许的电压波动，那就是危险的事情了，通常负载能容忍的电压波动是典型值的±5%或±3%（具体以实际手册为准），因此电压波动就避免超过这±5%或±3%。比如图 5-21 中，负载需要 0.75 V 的电压，假设负载最大能容忍±3%的电压波动，即最大能接受 0.75×(0.03×2) V = 0.045 V 的电压波动，而实际电压波动仅有 0.015 V，这就满足负载的需求。

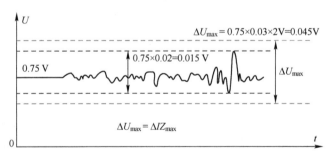

图 5-21　电源波动

根据 $\Delta U = \Delta IZ$，简单变形得到式（5-1）：

$$Z_{target} = \frac{\Delta U_{max}}{\Delta I_{max}}$$
（5-1）

只要我们实际电路的 PDN 阻抗 Z 足够小，Z 小到一定程度后，电流波动引起的电压波动（$\Delta I_{max}Z$）就会小于 ΔU_{max}，那么此时的阻抗就是目标阻抗 Z_{target}，所以我们设计 PDN 的原理就是通过优化链路上的阻抗 Z，使它低于目标阻抗 Z_{target}，这样就保证电压可以满足负载的需求了，简言之，就是通过约束阻抗来约束电压波动，我们需要知道目标阻抗，并且要知道线路电容上那些电容的具体型号，而且还需要精准仿真，才能得到可靠的设计。

举个例子，比如图 5-22 中黑色虚线就是我们的目标阻抗，我们要做的就是优化实际 PCB 的 PDN，使得实际阻抗在负载要求的频带内低于黑色虚线的目标阻抗。图中红色的阻抗曲线在圆圈位置的阻抗值高于黑色虚线目标值，我们需要把这个位置的阻抗降低，通过电容把红色的阻抗曲线优化成黑色的阻抗实现曲线后，可以看到，超标的地方降低下来了，就满足了负载的需求。

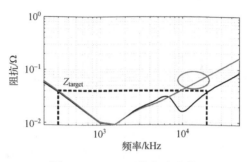

图 5-22　PDN 阻抗频率曲线

PDN 的基本概念和原理就先介绍到这里，下一节介绍 PDN 优化策略，用于指导实际 PCB 布局布线和电容器件的选型优化。

5.6.2　PDN DC 仿真与优化方向

PDN 设计复杂，考虑因素众多，PDN 仿真是 PDN 设计的重要一环，PDN 仿真分为 DC 仿真和 AC 仿真，本节使用 Cadence Sigrity PowerDC 介绍 PDN DC 仿真及优化建议。

图 5-23 是仿真所用的原理图，链路非常简单，非常适合用来学习。电源是 BUCK 开关拓扑结构，经过一个电感和电容达到 CPU，所产生的电源是 0.75 V，负载需要 1 A 的电流。

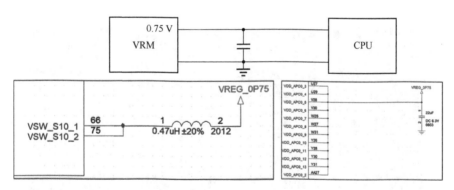

图 5-23　PDN 仿真原理图

对图 5-24 的 PCB 进行 DC 仿真，图 5-25 是 DC 仿真中的 IR 跌落仿真结果，彩色箭头指示着电流方向，白色箭头标注的是电流瓶颈位置，整个 PDN 分布在多个层，图中截取的是第 9 层和第 10 层，图 5-24a 中可以看到第 9 层和第 10 层中各有红色的电流瓶颈，在瓶颈位置处电阻大、电流分布集中。DC 电阻仿真结果如图 5-26 所示，RESI_U4200_N54471_GND 主要是第 10 层的走线电阻，非常小（接近于 0），而 RESI_U3100_VREG_0P75_GND 是第 9 层的 PCB 走线，大约是 22 mΩ。如果电源输出是 0.75 V，负载电流是 1 A，那么电源走线上将会产生 1×0.022 V = 0.022 V 的电压，负载接收到的是 0.75 V−0.022 V = 0.728 V 的电压。如果负载允许的电压波动是 ±2%（0.735~0.765 V），那么实际到达负载的电压 0.728 V < 0.735 V，此设计不可靠。

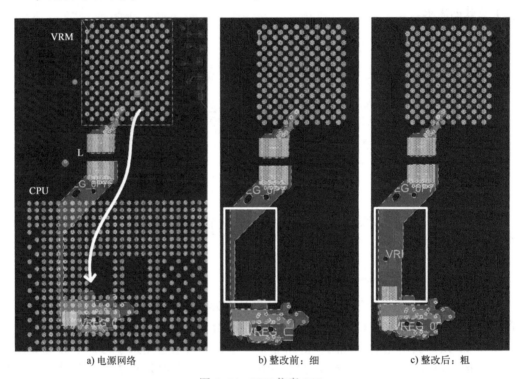

a) 电源网络　　　　b) 整改前：细　　　　c) 整改后：粗

图 5-24　PDN 仿真 PCB

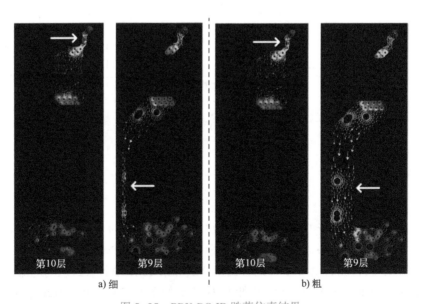

第10层　　第9层　　第10层　　第9层

a) 细　　　　　　　　b) 粗

图 5-25　PDN DC IR 跌落仿真结果

对于一个平面或者是一段 PCB 走线，这条走线越粗或越短则电阻越小，以加粗优化为例。把图 5-24b 中第 9 层的窄走线加粗，整改为图 5-24c，整改后的 IR 跌落仿真结果见图 5-25b，其中第 10 层走线没有修改，因此电流密度不变，而第 9 层由于走线加宽了，电流分布更分散，电阻变小。直流电阻仿真结果见图 5-26，从图中看到，加粗整改后，第 9层的电阻从 22 mΩ 降低为 9mΩ，电源走线上将会产生 1 A×0.009 Ω=0.009 V 的电压，负载接收到的是 0.75 V-0.009 V=0.741 V，0.741 V 在 0.7275~0.7725 V 范围内，设计可靠性得到保障。

细							
Name	Model	Pin1Name	Pin1Net	Pin2Name	Pin2Net	Value(Ohm)	
RESI_U4200_N54471_GND	Lumped to Lumped	Positive Pin	N54471	Negative Pin	GND	0.000000001	
RESI_U3100_VREG_0P75_GND	Lumped to Lumped	Positive Pin	VREG_0P75	Negative Pin	GND	0.0215668	
粗							
Name	Model	Pin1Name	Pin1Net	Pin2Name	Pin2Net	Value(Ohm)	
RESI_U4200_N54471_GND	Lumped to Lumped	Positive Pin	N54471	Negative Pin	GND	0.000000001	
RESI_U3100_VREG_0P75_GND	Lumped to Lumped	Positive Pin	VREG_0P75	Negative Pin	GND	0.00895099	

图 5-26　PDN DC 电阻仿真结果

电源直流压降主要是降低电源路径的电阻，常用的方法有加宽电源平面、分多层铺设电源平面、增加换层电源的过孔、缩短走线距离等。此外，有些电源芯片，有开尔文 Sense 补偿功能，通过引出一段 Sense 走线到负载端，自动抬升电源输出电压，补偿电源通道的压降，保证 Sense 负载点的电压。

实际工程中的 DC 仿真考虑的因素更多，本文只是提供一个参考，希望给各位读者带来一些启发，在以后设计 PCB 时，脑海里要有 PDN DC 分析的印象，比如 2.5.4 小节介绍的 LDO dropout 电压与 PCB 走线设计，即使负载不是 CPU 这种高性能处理器，对电压也是有要求的，我们也要保持一个严谨的设计态度。

5.6.3　PDN AC 仿真与优化方向

上一节介绍了 DC 仿真，本节介绍 AC 仿真，使用的工具是 Cadence Sigrity Power SI。

有的同学可能会有这样的疑问："我用的 CPU 属于低端 CPU，对 PDN 没有要求，不需要了解这些仿真的内容"，或者"我又不会仿真，看了也是白看"。其实这是非常片面的想法，我们只有了解了相关原理，才能设计出稳定的电路，不管你的 CPU 是否有阻抗要求、不管你会不会仿真，在理解了各参数对 PDN 的影响后再来进行 PCB 走线设计，了解参考平面、线宽、电容对 PCB 的影响，将会极大提高设计质量，否则的话就是闭着眼走线，盲人摸象，毫无章法可言，往往就是画了无数个 PCB 板子，但是一直感觉提升不大。

为加深对 PDN 的理解，本节罗列了 5 种不同 PDN 设计，由浅入深循序渐进，逐渐优化 PDN（**各位读者一定要用心细细体会**），如图 5-27 所示。图 5-27a 左图是第 9 层的电源走线，电源走线很细，并且临近的第 8 层和第 10 层没有地平面。图 5-27b 是在图 5-27a 的基础之上做的修改，在临近的第 8 层加入了地平面。图 5-27c 是在图 5-27b 的基础之上修改，加粗了电源层的走线宽度。图 5-27d 是在图 5-27c 的基础上修改，加入一颗 22 μF 0603 封装的电容。图 5-27e 是在图 5-27d 的基础上修改，又加入一颗 1 μF 0402 封装的电容，一共有两颗电容。

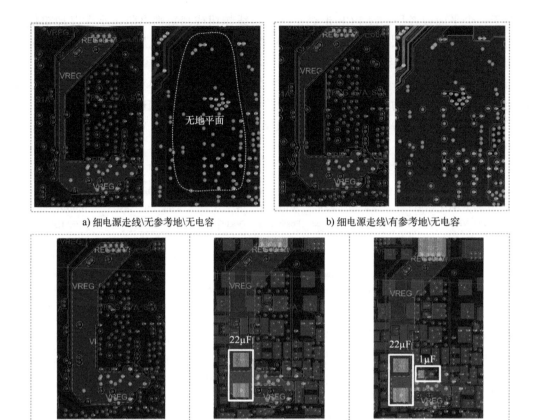

a) 细电源走线\无参考地\无电容   b) 细电源走线\有参考地\无电容

c)粗电源走线\有参考地\无电容   d) 粗电源走线\有参考地\22 μF电容 e) 粗电源走线\有参考地\22 μF+1 μF电容

图 5-27   5 种不同的 PDN AC 仿真环境

    图 5-28 是 5 种 PDN 设计的仿真结果，图 5-28a 中分别是图 5-27a、b、c 的仿真结果，从图中可以看到，1 MHz 位置，电源走线细、没有参考平面也没有电容时的阻抗最大为 14900 Ω（在实际设计时不会出现这种情况），加了参考平面后阻抗得到缓解，降低为 11240 Ω，而在加粗电源走线后阻抗得到进一步降低，降低到了 8996 Ω，相比于刚开始的 14900 Ω，在没有增加物料和成本的情况下，阻抗降低了近一半。此外，叠层电源/地之间的介质厚度会影响电源地的回流路径长度和电源平面的容性效应，这两个因素也会直接影响阻抗曲线，在设计叠层时，要提前考虑好。

    图 5-28b 是加入电容后的阻抗情况，对比图 5-28a 中的三种情形，加入电容后，阻抗显著降低，图 5-28b 的红色曲线中一个 22 μF 的电容就把 1 MHz 处的阻抗降低到仅仅 9.9 mΩ，图 5-28b 中的黑线是又增加一个 1 μF 电容（22 μF+1 μF 共两个）的结果，又降低了 10 MHz 位置的阻抗，可以看到黑色曲线有两个低谷，1 MHz 处第一个低谷是 22 μF 电容起主导作用（GRM188R60J226MEA0），22 μF 电容的阻抗频率特性如图 5-28c 所示，10 MHz 处第二个低谷是 1 μF 电容起主导作用（GRM155R70J105MA12），1 μF 电容的阻抗频率特性如图 5-28d 所示，实际 PDN 设计往往会使用大量电容来优化不同频率位置的阻抗，这是非常有效的手段。

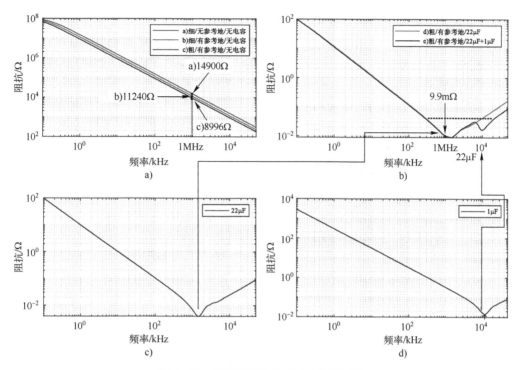

图 5-28　五种不同的 PDN AC 仿真结果

　　细心的读者可能会发现，电容的 V 字形低谷与 PDN 仿真中被压制的低谷相比，电容的低谷对应的频点比阻抗曲线低谷对应的频点高，这是因为安装寄生电感的存在（主要是电容连接电源/地平面过孔的电感）。这个电感作用到电容上，意味着整体的寄生电感增大，导致 PDN 仿真中 V 字形低谷的频点往低频段移动，电容的容值越小，这种现象越明显。为了降低电容安装寄生电感的影响，建议电容的引出线尽可能短，对于大电容，通常会多打几个电源或者地的过孔，用并联的方式减小电感。

　　图 5-27 和图 5-28 非常重要，要仔细体会整改前后的结果，有助于实际电路的 PCB 设计。

　　本节对比了电源宽度、参考平面和电容几个参数对 PDN 的影响，其中增加电源宽度和参考平面有助于减小环路电感，如果缩短 VRM 和负载之间的距离也会有效果，对于电容而言要尽量靠近负载放置，一般 PCB 一面放置芯片，另一面放置大量 PDN 电容，如图 1-1 的 CPU 背面就放置了大量的 PDN 电容，小电容放里面靠近负载，大电容放外面，可以稍微远离 BGA 负载芯片。过孔也会对 PDN 产生影响，过孔尽量直连主地平面或电源平面，实际工程中多做 PDN 仿真有助于进一步加深对 PDN 的理解。

5.7　相机与屏幕接口

5.7.1　相机接口

　　相机是手机中非常重要的模组之一，已成为智能手机的标配，其按布局可以分为前摄和后摄，按功能可以分为自拍相机、主相机、超广角、长焦和微距等，图 5-29 是不同相机拍照的图片，其中主摄和前摄最常使用，主摄的拍照素质是最高的；超广角顾名思义，拍摄的可视范围大；长焦相机可以拍得很远，为了避免拍远处时长焦相机抖动导致成像模糊，长焦相机一般会有 OIS 光学防抖功能；微距相机适用于拍很近距离的内容，如果用微距相机拍远景，画面就会模糊。

不同功能的相机有不同的结构和电气特性，需要具体相机具体分析。比如前摄像机，主要用于自拍，因此焦距固定，前摄像机一般也就没有对焦电动机（在手机行业，"电动机"常被称为"马达"），相机内没有 VCM（Voice Coil Motor，音圈电动机），这个模块它通过调节镜头位置来对焦，使得成像更清晰。

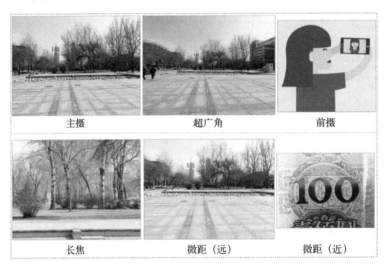

主摄　　　　　　　超广角　　　　　　　前摄

长焦　　　　　　微距（远）　　　　　微距（近）

图 5-29　不同相机成像特点

与 VCM 比较接近的一个功能叫 OIS（Optical Image Stabilization，光学防抖），是一种硬件防抖技术。我们常用的主摄以及长焦距相机，对画面稳定性要求很高。OIS 原理如图 5-30 所示，b）是手机镜头与被拍物体居中的情况；a）是手机向左晃动时，镜头向右微调来补偿、抵消手机的移动，使得相机镜头依然与被拍物体居中；c）是手机向右晃动时，镜头向左微调来补偿、抵消手机的移动，使得相机镜头依然与被拍物体居中。人手的抖动、运动过程的晃动，都会使得画面抖动，手机通过加速度计陀螺仪传感器来捕获手机的抖动状态，得到运动信息后相机 OIS 通过主动调节镜头的位移来补偿抖动，达到消抖的目的。

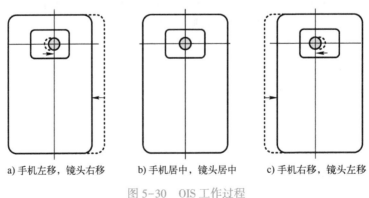

a) 手机左移，镜头右移　　b) 手机居中，镜头居中　　c) 手机右移，镜头左移

图 5-30　OIS 工作过程

图 5-31 是相机与主板连接的实物图，相机模组上有透镜、传感器等器件，通过连接器扣在主板上，由主板供电并进行数据通信和参数配置。

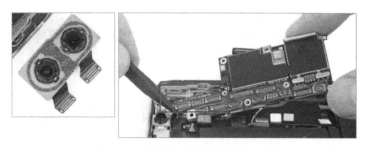

图 5-31　相机与主板连接的实物图

图 5-32 为典型的相机接口框图，图中的所有电源和信号都是通过连接器连接的，包括电源和控制、数据接口等，相机内部光学传感器一般有 AVDD、DVDD 和 IOVDD 三大电源，AVDD 用于相机内部感光 Sensor 的模拟电路，一般有 1.8 V、2.8 V 甚至 3 V 等，对电源的噪声性能要求很高，对 PCB 走线要求也很高，要格外注意（避免噪声）。

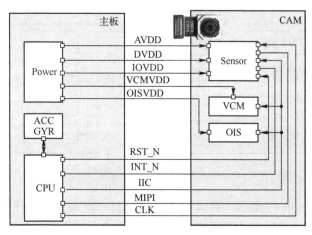

图 5-32　相机接口框图

DVDD 用于数字电路，常见是 1.2 V，这路电的电流很大，走线也要注意（避免 IR drop）；IOVDD 给接口电路使用，这路电电流小，对噪声也不敏感，要求相对比较低；VCMVDD 是给相机模组内部的对焦马达使用，OISVDD 是给相机模组内部的光学防抖模块使用，要注意的是：有些相机并没有这两个功能，因此可能没有这两路电。比如前摄像机，一般只有 AVDD、DVDD 和 IOVDD 三路电，有的相机甚至只有两路电。

具有 OIS 光学防抖功能的手机，相机模组需要根据手机的姿态来调节镜头位置，因此就需要用到陀螺仪加速度计的数据（也就是手机的姿态数据），如果相机内置姿态传感器模块就会增加成本和体积，为了降低成本与体积，大部分设计方案是使用手机主板上的 A+G 传感器（加速度计陀螺仪模块分别检测手机加速度和角速度，进而判断手机当前的姿态）数据给 OIS 使用。

RST_N 和 INT_N 是常见的功能引脚，用于复位和中断，这个引脚信号异常会极大影响相机的使用，因此有的手机会给这两个引脚预留 TVS 器件，用于调试时使用。大部分相机使用 IIC 接口，一个 IIC 接口上挂一个光学传感器，有时会额外再挂一个 VCM，相机 IIC 有专用的数据通路，这个 IIC 专用于相机，不能随便用 CPU 其他的 IIC 接口。相机的高速数据通过 MIPI 接口实现，像素或者帧率低的相机一般使用 D-PHY，高像素高帧率相机使用 C-PHY。最后一个引脚是时钟引脚，这个引脚有两个特点，一是敏感，要避免被别的信号干扰；二是时钟信号要注意避免干扰别人，如果走线稍不注意，就会有 EMC 问题。对于相机和屏幕这类模组，在整机装配过程中会有空隙，日常使用时有可能会有静电问题，要在关键引脚上预留 TVS 作为静电防护使用。

图 5-33 是相机电源架构图，手机的系统电 VPH（有的手机把这路电叫 V_{sys}）经过降压电源 BUCK 后再经过低压差线性稳压器 LDO 给相机使用，这里有两点要格外说明，在有的手机中有四开关 BOB 电源，用 BOB 取代 BUCK 是一种更灵活的电源架构设计，功耗会更低；另一点是，LDO 电源的输入不能直接由 VPH 提供，如果由 VPH 提供，LDO 上的损耗就会很大（VPH 接近电池 4 V，导致 LDO 压差大，功耗大），甚至可能会发热，会降低系统续航，LDO 压差损耗相关内容 2.2.3 小节已经有详细介绍，此外，要根据 LDO 实际的输出电压和压差电压来选择合适的前级 BUCK 来降低功耗，不建议一个 BUCK 给不同电压的 LDO 使用。

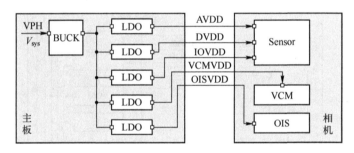

图 5-33　相机电源架构图

相机有上、下电的时序要求，在设计和测试时，一定要按照时序要求来设计，图 5-34 是相机的上电时序图，这里有几点要格外说明，第一点是在手机设计时，电源要选择可配置电源，具有电源管理功能的集成式多路 PMIC LDO 会简化原理图设计，但是却不利于走线，因为前摄、后摄相机的位置距离比较远，如果用一个 PMIC 供电，虽然有助于减小布局面积，但 PMIC 输出的电源走线就会被发散出线，容易引入干扰，图 5-35 示意了这个过程；反之，如果使用分立 LDO 的话，可以就近布局，这就简化了设计，而且分立 LDO 往往有更高的性能，噪声更小，拥有优秀的电源抑制比，但是由于使用了多个分立的 LDO，这就需要占用更多的面积，在寸土寸金的手机主板上，面积可是稀缺资源。

分立 LDO 需要选择有使能功能的 LDO，以便在需要的时候打开、关闭 LDO，满足相机时序要求，而且降低功耗，同时 LDO 需要具有快放电功能，图 5-36 是一个分立 LDO，是 DFN 小封装，方便布局布线，对于画质要求高的手机，LDO 的噪声性能要求也会格外高。

第二点是，必须要实测相机的上、下电时序，很多相机异常状态都可以通过时序测试发现，反过来，哪怕可以正常使用的相机也有可能存在隐藏问题，都可以通过时序测试来发现，图 5-37 是实测的某相机上电和下电时序，如果上、下电的先后顺序不对，或者出现中间电平，都可以在时序测试中发现。

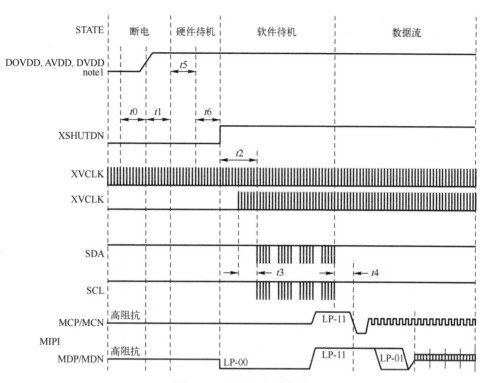

图 5-34　相机上电时序图

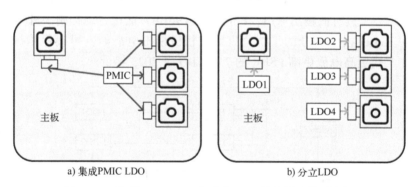

a) 集成PMIC LDO

b) 分立LDO

图 5-35　集成 PMIC LDO 与分立 LDO 的布局布线示意图

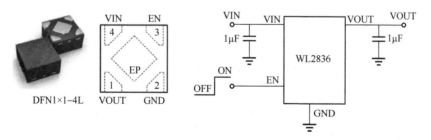

图 5-36　分立 LDO

多摄像头可以带来更优秀的拍摄体验，但随之而来的是对手机空间、PCB 面积和电源性能的更高要求，当今手机设计得越来越紧凑，对 PCB 面积的要求变得越来越高，这对手机结构设计、器件选型和 PCB 布线提出了严峻的挑战，为了降低多相机模组电源占据的 PCB 面积，各手机厂商开始选择集成 LDO 方案，一般以 7 路 LDO 的 PMIC 为主。

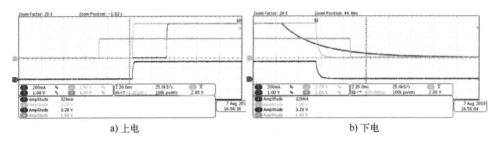

a) 上电

b) 下电

图 5-37　相机上电和下电时序波形

在一个典型的摄像模组中，CMOS Image Sensor（图像传感器）需要三路电源：数字电源、模拟电源和 IO 电源，再加上自动对焦（AF 或 VCM）、OIS 等辅助功能的供电，仅单摄模组就需要 4~5 路电源供电。这些电源负载的特性和要求也不尽相同，既有需要大电流、高动态响应的数字电路，也有对电源噪声十分敏感的模拟电路部分。相邻多个不同型号的摄像头，还很可能需要不同的输出电压和电流，这对 PMIC 提出了很高的要求。

目前，国产 IC 厂商在这一领域开始发力，韦尔半导体推出的第一代 PMIC WL2868C，集成 7 路高性能 LDO（1.52 mm×1.85 mm×0.51 mm），可以为多摄像头模组供电提供解决方案，如图 5-38 所示，其中的 LDO1、2 可提供高达 1.2 A 电流，具有很低的压差以及出色的瞬态响应。LDO3~7 具有低输出噪声，PSRR 高达 96 dB，能很好地抑制手机内射频等其他部分通过电源对 Sensor 模拟部分的干扰。应用于相机模拟电源时，可确保拍摄图像低噪声、无纹波，而第二代更高电流更高 PSRR 的 7 路 LDO 于 2023 年量产。

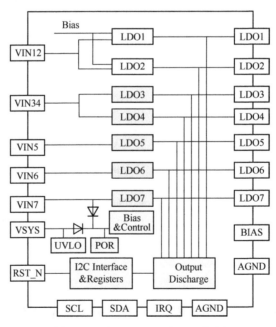

图 5-38　WL2868C 7 路 LDO 框图

5.7.2　屏幕接口

屏幕也是手机重要组成部分之一，有 LCD 和 OLED 两大类，LCD 类型的屏幕需要单独的背光面板，非自发光，而 OLED 屏幕不需要背光面板，发光二极管可以自发光，因此 LCD 的对比度没有 OLED 高，一般来说 OLED 屏幕显示效果更好，直观来讲就是，同样显示纯黑色，LCD 屏幕还会微微发光，不够黑，而 OLED 就是纯黑，不会发光，图 5-39 是 LCD 与 OLED 屏幕显示效果对比，同样显示纯黑的内容，LCD 屏幕看起来发灰，而 OLED 就完全黑下去了。同时 OLED 屏幕的功耗更低而且更薄还可弯折，因此很多高端手机倾向于使用 OLED 屏幕追求极致的体验，而且 LCD 屏幕由于有背光面板的存在不能弯折，通常曲面手机和折叠屏手机都不能基于 LCD 屏幕设计。

LCD　　　　　　　　　OLED

图 5-39　LCD 与 OLED 屏幕显示效果对比

本节以 OLED 为主，介绍下屏幕接口的组成，图 5-40 是屏幕接口，屏幕上集成有 DDIC 显示驱动（Display Driver IC）和触控 IC，这两个控制 IC 也是通过连接器与主板相连，屏幕接口电路部分主要包括电源、I/O 和通信引脚三大类。对于 OLED 屏幕而言，AVDD 是提供给屏幕内部模拟电路部分供电，电压通常在 5.6~7.9 V，使用 BOOST 升压架构，屏幕通过 ASWIRE 引脚来控制电源模块改变 AVDD 电压。ELVDD 和 ELVSS 是给屏幕显示像素电路供电的，ELVDD 电压固定不可调，是 4.6 V；ELVSS 电压可调，通常在 -5.4~-1.4 V，通过 ESWIRE 引脚来改变 ELVSS 电压。VCI 给屏幕核心电路供电，IOVDD 给除 MIPI 外的接口供电。对于 LCD 屏幕而言还需要高压背光，常达到二十几伏。

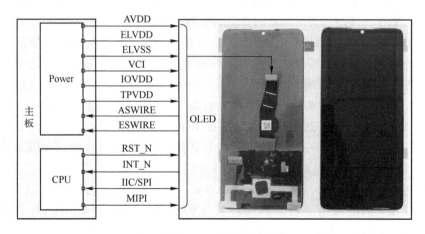

图 5-40　屏幕接口

除了上述电源外，还有 TPVDD，因为屏幕上集成有触控部分，TPVDD 就是给触控电路供电。屏幕从外到内依次为 CG 玻璃盖板、触控、显示三个部分，如图 5-41a 所示。因此，有的人不小心摔碎了屏幕，但是却依然可以正常使用，这就是外面的玻璃盖板碎了，内部触控和显示部分并没有受到损伤。现在市场上使用的折叠手机，由于需要折叠，表面不能有坚硬的玻璃盖板，因此在折叠位置容易出现折痕。同时，没有坚固的玻璃盖板保护，折叠屏幕的表面看起来凹凸不平，容易产生划痕，甚至指甲扣一下都会留下指甲印，如图 5-41b 所示。

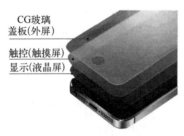
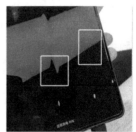

CG玻璃
盖板(外屏)
触控(触摸屏)
显示(液晶屏)

a) 屏幕的三层结构　　　　　　　b) 折叠屏幕的划痕

图 5-41　屏幕的结构

除去电源之外，还有一些 I/O 引脚，比如复位引脚和中断引脚。当屏幕发生异常时，中断引脚会发送中断信号给 CPU，CPU 获取屏幕状态，通过 LOG 可以初步判断异常是由哪些原因引起的。

IIC/SPI 用于与屏幕上的触控进行通信，MIPI 用于传输屏幕的数据显示，为了降低功耗，当屏幕显示内容不变时，也就是静态画面时，MIPI 往往不工作，静态画面已经存储到屏幕内部存储中，比如手机的 AOD（Always On Display）息屏显示功能，CPU 和屏幕是没有显示数据交互的，因此如果想要测试 MIPI 信号，要保持显示内容一直处于变化状态，比如一边播放视频一边测 MIPI。

所谓"兵马未动，粮草先行"，凡事都要有个先后顺序，CPU、相机和屏幕的电源也不例外，毕竟心急吃不了热豆腐，我们需要对上电和下电的时序进行测试，如图 5-42 所示，否则屏幕就可能在亮屏或息屏时异常闪烁，甚至屏幕无法正常点亮。

此外，屏幕对静电特别敏感，常用抑制 ESD 措施有堵和疏两种，因此屏幕周围的缝隙、屏幕和相机的缝隙、屏幕和听筒的缝隙要用防静电胶处理，在屏幕接口上也要保留 TVS 器件，来抑制 ESD 对手机的影响。

图 5-43 是屏幕的电源结构，手机的主电源 VPH 或 V_{sys} 经过一个 POWER IC 转化成 AVDD、ELVDD 和 ELVSS，这三路电源分别是 BOOST 升压、BOOST 升压、BUCK-BOOST 负压电源，三种电源的原理在第 2 章节已经有详细介绍了。VPH 经过 BUCK 降压电源后再经过 LDO 转化成低噪声电源给屏幕模拟部分使用，其中的 IOVDD 是 1.8 V，在一些屏幕内部会格外集成 LDO 将 1.8 V 再转化成 1.2 V，而有的手机为了极致的功耗，主板会直接提供一个 1.2V 的电源给屏幕来取缔屏幕上的 LDO，这就是 4 POWER 供电技术，在 LCD 中更常用（LCD 的功耗比 OLED 大），4 POWER 可以缓解屏幕的功耗压力。此外，在息屏 AOD 模式时，手机旁路 ELVDD 和 ELVSS 用 AVDD 取而代之，ELVSS 电压可调，屏幕会根据自身使用环境来对 ELVSS 进行动态调节，这个可以节省功耗。此外一些屏幕 POWER IC 是 WLSCSP 封装，特别易碎，因此布局时要避免放到应力敏感区，否则手机日

常轻微跌落就可能震裂芯片，降低硬件可靠性，WLCSP 封装的芯片，表面看起来亮晶晶的，很容易识别。

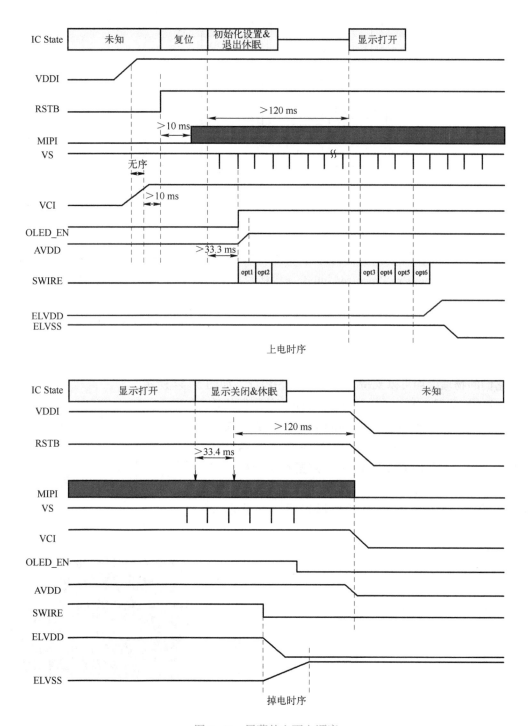

图 5-42 屏幕的上下电顺序

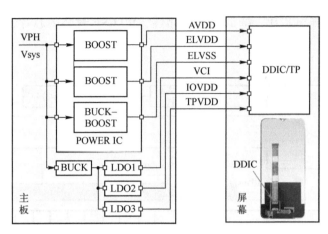

图 5-43 屏幕的电源结构

5.7.3 MIPI D-PHY

无论屏幕还是相机，在手机里都有一组重要的高速接口，即 MIPI，本节结合实际波形对 MIPI（Mobile Industry Processor Interface，移动行业处理器接口）进行介绍。MIPI 是 MIPI 联盟发起的为移动应用处理器制定的开放标准，目的是把手机内部的接口如摄像头、显示屏接口等接口标准化，从而减少手机设计的复杂度，增加设计灵活性。MIPI 协议分为 CSI（Camera Serial Interface）、DSI（Display Serial Interface），CSI 应用于相机；DSI 应用于显示屏幕。此外还有应用于低速多点连接的 SLIMbus 和电源管理的 SPMI 等。CSI 和 DSI 是协议层，它们的物理层均可以支持 D-PHY 和 C-PHY，如图 5-44 所示。

D-PHY 采用 DDR（Double Data Rate）的数据传输方式，就是双数据速率，在时钟的上、下沿都有数据传输，它有一条专用的时钟通道；而 C-PHY 不需要专用时钟通道，它的时钟信息嵌入在数据本身当中。我们先着重介绍 D-PHY 的特点，图 5-45 是 D-PHY 的走线示意图，可以看到经典的蛇形走线和差分走线方式。

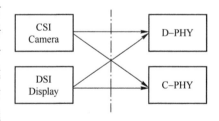

图 5-44 CSI 与 DSI

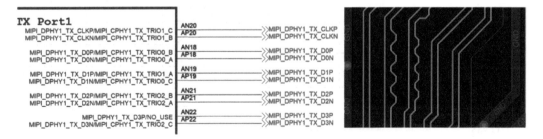

图 5-45 D-PHY 差分对与 PCB 走线

D-PHY 有一条专用的时钟通道用来传输时钟信息，此外还有数据通道，时钟/数据都是以差分对的形式出线，速度快稳定性高，差分信号抗干扰性能好的原因前文已经介绍过了。如

图 5-46 所示，图中描述的是 1 对时钟信号和 4 对数据信号，称为 4 lane，如果只有 1 对时钟通道和 1 对数据通道则是 1 lane，D-PHY 的速率单位是 bit·s^{-1}·lane^{-1}（常简写为 bps/lane），这是针对每个通道而言的，如果图中的速率是 1 Gbit·s^{-1}·lane^{-1}，那么它的意思是时钟的频率是 1G/2＝500MHz，每个数据通道是 1 Gbit/s。

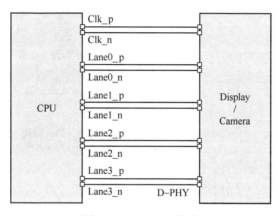

图 5-46　D-PHY 链路

D-PHY 有 LP（Low Power）、HS（High Speed）两种主要的工作模式，图 5-47 是 D-PHY 时序，蓝色是 LP、红色是 HS，LP 时电压幅值高、速度慢；HS 时电压幅值低、速度快。HS 主要用于传输像素信息，比如手机拍照的图像就是在 HS 模式时传输到手机 CPU，此时相机作为 TX 发送端，手机 CPU 作为 RX 接收端，同样地，对于屏幕而言，我们要显示的图像是 CPU 发送到屏幕，此时 CPU 是 TX 发送端，而屏幕是 RX 接收端，CPU 可以在 LP 模式下读取或配置屏幕的参数信息。

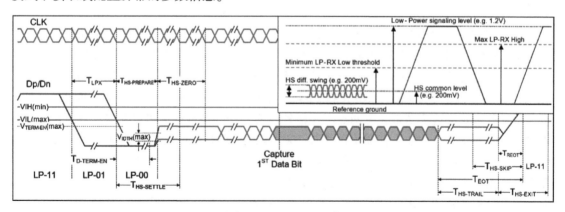

图 5-47　D-PHY 时序

手机相机和屏幕的 MIPI 一般是几百兆到 2 Gbit·s^{-1}·lane^{-1} 的速率，极个别会更高，测试几百兆或几吉的 MIPI 波形，价格几千或几万元的示波器难以满足需求，甚至有人用带宽只有 500 M 的探头测，只能看到 LP 模式时低速信号，高速时的波形细节基本看不到，这一点在第 6 章测试部分的图 6-15 有详细介绍。可以用 8G 或者更高带宽的示波器测量 MIPI 信号，图 5-48 是测试示波器、探头和前端、待测设备（Device Under Test，DUT）的连接方式，图中所示为单端测试方式测试一对时钟通道和一对数据通道，共 4 根单端信号就用到了示波器的 4 个通道，示波器要和待测设备共地，而且前端要和主板就近共地，比如 CH1 测试的是 Data-与地的电压、CH2 测试的是 Data+与地的电压，那么 CH1 与 CH2 的差就是 Data 的差分信号 VOD，单端信号和差分信号的概念在 3.4 节有过详细介绍。

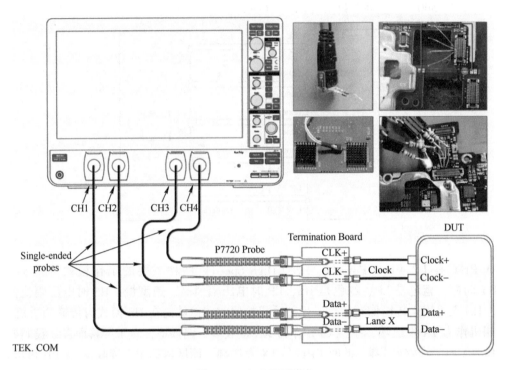

图 5-48　D-PHY 测试

MIPI 基础测试项大约有 30 多条，耗时耗力，不能人工去一条条测试，这就需要用到自动化测试软件，图 5-49 为某自动化测试软件的截图，包括了连接方式和测试项设置以及测试结果，一定要按照图中的连接要求正常连接，否则是无法进行测试的，图中 Dp 连接 Ch1、Dn 连接 Ch3、Ckp 连接 Ch2、Ckn 连接 Ch4。VOD 是非常常见的失败项，可以通过软件调节寄存器参数来缓解这个结果，有两点需要格外说明，寄存器修改后可以明显观察到测试结果或波形幅值的变化，比如寄存器修改增加 100 mV，示波器就可以测试出这 100 mV 的差异，如果示波器没有测试到差异，那么很可能是软件修改失败，需要重新修改软件，另一点是软件修改后如果效果依然不理想，那么就有必要对 PCB 进行修改，减少走线换层、减少过孔，优化阻抗，甚至有的 MIPI 走线出现跨分割，这些都要避免。曾遇到过一家公司，研发人员经验不足，对信号完整性理解不深刻，只把 MIPI 做成立体包地屏蔽，走线又非常长，导致屏幕非常容易出现花屏。

图 5-50 为相机 MIPI D-PHY 实测波形时序，黄色和蓝色分别是数据 DP 和数据 DN，红色和绿色是时钟 CP 和时钟 CN，一帧数据大约是 33 ms，对应 30 Hz 的帧率，a、b 中高电平是 LP 模式下的 1.2 V 电平，比较低又比较粗的是 HS 模式下的电平，把粗波形放大看细节，就是 c 的样子；b 是 HS 转到 LP 之间的波形细节；c 是 HS 模式下的波形细节，波形高电平大约是 300 mV，低电平大约是 100 mV，数据 DP 减数据 DN 就得到差分信号 VOD，差分信号的幅

值是 200 mV（VOD1 是 200 mV、VOD0 是−200 mV），图中 CLK 时钟的频率大约是 300 MHz，则 MIPI 的速率大约是 300 MHz×2＝600 Mbit·s^{-1}·lane^{-1}。

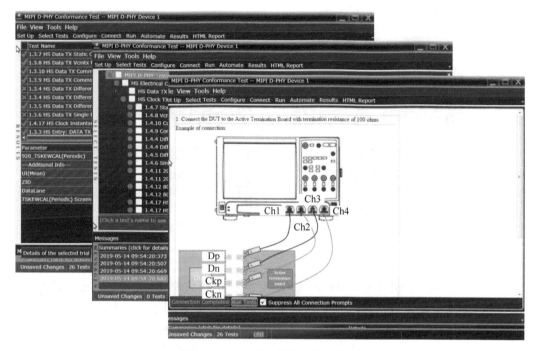

图 5-49　D-PHY 自动化测试软件

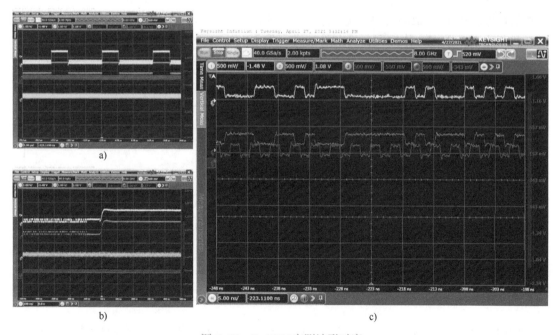

图 5-50　D-PHY 实测波形时序

图 5-51 是 D-PHY 的 UI 或者说一个周期的眼图，D-PHY 是差分信号，单端测量方法来测量一对差分信号要用到示波器的两个通道，先分别采集信号 P 和 N 对地的单端信号波

形，然后再相减就是差分信号 VOD，左边是单端信号 P 和 N，P-N 后就是右边的差分信号。单端信号不是在 0 电位基础上摆动，而是在一定的共模基础上波动，再作差后，共模信号就没了，差分信号就在 0 电平上下摆动。

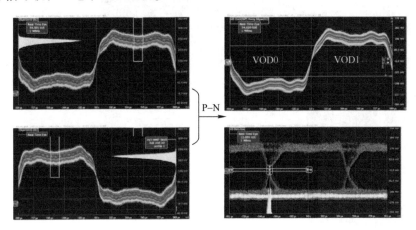

图 5-51　D-PHY 实测眼图

图 5-52 是某平台 MIPI D-PHY 走线规则，阻抗控制为差分 100 Ω，需要做对内等长和对间等长（对内等长就是一对差分线也就是两根线，彼此之间等长；对间等长就是多对差分线彼此等长），走线长度也需要约束，这些都是基本要求，在走线距离短一些时还比较好处理，像屏幕这种出线很长的情况，就一定要注意走线规则约束，避免跨分割、阻抗不连续的情况出现，减少换层，优化板材，优化走线，工作中看到过多起屏幕 MIPI 走线设计不良导致的花屏，因此长距离走线，违背走线规则的时候，非常有必要对走线进行仿真，在PCB 投板之前先掌握大体情况，针对性地进行优化。

参数	要求
走线阻抗	差分100 Ω±10%
差分对内最大时延差	<6 mil
时钟与数据之间等长	<12 mil
走线长度	<6 in(1in=2.54 cm)
各信号所允许过孔数量	建议不超过4个
差分对间间距	建议大于等于4倍MIPI线宽，至少要3倍MIPI线宽
MIPI与其他信号间距	建议大于等于4倍MIPI线宽，至少要3倍MIPI线宽

图 5-52　MIPI D-PHY 走线规则

5.7.4　MIPI C-PHY

MIPI C-PHY 是手机中的重要接口，它的速率比 D-PHY 高，其速率单位是 symbol/trio，而 D-PHY 的速率单位是 $bit \cdot s^{-1} \cdot lane^{-1}$，D-PHY 一次只能表示 1 bit 数据，而 C-PHY 能表示 2.28 bit（16/7=2.28，7 个周期可编码 16 bit 信息）的数据，C-PHY 编码效率更高。本节介绍下 C-PHY 内容，包括对协议的解析、C-PHY 不需要时钟的原因。

C-PHY 和 D-PHY 在 PIN map 上有两个重要的区别：一是 C-PHY 没有单独的时钟通道，它的时钟隐藏在通信的时序之中；二是 C-PHY 每组 trio 是 3 根传输线，而 D-PHY 每条 lane 是 2 根传输线、一对差分信号，而 C-PHY 的每组 trio 是 3 条数据线彼此差分。图 5-53 左上角是 3 trio 的 C-PHY 接口链路示意图，一组 trio 包含 3 条信号线，3 条信号线彼此做差。C-PHY 与 D-PHY 一样，也有 LP（低功耗）和 HS（高速）两种工作模式，图中蓝色是 LP 模式，LP 模式时的高电平在 1.1 V 左右，红色是 HS 模式，HS 模式时信号在 250 mV 的共模信号基础上下摆动，下面着重介绍 HS 时的特点。

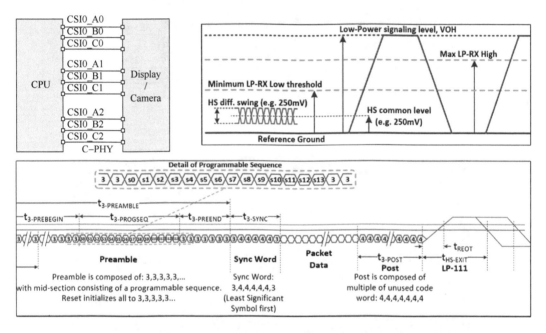

图 5-53　C-PHY 链路与时序

先看下 C-PHY 的波形，图 5-54 第一行是一组 trio 中 A、B 和 C 三根数据线在 HS 模式时、分别对地的单端信号的波形，大约是 125 mV、250 mV 和 375 mV，可见 C-PHY 在高速模式时是有高、中、低三种电平状态，第二行是两两作差后的波形，有 strong 1、weak 1、weak 0 和 strong 0 共 4 种状态。

图 5-55 是 C-PHY 的 VOD（单端信号彼此作差后的差分信号）信号眼图，结合图 5-54 中第二行 C-PHY 单端信号作差后有 4 种电平，可以看到 VOD 眼图看起来有 3 个"洞"，具有 4 个电平，并且这 4 个电平与前文中的介绍是一致的，而 D-PHY 只有一个"眼睛"而且"睁"得很大，C-PHY 与 D-PHY 差异很大。

C-PHY 按照信号线不同高低电平搭配被分成 6 个 wire state（线状态，本书简称为线态），分别为+x、-x；+y、-y；+z、-z，如图 5-56 所示。举例说明：比如用示波器测试一组 trio 中的 A、B、C 三条信号线在 HS 模式时，虚线框中分别为高（375 mV）、低（125 mV）、中（250 mV）这三种电平，则将此时的 wire state 定义为+x，见图中+x 部分；同理，当 A、B、C 分别为高、中、低时，则定义为-z。

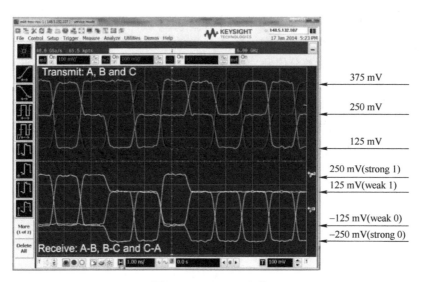

图 5-54　C-PHY 波形

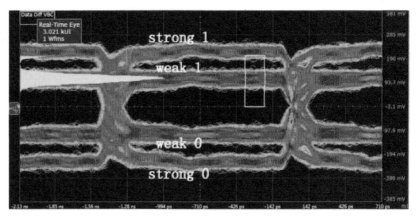

图 5-55　C-PHY 眼图

C-PHY 每组 trio 分为 A、B、C 三根信号线，两两作差就是 V_A-V_B、V_B-V_C、V_C-V_A，可以得到 4 种电平，从大到小分别被定义为 strong 1、weak 1、weak 0、strong 0，比如图 5-56 中，+x 状态下，V_A-V_B（红-绿）得到的电平最高，被定义为 strong 1；-y 状态下，V_A-V_B 得到的电平为弱高，被定义为 weak 1。以此类推就可以得到 weak 0 和 strong 0 了，就和图 5-55 测试时的眼图对应上去了。

我们要传输的信息是被编码到线态中的，上文已经介绍 C-PHY 具有+x、-x、+y、-y、+z、-z 6 种线态，当信号处于其中一种状态时，只能往剩下的 5 种状态切换，不会保持不变，**注意：哪怕 C-PHY 传输的数据信息不变，信号本身也会一直变化**。信息被编码到状态与状态切换之中，被称之为 symbol 编码，直观点说：一共只有 6 条路，你占了一条，接下来只能往剩下的 5 条路里走，如图 5-57 所示。

举例如下，线态从+x 到-y 变化时，根据图 5-58 的状态转移图，传输的信息（symbol）就是 011；从-y 到-z 传输的信息就是 010，状态到达-z 后如果想要继续保持传输 010，那么线态就要从-z 变到-x，数据和时钟信息都被编码到 symbol 中，哪怕一直传输

010，信号状态也是处于不断变化的，也就是说都被编码到切换的过程中了，因此 C-PHY 也就不需要像 D-PHY 那样格外拉一组时钟通道了。

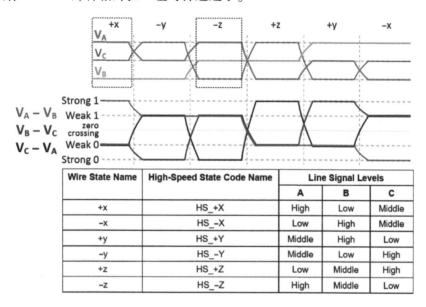

图 5-56　C-PHY 线态

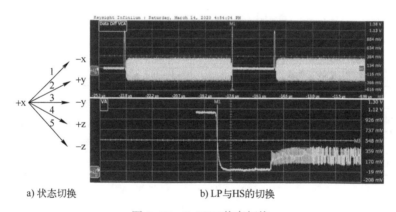

a) 状态切换　　　　　　　　b) LP 与 HS 的切换

图 5-57　C-PHY 状态切换

图 5-59 是某平台 C-PHY 的 PCB 走线规则要求，阻抗需要控制为 50 Ω，一组 trio 的三根信号线 A、B、C 之间延迟控制在 6 mil 之内，trio 与 trio 之间控制在 100 mil 之内，整体走线长度越短越好，起码要短于 5 in，过孔也是越少越好，C-PHY 走线依然要避免跨分割的走线方式，参考层的平面一定要完整。

MIPI 速率高，有可能产生各种干扰或者被干扰，图 5-60 以屏幕 DSI 作为介绍对象（相机也是同理），左图是 MIPI 作为干扰源干扰到天线，影响到射频 RF DE-SENSE（Radio Frequency Decreasing Sensitivity，射频灵敏度恶化），CPU 出来的 MIPI 信号在主板上会有立体包地，这样的走线方式会减少干扰，但是这只有在 CPU 到连接器这一小部分走线是有屏蔽的，当信号线经过连接器到达 FPC 软排线时，FPC 往往会做两层走线，这样的话只有单层地，无法抑制 MIPI 的 EMI 干扰，FPC 和连接器处产生的干扰影响到手机天线就可能引起通话质

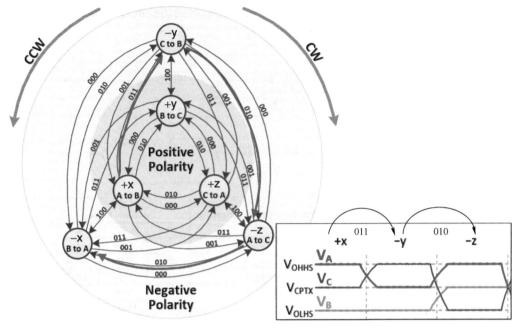

图 5-58 C-PHY 状态转移

参数	要求
走线阻抗	单端50 Ω±10%
组内(TRIO_A\TRIO_B\TRIO_C)最大时延差	<6 mil
组间(TRIO0\TRIO1\TRIO2)等长要求	<100 mil
走线长度	<5 in(1 in=2.54 cm)
各信号所允许过孔数量	建议不超过2个
对间间距	建议大于等于4倍MIPI线宽
MIPI与其他信号间距	建议大于等于4倍MIPI线宽

图 5-59 MIPI C-PHY 走线规则

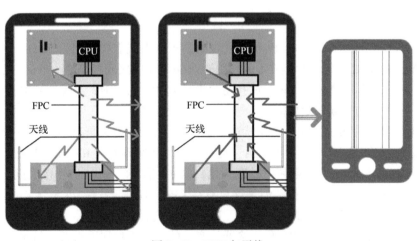

图 5-60 MIPI 与干扰

量降低。反过来，如果手机天线作为干扰源，那么就有可能干扰到 FPC 上的 MIPI，进而影响 MIPI 信号质量产生花屏（相机出现雪花或条纹），因此在设计初期，有的手机往往会在主板上预留 EMI 滤波器，如果发生干扰就调试 EMI 滤波器来对干扰进行抑制，甚至有的公司会对天线进行仿真，在项目初期就评估和跟踪天线对相机或屏幕的干扰情况，增加 EMI 滤波器虽然会缓解干扰，但是会增加成本，优秀的设计可以考虑评估下删除这个滤波器，同时又没有干扰问题的发生。

5.7.5　MIPI 开关简介

在一些手机中，有多个相机模组，而平台又没有那么多 CSI 接口，此时就会用到 MIPI 开关，图 5-61 是帝奥微电子推出的 MIPI 开关 DIO1634，可以兼容 D-PHY 和 C-PHY，使用了 MIPI 开关后，AP 的一个 CSI 接口就可以接两个相机模组，但是这两个相机不能同时开启。

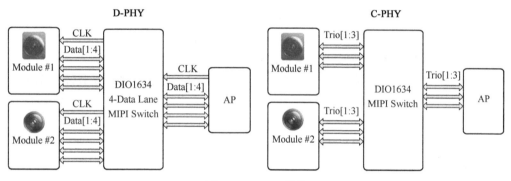

图 5-61　MIPI 开关

MIPI 开关具有重要的参数：带宽。相机的像素/帧率越高，那么需要的带宽也越高。比如一个 10 bit 相机像素如果是 10 M（1000 万），如果帧率是 30 fps/s，如果使用了 4 lane 的 D-PHY，那么每个通道的速率就是 $10\text{ bit} \times 10\text{ M} \times 30\text{ fps}/4 = 750\text{ Mbit} \cdot \text{s}^{-1} \cdot \text{lane}^{-1}$，那么 MIPI 开关的带宽一定要大于 750 MHz。现在的手机像素、帧率越来越高，那么对开关的带宽要求也越来越高。

5.8　音频接口

5.8.1　耳机与 USB 通路

早期的 3.5 mm 耳机只有 GND、左、右声道 3 个引脚，这种耳机接口简单，使用范围广，常见在电脑等大型设备音频接口上，这种接口有个显而易见的缺点，即没有 MIC，不能录音打电话。在电脑上可以单独增加 MIC 接口，但是在手机这种集成度高的移动设备上，单独增加 MIC 接口显然不是个高性价比的方案，因此出现了带有 MIC 的耳机接口。早期各手机厂商都是自由发挥，出现了五花八门的耳机接口，各家厂商的耳机接口又互不兼容，耳机不能共用给消费者带来非常多的苦恼。于是，统一标准的耳机接口亟待出现。

后来就出现了 OMTP 标准和 CTIA 标准，二者在链路上主要有 MIC 和 GND 的区别，如图 5-62 所示。当年遵循 OMTP 的有鼎鼎大名的诺基亚，我国也选择了 OMTP，但一些手机厂商依然选用 CTIA，正因为如此，当年很多人会发现一些 3.5 mm 耳机不兼容。

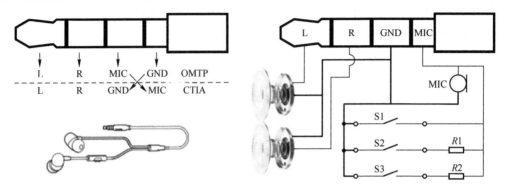

图 5-62　耳机标准与接口电路原理

图 5-62 右图是耳机线的链路示意图，耳机有两个小的扬声器作为左、右声道，连接到接头的 L 和 R，耳机上还有 MIC 可以录音，此外还有 3 个功能按键，分别是暂停、上一曲和下一曲的功能，不同的按键有不同的串联电阻，可以通过检测电阻来判断具体是哪个按键按下去的，比如当 S1 按下时，MIC 和 GND 之间是短路的，当 S2 按下时，MIC 和 GND 之间的电阻是 $R1$。

前文介绍了 OMTP 和 CTIA 耳机接口不匹配的问题，科技的进步一直服务于用户的需求，为了解决 OMTP、CTIA 的兼容性问题，音频开关开始进入人们的视野，很多手机都会加入音频开关，通路原理如图 5-63a 和 b 所示。当耳机插入时，音频开关会检测 MIC 和 GND 的顺序然后自动切换 MIC 和 GND 通路，不管用什么标准的耳机，不管怎么插，都能够实现二者的兼容。

怎么实现耳机插入检测呢？耳机插座起了重要作用，耳机插座也是分两种，NC（NORMAL CLOSE）和 NO（NORMAL OPEN）。NC 是常闭，图 5-63c 中的插座左声道 L 和 DET 平时是闭合短接的，如果插入耳机后 L 和 DET 就会断开，DET 为高电平，以此实现耳机插入检测。NO 是常开，图 5-63d 中，通常状态下 L 和 DET 是断开的，插入耳机后 L 和 DET 短接，DET 为低电平。手机软件需要根据手机使用的耳机插座进行软硬件配置，以此来识别耳机插入状态。

现在高端的手机越来越薄，3.5 mm 耳机接口会占据很大空间，高端手机一般都取消了 3.5 mm 耳机接口，通过 TYPE-C 口实现耳机、USB 和充电功能。用户在使用时有两种耳机可选择，一种是 3.5 mm 传统耳机搭配个 3.5 mm 转 TYPE-C 的转接头，另一种是直接使用 TYPE-C 头的耳机。图 5-64 左侧是耳机的插座转 TYPE-C 接口的连接图，其中由于 TYPE-C 接口支持正反插，因此左右声道不用切换，直接根据 TYPE-C D+、D-正反插功能就可以实现。不同标准的耳机 MIC 和 GND 顺序不同，手机同时还要兼容 TYPE-C 接口中 MIC 和 GND 的正反插，MIC 和 GND 的切换逻辑就比较复杂，篇幅有限，不再详细介绍。

TYPE-C 口的数据流分两种，一种是音频的，包括左、右声道、MIC 和地，另一种是 USB 的通路，其中左右声道占用了 USB 的 D+、D-引脚，因此需要加入模拟开关对 D+、D-

和耳机的左右声道进行切换，TYPE-C 的 CC 引脚具有非常重要的功能，可以进行设备识别。图 5-64 右侧中，当插入 USB 数据线进行数据通信时，模拟开关内部切换到 DP 和 DN，USB 与 AP（CPU）进行数据交换；当插入耳机时，模拟开关切换到 L、R，CODEC 通过模拟开关来驱动耳机。

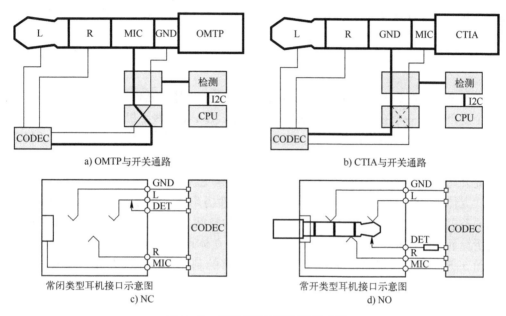

图 5-63　耳机兼容原理与检测功能

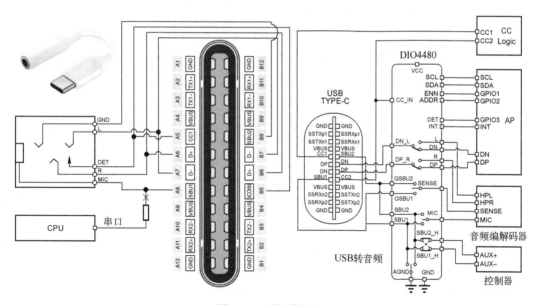

图 5-64　耳机转 USB

有的手机会在 TYPE-C 的 SBU 引脚上拉出一根线到 CPU 串口上，用于研发调试使用，比如可以通过串口抓取手机开机 LOG，识别手机状态、快速定位手机异常模块。这个 UART 串口线如果和 MIC 共用 SBU 引脚的话，MIC 和 UART 串口可以通过一个 0Ω 的电阻进行区分，在用耳机录音时可能会录进去滋滋的电流音，或者扬声器也有滋滋的电流音，这都是串口引起的，因此在研发阶段要选一些断开 UART 与 SBU（MIC）的手机来测试耳机音频相关内容，并且在量产时删除电阻（把 UART 和 MIC 断开），而且 UART 走线也需要注意，UART 和 MIC 连接点距离电阻这一段走线一定要短，见图 5-64 左图中"×"位置，如果这段走线很长，那么即使摘除了电阻，这段长长的走线也会由于天线效应拾取电路上的噪声，容易降低 MIC 音频性能。

5.8.2 扬声器驱动电路

扬声器俗称喇叭，是把电能转换成机械能再转化成声能的器件，是一种换能器。手机一般有两个扬声器，一个在手机顶部作为听筒，叫 receiver（一些手机中，会使用 receiver 发出超声波，然后检测超声波返回的时间，进而实现距离传感器的应用），另一个在手机下面作为外放使用，叫 speaker。听筒体积小，音量和音质都不足，通常在打电话时使用，如今各手机厂商开始发力于立体声扬声器设计，给用户带来更优质的音频体验，比如小米 10S 使用了对称式立体声，上下采用了完全一样的 1216 线性扬声器，等效音腔高达 1.2CC，上下扬声器的增益差别接近零，能够最大限度还原声音的空间感，见图 5-65a 中的黄色框。对于传统的听筒而言，使用 Codec 就可以驱动，而对于立体声而言则需要使用双 Smart PA 来驱动，如图 5-65b 所示，智能功放可以在保护扬声器的基础上，充分发挥其性能，因此电路设计会更复杂。

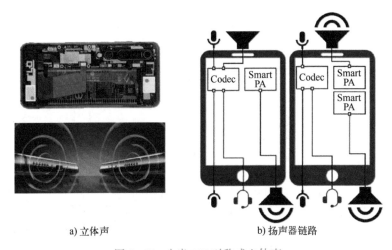

a) 立体声　　　　　　　　　　　　b) 扬声器链路

图 5-65　小米 10S 对称式立体声

Smart PA 是智能功率放大器，也是一个放大器，它和普通的功放相比，最大的区别是加了反馈检测，更加智能。在一些频段下 Smart PA 和普通 PA 的信噪比、最大输出功率等可以做到相同，但在其他频段下（特别是低频），普通 PA 为了保证功率（防止损坏扬声器），就必须降低放大倍数。换句话说，普通 PA 为了保证全频段内的可靠性，需要牺牲一部分频段的性能。而 Smart PA 加入了输出信号的电流电压反馈，可以充分释放扬声器的性能，在宽频带内提供更好的音质和安全性，最大限度地提升扬声器的效果，可以在保证扬声器工作安全的情况下，达到最大的响度和最佳的音质，提升用户体验。

图 5-66 是 Smart PA 内部框图，CPU 通过 I2S 接口将音频数据发送到 Smart PA，经过 DAC 把数字信号转换为模拟信号，再经过放大器放大后驱动扬声器发声。Smart PA 会检测扬声器电流和电压，来实时监控扬声器行为，这个功能称为 IV sense。

Smart PA 输出的信号能量大，有可能产生 EMI 问题，扬声器又有引入静电问题的风险，因此实际项目中，SPKP、SPKN 链路上往往有磁珠、0 Ω 电阻、电容、TVS 等滤波保护器件。SNS_P 和 SNS_N 用来检测扬声器电压，称之为 V-sense，这两个引脚应连接在滤波器之后、靠近扬声器端。V-sense 连接消除了由于封装、PCB 走线、磁珠、电阻引起的压降误差。V-sense 还可以通过算法纠正由于磁珠引起的增益误差或非线性，这两条检测信号线属于敏感的模拟信号线，在 PCB 走线时要注意用地线或地平面进行屏蔽，远离其他数字信号或电源，防止扬声器电压检测受到干扰进而影响 Smart PA 的性能，甚至可能出现杂音或底噪大失真大。Smart PA 内部有 BOOST 升压功能，因此需要外接电感和自举电容（图中未画出电容），电感要注意远离磁性材料，PCB 走线时回路电感要足够小，否则可能会引起扬声器破音，比如一些手机套中有磁性吸合材料，如果这个磁性吸合材料靠近 Smart PA 的电感，那么就很可能会破音。

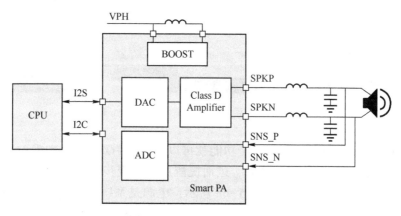

图 5-66　Smart PA 内部框图

5.9　传感器

5.9.1　陀螺仪、加速度计与磁力计

陀螺仪、加速度计与磁力计在无人机上也是常用的传感器，接触过捷联惯性导航的同学应该比较了解。把陀螺仪（Gyroscope）和加速度计（Accelerometer）两个传感器集成在一颗 IC 上，有的公司称之为 A+G，也有的公司称之为角、加速度计或 IMU（Inertial Measurement Unit，惯性测量单元），是检测手机的**三轴角速度和三轴加速度**的传感器，**注意：陀螺仪是检测角速度而不是角度**，因此在手机静止时陀螺仪的数据为 0，只有在运动时才有数据；而加速度计静止时有重力加速度，在匀速时数据不变，在突然运动时数据才会变化，需要对角、加速度数据进行换算后才能得到角度数据。而磁力计不管静止还是运动都有数据，类似于一个指南针。图 5-67 是陀螺仪、加速度计与磁力计的数据，静止时陀螺仪的数据为

0，一旦手机动起来陀螺仪就会检测到运动的角速度；而加速度计静止时在 Z 轴有个重力加速度，一旦运动起来加速度传感器数据也发生变化；而磁力计是检测磁场的，手机是一直处于地磁场环境中，因此是一直有数据的。

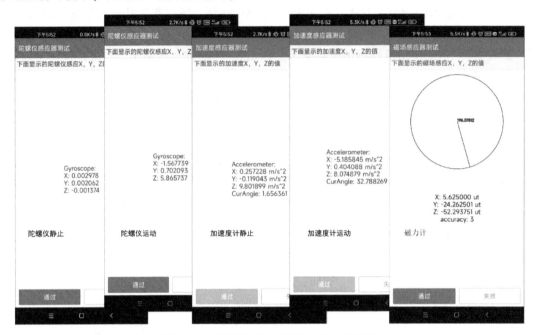

图 5-67　陀螺仪、加速度计与磁力计数据

当前手机都有运动姿态检测，这个功能就可以通过 A+G 模块来实现，通过融合手机、手环的 A+G 数据拟合出人体跑步姿态，进而提醒用户改变步频或姿势实现更健康的运动。A+G 与磁力计的电路并不复杂，如图 5-68 所示，电源是系统电源 VPH 通过 BUCK 降压后再通过 LDO 转换成低噪声电源，需要注意的是：磁力计对布局要求非常高，要重点看护，要远离磁材料，远离大电流等器件，手机位置很小，容易对磁力计产生干扰，因此有的手机厂家往往预留两个甚至三个磁力计的位置，在实际研发测试时，选择干扰最小的位置焊接上磁力计。

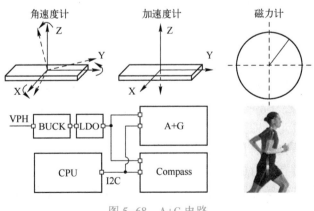

图 5-68　A+G 电路

5.9.2 红外与闪光灯

很多同学可能有这样的需求，想打开空调时却死活找不到空调遥控器，此时如果有支持红外遥控器功能的手机，那么就可以直接用手机红外功能来控制空调了。严格来说红外和闪光灯其实不属于传感器，因为它们不是把物理信号转化成模拟电信号的器件，本书为方便起见，就将这些把电信号转化成物理信号的器件也放在传感器章节了。

红外是个比较简单的功能，电路也不复杂，通过一个开关 MOS 就可以驱动红外灯了，图 5-69 是红外灯驱动电路，有两点需要格外说明，第一点是 PWR 电压要足够高来使得 MOS 充分导通提供足够的电流，第二点是红外信号对实时性要求比较高，控制引脚最好不使用 GPIO 通用引脚。

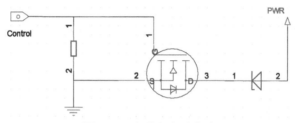

图 5-69　红外灯驱动电路

闪光灯通常有两种应用场景，一种是做手电筒使用，这个特点是亮度、电流稍微低一些，但是工作时间可以维持很久，另一个应用场景是暗光拍照时使用，这个特点是亮度高、电流大，但是工作时间短，就闪一下或者两下，对亮度均匀性要求较高。如果闪光灯亮度不均匀，那么视场范围内的物体也就亮暗不一，图 5-70 列举了几个均匀性的示例，图 5-70a 是偏心，很明显左下角偏亮；图 5-70b 是四角有暗角；图 5-70c 更糟糕，阴影严重；图 5-70d 是合理一些的效果，为了控制均匀性，手机厂商会根据实测照度选择不同的闪光灯灯珠，配合不同的 LENS（见图 5-70e）和结构实现更好的光效，LENS 的纹理、距离灯珠表面的高度，都会影响光效。

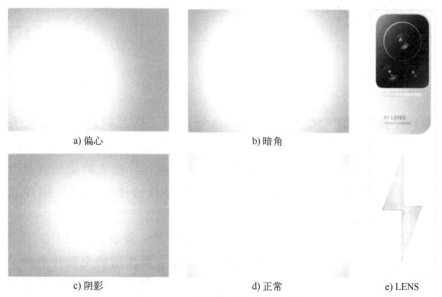

a) 偏心　　　　　　　　　　　b) 暗角

c) 阴影　　　　　　　　　　　d) 正常　　　　　　　　e) LENS

图 5-70　照度效果与 LENS 透镜

闪光灯是由电流驱动的，控制策略是调压调流，这个电流源和第 2 章的弱电流源不同，闪光灯电流源是高电流源，一般是几十 mA 到几百 mA，甚至最高者可超过 1 A，那么这么高的电流就会带来急剧的温升，3C 认证时温度是个非常敏感的参数，因此闪光灯需要在亮度、均匀性、温度和光效之间进行协调，在 PCB 走线中，闪光灯的走线一定要宽，否则走几百 mA 以上的大电流会导致效率很低。

5.9.3 光感与距感

环境光传感器（Ambient Light Sensor, ALS）简称为 L-sensor，距离传感器（Proximity Sensor）简称为 P-sensor，这是两个不同功能的传感器。

L-sensor 顾名思义，是检测环境光线的强度，手机的自动亮度功能中，使用的就是 L-sensor，当 L-sensor 检测到环境光过强时就会增加屏幕亮度，反之就会降低屏幕亮度。

P-sensor 是距离传感器，通过红外 LED 发射红外线，红外线传播到遮挡物体后反射回来，通过分析反射回来的红外线的强度（能量）来判断遮挡物体到手机的距离，一般软件会设置两个阈值（接近阈值和远离阈值），如图 5-71 左图所示，比如打电话时，当接收到反射的能量大于接近阈值时，判断为手机和用户脸部靠近，则屏幕熄灭；当接收到反射的能量小于远离阈值时，判断为手机和用户脸部远离，则屏幕亮屏，这是一种滞回的检测原理。为方便介绍原理，图中能量和距离是线性关系，但实际工程中并不是。

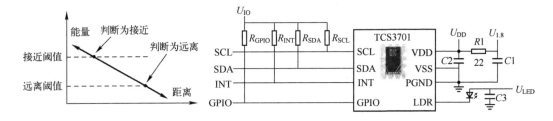

图 5-71 距感工作原理与光感原理图

距感有两个典型的问题是黑发问题和油脂问题，黑发问题是指黑色头发反射率低，导致发射端的能量只有很少一部分反射到接收端，进而误认为没有物体靠近，产生误判。油脂问题一般是指 CG 表面存在皮肤油脂，导致发射端的能量被油脂反射到接收端，进而误认为是有物体靠近，产生误判，这两个问题都要硬件和软件算法去优化。

图 5-71 还引用了光感的原理图，其原理图本身并不复杂，使用 I²C 接口与 CPU 通信，需要格外说明的是：像光感这种结构件，线路上要预留静电防护器件。原理图不难，难的是结构，基于光线的传感器对于结构要求非常高，典型的例子是要避免屏幕的光串入光感，导致采集结果异常，或者引入串扰，这些需要手机厂商下功夫去攻克。

此外，当前传感器中一般都会集成一个高效内核实现复杂算法，这也是非常值得深入学习的一个要点。结构和环境对传感器的性能有重要影响，如以前有国内公司生产的手机，出售到高海拔地区后，结构有稍微形变导致距感功能异常，此时需要重新优化结构来针对性整改。

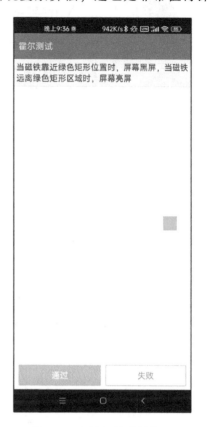

另一个行之有效的距离检测方案是超声波测距，这在3.2.1和5.8.2小节中有过介绍，手机的听筒发出超声波，当超声波遇到遮挡后反射回手机，MIC拾取反射声波，手机就可以判断出遮挡物与手机的距离，图3-6左图中就是采集打电话时手机收集到的音频信息并进行傅里叶分析，可以看到一条超声波谱线，这就是超声波在工作，而关闭通话时不需要距离检测，该谱线就消失，如果前期软件优化不好，超声波功能调试异常就有可能变成人耳可听到的干扰。

还有一种传感器和距离有关，叫作接近开关，也就是我们常说的霍尔传感器，图 5-72 是霍尔传感器在某手机里的位置，图中绿色位置就放置了霍尔传感器，一些具有休眠功能的手机保护壳，在壳上对应位置有小磁铁，当磁铁靠近绿色位置

图 5-72　霍尔传感器位置

处的霍尔传感器时，屏幕就黑屏休眠，当磁铁远离绿色位置处的霍尔传感器时，屏幕就亮屏。

5.9.4　电动机振动器

手机里的电动机是用来产生振动效果的，通过振动与用户进行交互，手机中用的电动机有两种，分别是转子电动机（Eccentric Rotating Mass，ERM）和线性电动机（Linear Resonant Actuator，LRA）。转子电动机是一种直流电动机，顾名思义它有转动的器件，这个转动的器件被称为转子，转子上有一个用来配重的质量块（偏心块），当转子转动时带动配重振动就产生了振感，如图 5-73 所示。

线性电动机中有弹簧、质量块和线圈，当通入交流电时，通电的线圈在磁场中感受到安培力就会带着质量块移动，从而产生振感，它属于交流电驱动，图 5-73 中可以看到 Z 轴线性电动机沿着 Z 轴上下线性运动，X 轴线性电动机沿着 X 轴左右运动。从电动机的驱动波形也可以看出转子电动机和线性电动机的直流驱动与交流驱动差异。

转子电动机最直观的体验是"嗡嗡"振动，早期的手机基本都是转子电动机，体验下来只有"嗡嗡"地振或者不振两种状态，振动手感差、噪音大、反应慢，有一种拖沓的感

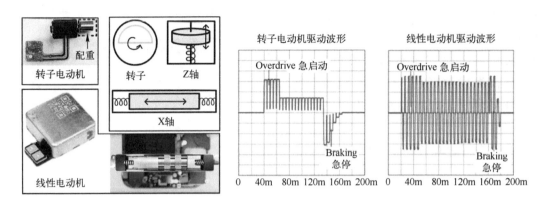

图 5-73　转子电动机与线性电动机的对比

觉，现在一些手环里或者智能手表里用的依然是转子电动机。转子电动机驱动简单，如图 5-74 所示，通过 MOS 就可以驱动一个转子电动机（续流二极管 D4 不可省略）。而线性电动机需要专门的驱动方案，见图中右图，需要一个 H 桥驱动，来提供大功率的交流信号，用于驱动线性电动机产生更丰富细腻的振感。线性电动机驱动电路中还会有一个电感（图中未画出），通过电感将 VPH 升压作为 H 桥的电源，此外，电动机的驱动链路也会产生谐波干扰，需要加一些电容等抑制干扰的器件。

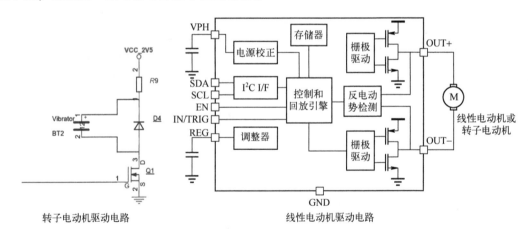

图 5-74　电动机驱动电路

线性电动机的振动强度与内部弹簧的谐振频率息息相关，可控性非常好，可以通过自主定制不同的驱动波形来模拟不同的振动感觉，比如键盘打字、相机快门振动、游戏中的道具振动，甚至根据不同的铃声来产生不同的振动，这个技术称为触觉震动反馈技术，简称触控反馈。有几点需要格外说明，在一些及时对抗、实时性高的游戏中，要求游戏道具（比如机枪射击游戏）发声和振动具有高度的时间同步性，这对音频和线性电动机驱动的链路要求高，需要做到很快的响应，也就是说当手机扬声器发出射击声音的同时，电动机就要根据不同的枪械产生不同的振动，二者延迟要控制在 ms 级别，否则用户就会感受到延迟，体验非常不好。

还需要说明的是线性电动机有个非常重要的参数——谐振频率。线性电动机的振动强度受谐振频率影响。振动强度就是手机振动时给用户的手发力的大小，检测振动强度就是检测手机振动的力，而力和加速度呈线性关系，因此可以通过检测电动机振动对手机产生的加速度来间接测量手机振动强度，图 5-75 左边中间行曲线是电动机振动的加速度，下面一行是驱动波形，只有在驱动波形与谐振频率一致时才能做到最大的振动强度。右图中可以看到，电动机的谐振频率是 175 Hz，驱动频率超过 175 Hz 或低于 175 Hz 时都不能达到最大强度，驱动频率与谐振频率稍微差一点点，振动强度就会大打折扣。

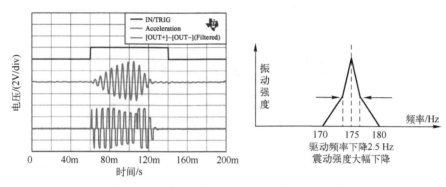

图 5-75　线性电动机的谐振频率与振动强度

手机中的线性电动机虽然谐振频率在 175 Hz 左右，但是不同的电动机之间还是有差异的，而且组装差异也会影响电动机的谐振频率，比如有的电动机是 170 Hz，而有的电动机可能是 177 Hz，此时就不能按照 175 Hz 来驱动线性电动机了，这会导致效率降低、振感减小，这就要求手机厂商对每一个电动机做自谐振频率检测，根据实际检测的频率来设置驱动频率，比如手机厂商在产线检测该手机电动机的谐振频率是 174 Hz，那么就用 174 Hz 的频率来驱动电动机，而不是按照电动机手册中的典型频率值来驱动。

检测谐振频率的功能叫作谐振频率检测或者 F0 检测，有多种方法，一种简单的方法是给电动机一个短暂激励信号，电动机会在激励信号停止后持续自由振动一小段时间，检测电动机自由振动时两端由于电磁感应产生的电信号，这个信号的频率就是电动机的自谐振频率。此外，电动机老化、温度、手机磕碰都会影响到电动机的谐振频率，随着用户使用手机时长的增加，电动机的谐振频率产生变化，此时如果手机还按照出厂的谐振频率来驱动电动机，就达不到最大振动强度，效率低、手感差。为了及时更新电动机的谐振频率，有的手机厂商在手机开机时会再次检测手机电动机的 F0 频率，做到尽量缓解老化带来 F0 差异产生的不利影响，还是相同的方法，在手机开机时给电动机一个激励信号，来检测自由振动的频率，这就是手机开机时会振动一下的原因（兼有提醒用户手机开机的功能）。只有在 F0 频率下驱动电动机，才能以最低的功耗达到最大的振动幅度，效率才高，从这个角度而言，我们经常开关机还是有好处的。

5.10　SIM 卡简述

SIM（Subscriber Identity Module）卡是移动用户所持有的 IC 卡，被称为用户识别卡，它是手机连接到网络的钥匙，如果没有 SIM 卡，那么手机就不能使用运营商提供的各种服务。

现在的手机越来越轻薄，凡是能缩减体积、空间的地方都在被压缩，手机里的 SIM 卡尺寸也越来越小，如图 5-76 所示，目前智能手机中一般使用的是 Nano SIM 卡，只保留了电路部分。SIM 卡其实也是一个小的电路模块，里面也有处理器和存储器，可以用来存储用户的数据，联系人信息就可以存在 SIM 卡里，如果把这个 SIM 卡插到别的手机中，那么新的手机就可以读取到 SIM 卡中的联系人信息，只是这个 SIM 卡中的存储器不大，只能存少量的联系人信息，目前手机中 32 KB 的容量比较常见。

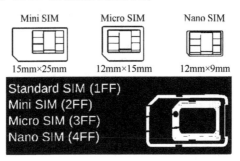

图 5-76　不同尺寸的 SIM 卡

SIM 卡主要有 VCC、RST、CLK、GND、VPP、I/O 这 6 个引脚，如图 5-77 所示，此外，有的卡座还有一个在位检测引脚。早期的手机，SIM 卡不支持热插拔，只有在开机过程中才会检测一次 SIM 卡，所以需要关机后再更换 SIM 卡，而现在的手机都支持热插拔，即开机后可以插拔 SIM 卡，这就需要使用带有在位检测功能的 SIM 卡槽，图中的卡槽内部有一个机械开关，当没有插入 SIM 卡时，开关是断开状态，此时 PRE 引脚被上拉，引脚为高电平，当有 SIM 卡插入时，SIM 卡把机械开关顶到导通状态，此时 PRE 引脚呈现低电平，AP 就可以通过 PRE 引脚的状态来侦测 SIM 卡是插入还是拔出。

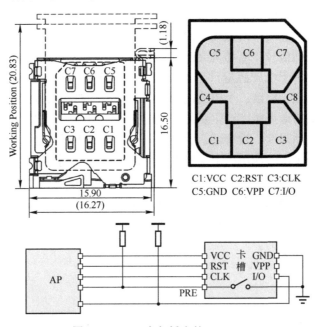

图 5-77　SIM 卡与插座的 Pin Map

SIM 卡入网过程大概如下：SIM 卡插入手机后，手机读取 SIM 卡的 IMSI 并发送到服务器，服务器生成一组随机数返回到手机的 SIM 卡，SIM 卡根据随机数和 Ki 算出结果 SERS 并通过手机又传递给服务器，服务器从数据库中找到与 IMSI 匹配的 Ki，并且也计算出一个 SERS，将两个 SERS 进行对比，如果二者一样则入网鉴权成功，否则失败。

SIM 卡也是有上电时序要求的，这里不做详细介绍，顺便说下，一般情况下，用户使用多年的 SIM 卡，个别情况下 SIM 卡磨损会导致信号异常甚至不识卡，建议使用多年的 SIM 卡可以去营业厅换新使用。此外，SIM 卡的插座容易引入静电问题，因此手机厂商在设计时，会在 SIM 卡的信号路径上放置或预留一些 pF 电容或 TVS，来作为 ESD 保护使用，这些电容要在靠近 SIM 卡插座的位置附近，尽快泄放掉静电，防止影响到手机其他模块。

有一种特殊的数字 SIM 卡——eSIM，指的是嵌入式 SIM 卡，这个卡是直接嵌入手机电路板上的，因此也就不需要实体 SIM 卡，在欧美一些国家，已经逐渐开始普及 eSIM 卡服务。在穿戴式设备方面，eSIM 服务的普及更快一些，比如一些智能手表中就有 eSIM 的应用。eSIM 具有诸多优点，比如如果使用 eSIM 的话，由于不需要使用插槽，在防尘、防水、防静电等方面会具有更好的性能提升，eSIM 是一个趋势，但是有的平台，SIM 通道数量有限，如果既想使用 SIM 又想使用 eSIM，怎么办呢？可以用 SIM 卡开关，图 5-78 是帝奥微电子的 SIM 卡开关方案 DIO1567，该方案可以将一路 SIM 通道拓展为两路，同时兼容实体 SIM 和 eSIM。

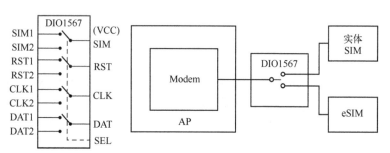

图 5-78　SIM 开关

5.11　EMC 基础

5.11.1　静电耦合与磁场耦合

不管什么电子产品，EMC（Electromagnetic Compatibility，电磁兼容性）始终是其需要面对的问题，EMC 分为 EMS（Electromagnetic Susceptibility）电磁抗扰度和 EMI（Electromagnetic Interference）电磁干扰两部分，一个是评估产品自身稳定性的，指的是抗干扰能力；另一个是评估产品对外噪声水平的，指的是产生干扰的强度，都是产品质量的重要指标，本文以手机为例，介绍 EMC 的基本原理以及常见解决措施，有助于指导工程师布局、走线并解决实际 EMC 问题。

万事万物皆有干扰，有干扰就有抗干扰，解决 EMC 问题有 3 大方向，围绕这三大方向，可以衍生出非常多的解决措施，这 3 大方向分别是干扰源、干扰传播路径和被干扰受体。

世界上没有无缘无故的爱，也没有无缘无故的恨，电磁干扰有多种干扰源。按传输方式可以分为辐射干扰和传导干扰，辐射干扰是指电子设备产生的干扰通过空间耦合到另一个电网络或电子设备，传导干扰是指电子设备产生的干扰信号通过导电介质或公共电源线互相产生干扰。通常而言，高频更容易辐射，因此常说高频辐射，低频传导，干扰源产生的干扰影响到接收电路，进而引起系统异常。

1. 电场耦合

电场耦合（也叫静电耦合）对电场敏感，一般电压大电流小，其简化模型如图 5-79a 所示：干扰方和受害方之间通过电容耦合，电容两端电压变化时会产生电流，干扰方产生的电场会通过电容（如 PCB 走线 pF 级别的电容）作用于受害方，进而在受害方产生噪声，这就是静电干扰。

那么缓解电场耦合引起的干扰有哪些手段呢？

1）增加间距：干扰方和受害方距离增加，这可以减小耦合电容，进而来降低干扰。

2）缩短耦合长度：减小两条走线平行部分的长度，相当于减少并联电容，进而降低耦合电容引起的干扰。

3）静电屏蔽：金属接地屏蔽，隔离干扰方和受害方，如图 5-79b 所示。

4）降低干扰源电压。

5）在干扰源源端滤波。

2. 磁场耦合

有爱必有恨，有电容就有电感，二者是对偶器件，同样的，磁场与电场也是密不可分的。磁场耦合是基于感性的耦合，电压小电流大，当导线流过电流时，会产生磁场，磁场会通过互感作用于受害线路，进而产生干扰，这就是磁场耦合，如图 5-80 所示。如果受害方阻抗大，那么产生的干扰也会变大，这就是高阻抗电路更容易接收噪声的原因之一。

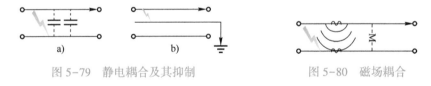

图 5-79　静电耦合及其抑制　　　　　图 5-80　磁场耦合

那么缓解磁场耦合引起的干扰有哪些手段呢？

1）增加间距：增加间距可以减小互感系数，来降低干扰。

2）缩短耦合长度，临层垂直交叉走线：减小两条走线平行部分的长度，临层 PCB 走线时可以选择垂直走线，这相当于减少了互感。

3）电磁屏蔽：通过金属板涡流阻断磁场，可以不接地，如果金属板用于回流，则接地，在 PCB 走线中，通常都是做接地处理。

4）降低干扰源电流。

5）在干扰源源端滤波。

5.11.2　天线效应电磁耦合

电场耦合和磁场耦合对距离很敏感，属于近距离干扰，增加距离可以大幅降低干扰，但是无线电波的干扰，属于远距离干扰，对距离并不是很敏感。天线可以产生无线电波，天线可以分为偶极子天线和环形天线两种，如图 5-81 所示，这些天线既可以发射信号，又可以接收信号（拾取噪声），因此，作为发射天线时，我们要尽量避免天线干扰别的模块；同时，也应尽量避免内部 PCB 走线设计产生无用的天线，导致拾取到无线电波干扰，这就是 PCB 走线时要删除孤立导体或走线的原因之一。

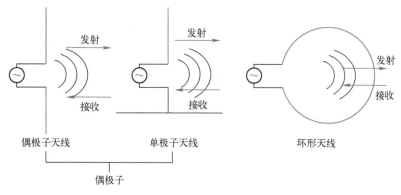

图 5-81　两种天线

偶极子天线对电压敏感，环形天线对电流敏感。

1. 偶极子天线

什么是偶极子呢？偶极子一般指相距很近且符号相反的一对电荷，通俗点讲就是距离很近的两个导体，当通入交变电场时就有可能产生无线电波，反过来也可能会拾取到空间中的无线电波，这两个特殊的导体就构成了一对偶极子，在一些科学研究中，科研人员会使用两根导线，只有尖端部分露出金属导体并且靠得很近，表面其余部分绝缘，导体通入交变电场来模拟偶极子，如图 5-82 所示。

对于偶极子而言，长度为 1/2 波长时更容易发生无线电波，比如对于 750 MHz 的信号而言，信号被发射到

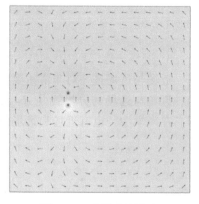

图 5-82　电流密度分布

空中后的速度为光速 3×10^8 m/s，波长就是 400 mm（速度＝波长×频率），波长的一半就是 200 mm；同样地，如果频率更高，那么波长就更短，偶极子天线长度也就更短。在天线前面加入 LC 滤波器，既可以抑制高频谐波降低 EMI，又可以做阻抗匹配实现最佳发射功率，如图 5-83 所示，反过来，我们在走线时也要避免出现单独线头，这种线头可能成为发射或接收天线。

2. 环形天线

很多基于法拉第电磁感应定律的磁场检测设备，就是使用探查线圈来拾取磁场，这种探查线圈就是一种环形天线。环形天线既可以发射电波又可以接收电波，降低发射环形天线的面积，是降低干扰的有效方法之一。PCB layout 时要缩短走线长度，如图 5-84 所示，避免形成发射或接收的环形天线，有的时候尤其是电源走线，电源网络容易绕成一个大圈，如果电源输出大电流或者电源比较脏，就有可能辐射出干扰。

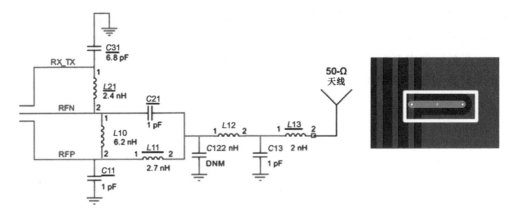

图 5-83　天线滤波网络与 PCB 走线

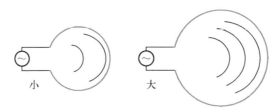

图 5-84　环形天线

3. 近场与远场

　　近场与远场是一对非常重要的概念，对于指导我们优化 EMC 有重要作用，如图 5-85 所示。近场与远场的分界线是 $d=\lambda/2\pi$，λ 是波长，当距离小于 d 时是近场，大于 d 时是远场。在声学中，也有近场和远场的概念，很多知识都是相通的。

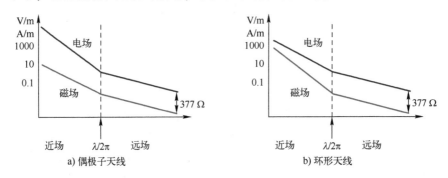

图 5-85　近场、远场示意图

　　偶极子附近电场比较强，电场随距离衰减更快，波阻抗比较高（波阻抗是特定位置处电场与磁场的比率）；而环形天线附近磁场比较强，磁场随距离衰减更快，阻抗随距离增加而增加，如图 5-85 所示。但不管是偶极子天线还是环形天线，在远场范围内，电、磁场随距离衰减速度一致，此时的波阻抗为 377 Ω，这是重要的参数，后面会用到。

　　有必要拓展下图 5-86 的内容，比如开关电源的开关频率往往只有几十 kHz 或几 MHz，比较低的基频为什么会在高频产生 EMI 干扰呢？这是因为开关频率虽然很低，但是它具有丰富的高次谐波，频率越高波长越短，很短的走线就可以作为天线辐射出噪声，从图中可以看到波长越短，越容易形成远场辐射干扰辐射出来，而频率越低，则波长越长，就需要更长的走线作为天线辐射出噪声。类比下 BUCK 拓扑电源中，开关电流环路所产生的高频磁场，会在远离 $\lambda/2\pi$ 的空间逐渐转变为电磁场，进而产生辐射干扰。因此优化电源布局、PCB 走线、电源滤波甚至加屏蔽罩抑制辐射是很有必要的 EMI 应对措施。

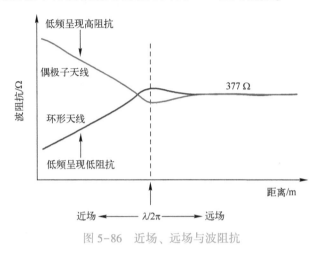

图 5-86　近场、远场与波阻抗

4. 空间传导噪声抑制

对于静电耦合和磁场耦合噪声的抑制方法，前文已经介绍了，这里不做赘述，现在介绍屏蔽材料对电波辐射干扰的抑制，也叫作电磁屏蔽。

屏蔽效果可以用 $SE = R+A$ 近似表示，R 表示反射损耗，A 表示衰减损耗，R 和 A 越大表示屏蔽效果越好。图 5-87 中反射损耗 R 是利用阻抗不匹配，将噪声反射，来抑制干扰，和阻抗非常相关，记不记得上文的 377 Ω？一会就会用到。而衰减损耗是利用高频趋肤效应来衰减电磁波，和屏蔽材料、频率有关，屏蔽材料通过反射和衰减的共同作用可以抑制空间噪声干扰。

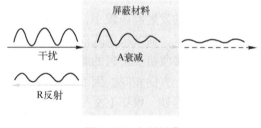

图 5-87　金属屏蔽

前文提到过远场波阻抗是 377 Ω，通常情况下，自由空间的波阻抗比金属材料的阻抗要大得多，铜板、铁等屏蔽材料是高电导率材料，其阻抗非常非常小，与自由空间波阻抗 377 Ω 相差几十万倍。远场波阻抗与屏蔽材料阻抗差距巨大，产生反射，因此单看反射系数，就可以达到 100 dB 的衰减效果。如果使用导电率更高的材料，反射损耗就更多，屏蔽效果就越好。

如果使用更厚的材料，衰减损耗也会增加，屏蔽效果也就越好。从图 5-88 可以解读出，相同频率时，铁比铜趋肤深度更小，材料可以更薄，即：由于铁的磁导率高，衰减损耗更大，衰减损耗引起的抗干扰效果更好，需要的屏蔽材料比铜更薄一些。

但是，不管铁、铜还是铝，趋肤深度都随着频率的降低而增加，如果频率很低，那么趋肤深度就很大，抑制低频干扰需要非常厚的屏蔽材料，此时使用高磁导率的铁等材料屏蔽效果更好，低频时是以铁类的趋肤深度最低，可以优先考虑。常有人说"高频干扰屏蔽电场，可以选用较薄材料；低频干扰屏蔽磁场，使用较厚材料"就是这么来的。

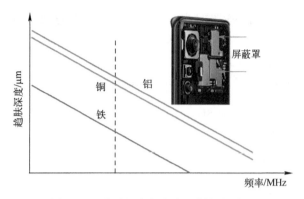

图 5-88　趋肤深度与频率、材料的关系

5.11.3　差模干扰与共模干扰

差模干扰是两条线的噪声，这两条线上的电流大小相等，但方向相反，如图 5-89 所示。如果电流方向相同，这种模式就称为共模干扰。

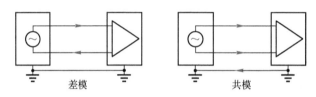

图 5-89　差模干扰与共模干扰

差模干扰的发射噪声较小，因为电流反向相反，大小相等，使得电场耦合磁场抵消，对外的噪声就小了，而共模模式的干扰就大于差模干扰。我们经常说差分信号抗干扰能力强，这是因为作为接收机，信息的载体是接收器两个端口的差值，共模干扰对于两个接收端口而言，大小相等、方向相同，因而做减后共模干扰基本就被消除了。

一对差分信号，根据上文分析，基本不会产生太大差模干扰。但是差分信号不对称性容易产生共模干扰，如图 5-90 所示，第一列的一对差分信号具有相位偏差（时间偏差），会转换出共模成分，因此差分信号线要控制等长，比如 MIPI、USB 等走线；第二列是差分信号幅值有差异也会产生共模干扰；第三列是差分信号上叠加有共模噪声，接收端会感应到这个共模干扰。在 PCB 走线时，伴随地线和临层参考平面除了用来控制阻抗外，还用来进行屏蔽，保证信号传输环境的一致性。注意：差分信号走线中，保证环境一致性非常重要，比如一对差分信号，如果其中一根线打了过孔而另一根线没打，那么就会产生走线差异，再比如其中一根线附近有一根别的平行信号线，而另一根附近没有信号线，那么也会产生环境差异。

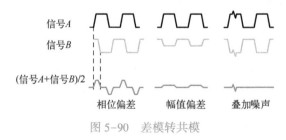

图 5-90　差模转共模

5.12　手机设计实战案例讲解

5.12.1　实战讲解：五个 PCB 布局攻略

好的布局实在是太重要了，它决定一个项目的成败，甚至一个公司的生死，一个优秀的 PCB 工程师一定要有统领全局的能力，在布局时就考虑到各模块可能存在的干扰、走线之间隐藏的冲突、应力敏感区域大致分布、工厂生产可制作性风险，甚至在规避这些风险的基础上进一步优化 PCB 布局走线来降低生产成本，比如 PCB 降阶（0 阶指的是可以任意打孔，成本高；降阶就是减少过孔种类，成本低），这就对 PCB 工程师提出更高的能力要求。能力更好的，在前期布局时，就已经可以预测出生产、贴片、实测时会存在的具体问题，这需要丰富的项目经验，扎实的理论基础，再辅之以强大的仿真和实测验证，如此，方可称为一名优秀 PCB 工程师。

曾看到过非常努力的工程师，但是没有摸对门路而走了多年弯路，实在是一种可惜。如果画了多年的板子，没有达到上述能力，就一定要反思自己，是不是机械性地布局、走线，能不能做到每放一个器件就知道对周围的器件会不会有什么结构或者电气影响，这样的布局会不会有 EMI 问题，能不能干扰到模拟电路，是否会给音频 MIC 或耳机带来干扰，或者是否会拾取噪声。如果做不到，一定要反思自己的学习思路，重新审视自己的工作，拓展眼光，去做一些 PCB 仿真和实测，形成布局-走线-仿真-修改，再布局-再走线-再仿真-再修改，完成闭环设计流程，如此才能进步。

一定要清楚地认识到，工作是工作，学习是学习，二者既有统一的一面，也有对立的一面。对立的一面指的是，很多时候，项目本身不需要工程师搞清楚具体细节，只要工程师按部就班完成就可以了，甚至是忽略技术细节而更强调业务流程，它不需要你花时间去研究具体原理，只要你及时完成（复制）工作内容就可以了，看似简单但是烦琐，因此有很多工程师整日忙于各种材料流程而忽略个人技能提升。工程师没有搞清楚细节，板子也能工作，毕竟从项目的角度来看，重点是依据历史项目快速可靠地完成工作。这一点大公司尤甚，大公司有雄厚的技术实力，也有完整的流程，而且分工很细，只要按照流程来操作就不会有大问题，工程师很容易被这些流程局限住而忽略了个人技术成长。而小公司技术实力稍逊一筹，往往板子、电路虽然能工作，但是却没人能说清楚背后的具体原理或者可能存在的风险，我在面试时已经遇到过无数这样的例子。如果个人没有意识到工作和学习存在的隐藏冲突，那么就容易被这种机械性的工作内容蒙蔽了双眼。

当然工作和学习也是统一的，当意识到二者存在对立面之后，我们就可以反过来利用工作来学习，进而提升自己，比如你所做的内容，公司内部各种测试标准，我们不能做完事情就完了，要依据工作内容多思考，这些测试如果没通过的话会产生什么样的影响？为什么加一些莫名其妙的测试？当初是哪个项目存在的什么问题而加的这个测试？上述问题属于技术方面，我们把眼光放高一些，为什么项目周期指定为 6 个月？业内友商是几个月？在指定周期内你们在干什么，其他部门在做什么？如何预测并把控不同部门的风险？哪些是冗余环节而哪些又是有待提高的环节？进一步地：为什么他做项目管理？而另一个人做研发管理，公司需要什么样的人在什么样的位置？

只要思维一打开，就会发现工作处处都是学问，在意识到不足后，方能有学习的方向，所谓向上看两层，向下看两层就是这个意思，而我总结为：**深入一层看技术，上升一层看方法**。

回到章节本身，虽然不同部门都会对 PCB 进行仿真，这也不意味着 PCB 工程师只要机械性地听其他部门安排就可以了，这会进入职业发展死角，一定要先有自己的想法，然后一边和各部门交流一边布局走线，一边仿真一边修改，接下来我列举几个实际的例子来给大家带来一点启发。

第一个例子是射频功放与音频布局风险，图 5-91a 中可以看到，大功率射频 PA 的地线和 Codec 的地线有重叠部分，也就是说音频 Codec 在大功率 PA 的回流路径上，那么大功率 PA 工作时可能会引起回流路径地线电压波动，这个波动就被路径上的 Codec 感应到，进而有音频风险。如果把 Codec 挪开一些，与 PA 的回流地没有重叠，那么这个风险就会小很多。如果前期布局时没有注意到这个风险，一旦后期 Codec 受到干扰，那就非常难排查，项目后期时间非常紧也更难修改板子，因此前期布局时最好就规避这个问题。如果 PCB 工程师只听射频工程师的布局建议，则会忽略 Codec 的布局；而如果只听 Codec 工程师的建议，只移开 Codec 却不了解背后的原因，那么后续项目依然可能产生有类似的风险。

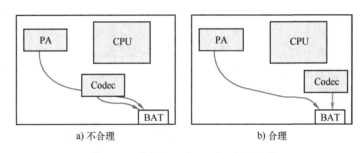

图 5-91　射频 PA 与 Codec 布局风险

第二个例子是充电与温控的风险，现在的手机充电功率越来越高，其中温度是个非常重要的管控参数，温度过高不仅有安全风险还会降低电池寿命，甚至会影响电路一些性能，因此手机厂商需要想方设法来散热。图 5-92 是采用双充电 IC 的布局方案，图 5-92a 是把两个充电 IC 一个放在顶层另一个放在底层，位置重叠，这导致热量非常集中，难以散出去，导致充电时手机温度高容易限制充电功率，而图 5-92b 是把两个充电 IC 分开布局，位置分散，那么也就更容易散热。

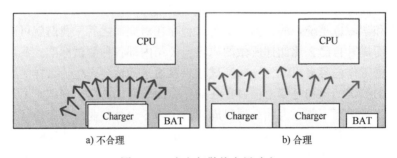

图 5-92　充电与散热布局冲突

第三个例子是 CPU 的 PDN 电容，前文已介绍 CPU 的电源分配网络上会放置大量的电容来优化阻抗，为 CPU 提供干净可靠的电源，最常见和有效的做法是把电容就近放在 CPU 背面进行布局，图 5-93 是 CPU 的 PDN 电容实际布局图，正面是一颗 CPU，在 CPU 背面放了大量的电容，而且我们可以看到，在非常小的空间内，为了提高 PDN 性能，图中放置了大量的三端子电容。

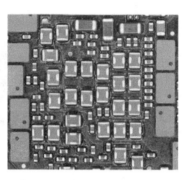

图 5-93　CPU 的 PDN 电容

第四个例子是易碎封装芯片，有的芯片非常脆弱对外力很敏感，在维修或研发过程中使用镊子轻轻一夹或者轻微跌落就有碎裂的可能，比如 WLCSP 封装的芯片，这种芯片从外观看起来亮晶晶的，如图 5-94 所示（图中的芯片是一款 PMIC，周围有大量的电感和电容），芯片表面看起来反光，在焊接、拆卸和布局时要注意，不能放在受力筋区域或易形变区域，在布局后，需要对电路板进行应力仿真、实际的跌落测试，进一步排除受力区域规避芯片易碎风险，防止手机在日常使用中轻轻跌落而出现异常。

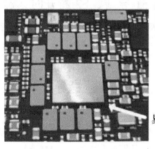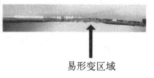

易形变区域

易碎芯片

图 5-94　易碎芯片及其布局

第五个例子是连接器附近的器件布局，在手机生产过程和售后维修过程中，难免需要插拔连接器，操作人员用手扣连接器这个器件时，如果连接器周围有比较高的小器件，就很容易被碰掉，哪怕是一个小电容也不行，电容掉落后使得滤波功能有折扣，而且电容落到别的地方可能会引起电路短路，有必要对产线和售后操作人员进行装配手法的培训。图 5-95 中白色框内的几个连接器周围布局都很干净利索，不会有什么风险，如果在红色框内放一个 1 mm 高的小电容，那么从下往上扣连接器时，这个小电容就可能被碰掉。以前遇到过一些计算机，电池连接器附近放了一些高度或体积不适的电阻和电容，导致在维修插拔电池连接器时损伤了这些电容电阻而使得电脑无法正常开机。

以上介绍的是一些常见的布局注意事项，实际项目中还有很多布局规则，篇幅限制，这里没办法展开讲解，各位同学在工作中要多留心多观察，多积累，多发现布局背后的原理。

图 5-95　连接器周围器件布局

5.12.2　实战讲解：DCDC 开关电源电容布局重点

本节介绍开关电源的布局，BUCK 降压和 BOOST 升压等开关电源的工作原理在第 2 章已经有过详细的介绍了，电源的输入、输出电容以及电感要紧挨着芯片布局，以降低 EMI 等问题，通常开关节点位置 SW 处产生的振铃，很大概率都是布局、布线不合理引起的。如果输入输出电容布局冲突的话，对于 BUCK 而言优先保证输入电容靠近 IC（输入回路），对于 BOOST 而言优先保证输出电容靠近 IC（输出回路），**知其然更要知其所以然**，那么这里就需要深入思考一下：为什么 BUCK 要优先考虑输入电容布局？

以图 5-96 为例，根据 2.1.1 小节的介绍，BUCK 开关电源在一个开关周期内有两个工作状态，分别对应两条电流回路，状态 1：当 S1 导通、S2 断开时，形成图中红色的环路面积 1，Ci->S1->L->Co，流过红色面积 1 的电流 $I1$ 是离散的脉冲式电流；状态 2：当 S1 断开、S2 导通时，形成图中蓝色的环路面积 2，L->Co->S2，流过蓝色面积 2 的电流 $I2$ 也是离散的脉冲式电流。注意：在这两个状态内，流过各自环路面积的电流都是离散电流，但是面积 1 和面积 2 有重叠的部分，面积 2 即为重叠的部分，这导致了状态 1 和状态 2 的总电流（电感电流 $I_L=I1+I2$）却是连续的三角波电流。因此，面积 1 的电流变化速度 dI/dt 将远大于面积 2，所以面积 1 存在更多的高频噪声，这些噪声很可能辐射出来产生 EMI 问题，这就是 BUCK 要优先将输入电容靠近开关，来缩短环路面积减少 EMI 问题的原因。

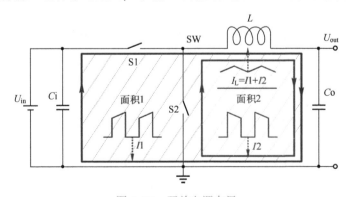

图 5-96　开关电源布局

关于环路面积，在 4.1.2 小节还有一点补充，面积 1 下面铺地平面会进一步降低环路面积（环路电感），会更好地抑制 EMI 问题。此外，一些电源还有 sense 引脚（或者是 FB 引脚），这个引脚的走线要注意保护，避免被其他信号干扰，如果有干扰的话有可能使得电源不能正常工作。

5.12.3 实战讲解：相机受干扰分析与解决方案 ▶

对于 PCB 布线工程师而言，除了丰富的经验之外一定要有扎实的理论基础，信号完整性和电源完整性是看家本领，否则即使走线工具用得再熟练也无济于事。想长经验，一定要多做项目，多研究如何提高布局走线质量，多做仿真，踩几次坑后，才能合理规划布局，清楚地知道每一条走线产生的影响，只有做到这种闭环设计才能胸有百万雄兵。否则，即使画一千个没有完整约束的板子，也比不过画一个高质量的完整板子收获多。

5-1 相机
受干扰

本节分享一个和模拟电源有关的案例。

手机上有上千个元器件，上千条网络，近百路电源，在小小的板子内要压缩进射频、天线、模拟、高速、PDN、充电、音频等走线是非常艰巨的一项工作。这么多的工作内容，一个人无法在短期内完成，这就需要有强大的团队进行支持，在不同的研发阶段从不同的角度进行多次审核测试。

事情发生的背景是项目中后期相机画质达不到内部标准。如果站在用户角度看，就是暗光拍照有噪点，如图 5-97 所示，为了示意噪声，图中做了加噪处理，实际工程中一般不会有这么大的噪声。我们需要知道相机的电源构成，这在 5.7.1 小节有详细介绍，对画质敏感的是相机的模拟电源，那么分析就从先模拟电源入手。定位方法并不复杂，如图 5-98 所示：断开相机在主板上的电源走线，靠近相机连接器用外置电源单独供电，则成像正常；摘除相机电源模块，用外部电源代替电路板上的 Power 电源，则成像异常，那么结论是相机的模拟电源走线大概率受到干扰，这个干扰被相机感应到进而对成像画质产生影响。

图 5-97　相机画质异常

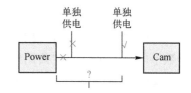

图 5-98　相机画质异常分析思路

所以，画质异常问题的分析就转化成了：相机模拟电源哪里出了问题？

模拟电源向来是比较敏感的，也是布线工程师和基带工程师重点看护的对象，笔者猜测，很有可能是电源走线临近部分有大电源或信号干扰，果然，模拟电源中间有一段走线，左边紧挨着一块大电流的 BUCK 电源平面，BUCK 工作时的干扰耦合到了相邻的相机模拟电源走线，进而对相机画质产生影响，这个干扰太小，普通电气测试无法发现，受到干扰后的画质类似于图 5-97 右图。

为什么这个问题前期板级测试没查出来呢？世界上没有绝对安全的系统，电信号干扰非常小，这个干扰在基带工程师板级测试时，用通用测试设备是看不到模拟电源上这个干扰的，但是却会对画质产生影响，因此到了中后期整机画质测试时才会被发现，一个人哪怕再仔细也会有遗漏的地方，对板子检查的次数太多，走线又频繁修改，很容易陷入惯性思维。此时，一套完善的研发流程可以彰显其价值：即使 PCB 布线工程师没有发现问题，也有基带、射频等工程师进行二次审阅，如果二次审阅没有发现问题，也会有模块负责人进行模块测试，对问题再次拦截，一直到整机测试再次拦截问题，在多重把关下，问题就容易暴露出来，然后再对其进行整改优化。

那么怎么修改呢？最好的解决办法是直接移动电源走线，但是由于手机内的空间太小，捉襟见肘，牵一发而动全身，这一方案难以实现。可以选择使用地线进行隔离，修改过程如图 5-99 所示，黄色高亮的走线是相机的模拟电源。图 5-99a 是整改前，模拟电源左边有大块的紫色 BUCK 电源平面，电源的干扰易耦合入模拟电源。图 5-99b 是整改之后，在左边的紫色电源平面和右边黄色的模拟电源中间，插入一条地线进行隔离，整机回来后测试正常。

 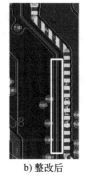

a) 整改前　　　　b) 整改后

图 5-99　PCB 走线修改

5.12.4　实战讲解：模拟电路走线攻略，为什么有主地?

本节详细介绍一个 GND 的走线原理，在手机领域会影响相机画质、音频性能，在模拟电子或医疗领域会影响生物电信号采集信噪比，如果不理解背后的原理，只会复制原理图或 PCB 的话，往往达不到电路的最佳性能。

地平面在 PCB 中，通常有三种作用：回流、控制阻抗和屏蔽。

本节介绍的案例和回流相关，地线上的电压波动会影响到对噪声敏感的模拟电路。图 5-100 是一种地线走线示意图，数字电路和模拟电路的 GND 最终都要汇聚一起和电池的地连接，也就是说数字电流 I_d 和模拟电流 I_a 最终都要汇集在一起到达电池地，那么这两路电流 I_d 和 I_a 就有公用地线部分，如图括号部分所示。一般而言，数字电流 I_d 的波动是比较剧烈的，而模拟电流 I_a 的波动略小，而且模拟电路抗干扰能力弱。数字电流 I_d 的波动在共用地线部分会引起电压波动 ΔV，这个波动就会被模拟电路感应到，进而引起信号质量下降，比如共用地部分的电阻是 $20\,\mathrm{m\Omega}$，而数字电流 I_d 波动是 $1\,\mathrm{A}$，那么引起的电压波动 ΔV 就是 $0.02 \times 1 = 0.02\,\mathrm{V}$，这个 $20\,\mathrm{mV}$ 被模拟电路的放大器感应到将会以噪声形式出现，这就是地线阻抗大的后果。

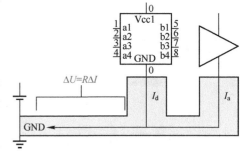

图 5-100　不好的地线走线方式

缓解的方法如下：调整布局、减小地线的阻抗、缩短模拟电路和数字电路共用地线、把模拟电路和数字电路通过磁珠或 $0\,\Omega$ 电阻隔离进一步压制干扰，如图 5-101 所示，假如数字电路电流波动不变，依然是 $1\,\mathrm{A}$，共用地的电阻降低到 $2\,\mathrm{m\Omega}$，此时数字电路在共地部分引起的电压波动只有 $0.002 \times 1\,\mathrm{V} = 0.002\,\mathrm{V}$，比上面的 $20\,\mathrm{mV}$ 小了很多，同时，有磁珠的存在还会进一步压制这个噪声，以提高模拟电路的信噪比。直观地说就是：不管数字电路的地怎么跳动、地噪声有多大，都影响不到模拟电路的地，这也是 3.6.2 节缓解蓝牙干扰的处理方式之一。

正是基于上面的介绍，所以一般电路板都会进行大面积的铺地，减小阻抗，增加回流能力。上面介绍的是地线的处理，对于模拟电路和数字电路共用电源的处理也是类似的方法，不过通常而言，不建议模拟电路和数字电路共用电源，一般数字电源功耗比较高、噪声大，通常用到的是 DCDC 开关电源，而模拟电路对噪声敏感，一般用 LDO 电源。

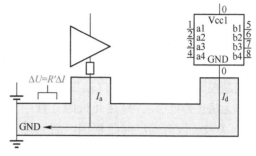

图 5-101　优化后的地线走线方式

有的人不建议在主地上打大量的其他电气属性的孔或者是走线，产生通常所说的支离破碎的地，这样容易增加地线的电阻（或阻抗），甚至是有隐藏的阻抗瓶颈存在被工程师忽略而引起严重的问题。比如图 5-102 高亮的红色铜皮，两块白色方框内的铜皮看起来面积不小，但是，其实这两块地的连接仅仅只有绿色部分窄窄的一条，这里就是阻抗瓶颈，为了避免这个阻抗瓶颈给电路回流地带来影响，可以在临层再铺铜，通过过孔把本层的地和临层的地连接在一起，这么做不但本层窄铜走电流，还有临层铜平面走地电流，相当于对窄的地线并联铜皮来减小地阻抗。

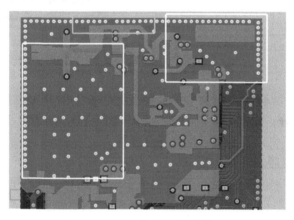

图 5-102　地平面上的阻抗瓶颈

上面提到的仅仅只是直流电压波动，对于高频数字电路而言，电流的波动更复杂，含有非常丰富的高频电压或电流噪声，此时就要考虑频率这个参数了，围绕频率这个参数，就要考虑地线的寄生电容或寄生电感等参数，这在高端 CPU 中就格外重要，PCB 走线要求更严格，这就是电源 PDN 设计的意义，在 5.6 小节的 PDN 部分有更详细的介绍。

上文介绍的是地线用作回流降低阻抗，地线用来屏蔽也是非常常见的处理方式，在模拟信号采集中是常见的屏蔽方式。

5.12.5　实战讲解：EMC 电容对手机串口的影响

有人戏称：研发的过程就是填坑的过程，本节分享下曾经在产线遇到的一个问题，技术上不复杂，这里主要强调心态、团队互助与协作。出差去产线支持是硬件工程师的家常便饭，一次笔者出差，解决了自己项目组的问题后在办公室休息，突然刷到产线大群，有兄弟项目组的同事喊人借用串口线，好像是串口出问题了，恰好我手里有一根。

过去后看到同事愁眉苦脸坐在车间小桌子旁，激起他们喜悦的不是我的到来，而是我手里的串口线。换了我手里的串口线后，问题依然没有得到解决。

我了解下经过，是产品 Modem 模块出现异常导致机器无法开机，如果想要分析 Modem 的问题根因，需要通过串口输出的 log 进行分析，但是破船又遇打头风，偏偏串口出现异常，无法正常吐 log，只在开机的几秒中 log 正常，随后全部乱码，试产中首批验证的板子 100%失败，没有锁定问题根因，后面几千片试产板子就不能随便 SMT 贴片，一直卡在产线，耽误的每一分钟都是白白增加的研发成本。

当前的主要问题是解决串口异常。

串口线路非常简单，如图 5-103 所示，串口 TX 从 CPU 出来，经过 BTB（Board-to-Board）到达 TYPE-C 小板，再经过小板上的开关到达 TYPE-C 接口，最终经过串口线连接到电脑上，这么简单的线路怎么会出问题呢？

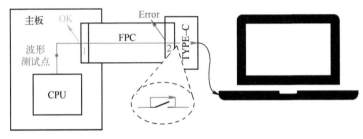

图 5-103　串口线路

同事把 TX 线路上所有的东西全拆了，甚至把小板上的开关也拆除了，线路直通，见图 5-103 蓝色路径部分，相当于串口的 TX 是从 CPU 直连到 TYPE-C 的，可还是异常，交叉验证换了电脑，换了串口线，问题没有任何进展。

多说无益，看图说话。

我看了下示波器 UART TX 波形，波形类似于图 5-104b，我心里一惊：这充放电有点像有容性负载。

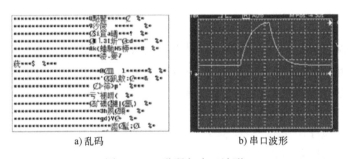

a）乱码　　　　　　　　　　　b）串口波形

图 5-104　乱码与串口波形

我建议同事在主板上飞线测 UART 波形，主板测量波形还是异常的。走线不会有这么大的容性负载，一定要找到哪里来的电容。把主板上测试点波形一直挂在示波器上，拆下主板

FPC 后波形一下子就正常了，这说明问题大概率在 FPC 转接线和小板上。重新组装手机，这次把小板上的 FPC 拆除，波形一下子就正常了，问题初步锁定在小板上。

同事打开设计图样，我们一起仔细检查后，在一个隐秘的角落，看到了一个并联在串口 TX 上的小电容，拆掉这个电容一切正常，就是这个电容导致的。

为什么会并这个电容呢？原来是串口工作时，TX 会影响 EMC，兄弟部门的同事就在这里加了个小电容，那最终应该怎么解决这个问题呢？对于这个问题我们和 EMC 同事都不用纠结，因为串口只在试产时使用，量产时不用，而且硬件上有开关会断开这个通路，皆大欢喜。

硬件的"坑"很多，一线的问题更多，除了扎实的基础，还需要足够的耐心，要胆大心细，按照逻辑一步一步排查问题，有的时候越急反而越容易出错。同时，不同小组之间互相帮忙，抱团取暖才能让整个团队焕发生机，互相帮助是我们部门的优良传统，这才是工程师的工作氛围，是工程师文化，格外多说一句，像本案例这种加电容之类的分工界限比较模糊的地带，发生冲突是正常的，我们应该持有包容的心态来对待，各部门之间要保持及时的沟通，会避免很多问题。

5.12.6　实战讲解：MIPI C-PHY 整改案例

MIPI 测试主要是用示波器的自动化测试软件来完成的，这个过程会遇到各种各样的问题，包括测试人员对软件设置错误、示波器探头的前端和主板连接错误、硬件设计不良、MIPI 软件配置错误等等，这些都可能导致示波器的测试软件报错而无法进行测试，需要测试人员既有硬件基础也要对软件有一定了解。

有些经验丰富的人一眼就能看出来是软件配置问题还是硬件设计问题，比如图 5-105 C-PHY 的异常波形，异常波形前面部分是协议本身内容，波形的幅值是正常的，大约 300 mV，但是却有一小段突然变成了 400 mV，这就是软件配置引起的，因为如果是硬件设计引起的异常，产生的异常波形大概率应该贯穿 HS 模式下 300 mV 部分，而图中的异常仅仅在 HS 和 LP 切换时发生，很可能就是 CPU 和相机传感器（或者屏幕）的时序不匹配导致的，结合图 5-53 下半部分可以看到，异常部分发生在 LP 之前叫作 t_{3-POST} 的一段时间之内，MIPI 协议对这段时间有比较宽的要求，但是实际项目中 CPU 和传感器会有各自默认的参数，并且二者可能不匹配，软件修改参数后，这个异常就可以消失。本书中放了很多 MIPI 的波形，以后实际测试时如果有不确定的地方可以参考本书中的波形图。

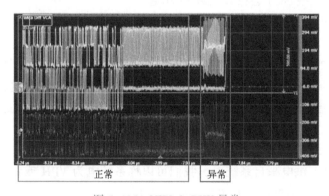

图 5-105　MIPI C-PHY 异常

5.12.7 实战讲解：著名的 TDMA 噪声

多年以后，当我审核手中的音频 PCB 走线时，准会回想起我第一次去听音室的那个遥远的夜晚。当时，听音室非常安静，模拟人头伫立在对面，万籁俱寂。耳朵靠近手机听筒，我第一次听到了来自遥远夜空深处的 TDMA 噪声，"滋——滋——"，音频实验室如图 5-106 所示。

图 5-106　音频实验室

1. 什么是 TDMA？

在手机领域，我们常听到 GSM 这个缩写，GSM 全拼是 Global System for Mobile Communications，翻译为全球移动通信系统。TDMA（Time Division Multiple Access）翻译为时分多址。GSM 就采用了 TDMA 通信技术，它使用 850 MHz，900 MHz 频段，后来又加入 1800 MHz 以及 1900 MHz 频段。TDMA 噪声非常容易影响到音频，但是 TDMA 上百兆赫兹的频率，看似远离人耳听觉范围 20 Hz~20 kHz，它又为什么会影响音频呢？

这就要从 TDMA 的通信方式说起，我们在打电话时，用户并不是一直占用着信道，仅仅是在一个个时隙中进行数据传输，以此降低手机射频的平均功率。但是传输和空闲的切换会引起一连串的突发脉冲，如图 5-107 所示。这个突发脉冲的频率就是 217 Hz（也有的地方称之为脉冲重复频率）。直观地讲，这些 busrt 会在 RF 器件上引起脉冲电流和电压。RF PA 属于大功率器件，如果

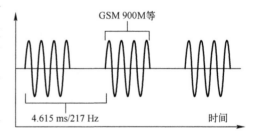

图 5-107　GSM 217 Hz 的突发频率

检测其电流或电压，就会看到明显的 217 Hz 成分，TDMA 制式虽然是上百兆的工作频率，但是突发脉冲的频率是 217 Hz 及其谐波，落入人耳范围内，它所产生的音频干扰，就会被人听到。

它可以通过传导和辐射两种方式耦合到音频线路，比如通过 PCB 板线路耦合入音频线路，也可以辐射到音频线路或者是扬声器本体。本小节介绍一种电源线路上电压噪声波动引起的电容振动噪声，导致整个板子都在振动并发出声响。

2. 肮脏的 VPH！

手机中的 RF PA 供电来自系统电，我们可以称系统电为 VPH 或者 V_{sys}，该电源的电压约等于电池电压，可以说手机中大部分电都间接来自于 VPH，当然 RF PA（射频功放）的电也不例外，因此这路电的特点是电压高（接近电池电压）、电流大（各个模块都从 VPH

抽取电流）、脏（不同模块工作频率不同，不同频率的叠加使得 VPH 纹波非常复杂）、VPH 线路上电容多，如图 5-108 所示。

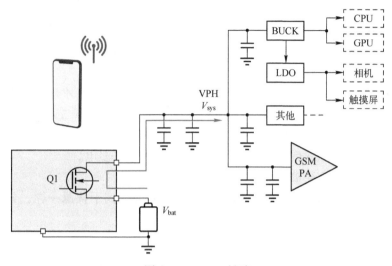

图 5-108　VPH 链路

如果在 GSM 大功率通话时，测试 VPH 的纹波，可以看到明显的 217 Hz 成分，如图 5-109 所示，VPH 上又并联了大量的 MLCC 陶瓷电容，分布在手机主板的不同位置，MLCC 电容具有逆压电效应（参考 1.7.1 小节），当电容两端电压变化时会引起相应的机械形变，进而振动发声，因此 GSM 引起 VPH 电压波动最终会引起电容振动发声。如果把电子听诊器探头抵在电容本体上，会听得更清晰。VPH 的电容分布在主板的各个位置，结果就是整个主板都振动发声。

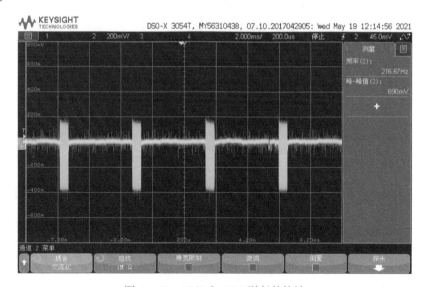

图 5-109　VPH 上 GSM 引起的纹波

那怎么解决 MLCC 电容啸叫呢？关于 MLCC 电容啸叫及其解决方案，1.7.1 节的文章中有过详细介绍，不过，最好就在手机前期堆叠设计中时就充分考虑 TDMA 噪声的隐患，通过优化布局来改善是最合适的方法。

5.12.8　实战讲解：漏电分析过程

用户对于手机待机时间是非常敏感的，有非常多的原因都会影响手机待机，本节介绍几个常用的问题排除方法，不局限于手机，所有的硬件产品研发过程中都可以使用，做设备维修也可以使用。

手机在关机情况下的电流是最低的（当然不插电池的话电流才是最低的，这个大家都知道），但是有的用户发现，晚上睡前手机充满电后关机，结果第二天一开机，手机莫名其妙少了很多电，这就是手机关机电流大。

再或者是手机息屏休眠后，没过多久就发现手机掉了好多电。

这种问题在试产时会经常遇到，那么怎么分析呢？

万事万物总有其起源，就像分析 EMI 问题时我们要找到干扰源一样，分析漏电问题时我们要找到哪里漏电，怎么做最快呢？

答案：拆。

我们假如手机息屏待机正常时是 10 mA 的电流，异常时达到 40 mA，这个怎么分析呢？

先看下手机主要构成，图 5-110 中，手机的各个模块，比如四个相机、屏幕、电池、电动机、USB 小板、扬声器、天线、传感器等模块最终都是连接到手机的主板上，我们可以拆下手机电池，用外置电源（业内称为假电）给手机供电来实时监测待机电流。比如在手机休眠待机时观察到电源给手机提供 40 mA 的电流，那么这个电流就属于比较大的待机电流了，可能是电路某个地方漏电或者是某个模块工作异常没有睡下去，我们需要判断出是哪个模块在消耗额外的电流。

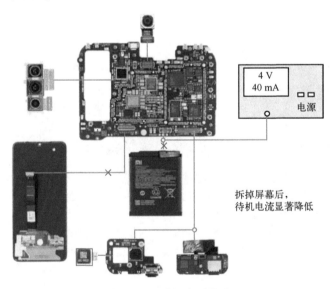

图 5-110　手机主要构成

为快速锁定额外耗电的地方，我们直接逐个拆除模块，相机、小板、USB 排线，一边拆一边观察电流，这基本上是最快的分析方法了，比如拆相机前后手机一直保持 40 mA，而一拆屏幕后发现电流马上跌落成 10 mA，如图 5-111 所示，那么待机耗电异常就和屏幕相关，如果所有的模块都拆除了，只剩一个主板，电流也一直很高，那么就和主板有关，但是问题还没有完全锁定。

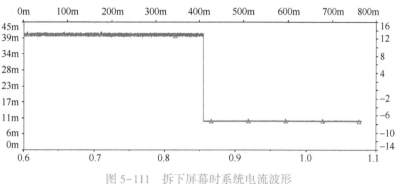

图 5-111　拆下屏幕时系统电流波形

假设问题和主板有关，我们继续可以用热成像仪观察主板，看主板哪里发热，一般发热的地方就是漏电的地方，到此就锁定主板异常耗电的位置，然后根据不同位置来制定相应对策。一个电容导致电源对地短路或是芯片损坏，都有可能导致漏电存在，如图 5-112 所示，图中是我为了示意做的剧烈破坏，实际研发时基本不会发生这么严重的问题，研发工程师都会有相应的对策，降低问题的发生或缓解其影响，比如会在设计过程中进行结构应力仿真，避免易碎器件放置在应力敏感区（受力筋），如果无法通过布局来优化，那么就可以考虑点胶或者加缓冲垫片（一些特殊的芯片是不能点胶的，点胶反而会起到反作用）。

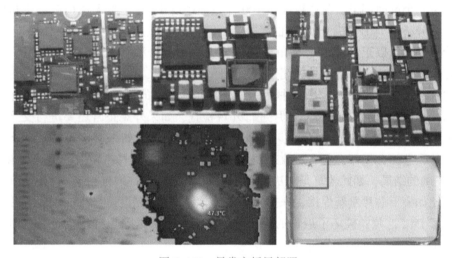

图 5-112　异常主板局部照

假设和屏幕有关，那么就要对屏幕的供电和各引脚信号进行逐一测量，看看到底是哪路电源或信号，没有在休眠时正常拉低，到此才是锁定屏幕耗电异常的位置。

不过目前为止只是发现了问题发生的位置，还没有锁定其发生的原因，我们需要对异常的位置进行深入分析，然后提出整改措施，避免量产时出现不良。对于主板，要判断是电应力导致异常还是机械应力再或者是软件配置导致或者是焊接异常，如果是电导致，那么就要优化电路，如果是机械应力导致那么就需要再深入判断，比如是振动导致，还是装配时碰件导致，如果是振动导致那么就要考虑移动器件的位置了，或者点胶，正如上文提到的那些措施。如果是撞件，那么就需要判断是在什么时候撞件，如果是在组装过程中撞件，那么可能就要优化产线工人装配手法，或者移动器件位置重新布局，比如连接器附件一定范围内是禁止放置高器件的，预留扣手位来避免撞件；对于屏幕，要知道是哪路信号异常导致漏电，以屏幕的复位引脚为例，休眠时软件没有正确配置，RSTN 引脚没有完全掉电，如图 5-113 所示，从 1.8V 缓慢降低为 68.7mV 而不是 0V，参考 5.7.2 节中的屏幕掉电时序，这个就是异常耗电的来源，修改软件配置就可以解决了。

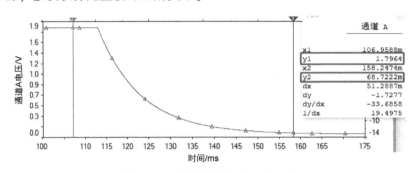

图 5-113　屏幕引脚异常掉电波形

　　这样才算是发现问题、分析问题、定位问题到最终解决问题，形成完整的过程。我们发现问题后一定要想办法提出解决问题的方法，避免以后或量产时再次出现而降低产能，降低手机质量，给用户、售后带来不利影响。

　　这里举一个反面例子，某产线报出 100 片主板中有 10 片主板无法检测到手机的角度数据，工程师分析是 IMU 芯片异常（也就是 A+G 芯片），然后将这 10 片主板换了 10 片新的 IMU 芯片后手机可以正常读取手机角度数据，工程师报告称异常的板子是 IMU 芯片坏了，更换芯片后解决了这个问题，就关闭了这个问题。

　　真的解决了这个问题吗？其实并没有，因为没有充足的证据表明芯片损坏（也可能是焊接问题），最起码要用显微镜对芯片进行外观检查，如果外观正常还要进行交叉验证，如图 5-114 介绍的那样，这样才能初步判断出芯片是否损坏，如果确实是芯片损坏，那么就要深究为什么芯片会损坏，怎么整改来规避这个问题，然后进行批量验证追踪结果，并且得到 100% 正确的结果，如此才算是解决了问题。如果不是芯片损坏，那么就要从其他角度进行分析，比如摘下芯片重新焊接，来排除焊接异常整改焊接过程，现在有的 10 片主板全部都被新换了 IMU 芯片，破坏了最初的焊接环境，也就无法排除焊接异常了，只能等新的不良板子回来后，再进行深入分析。

　　每一台不良的机器，都异常珍贵，要谨慎对待，全面分析。

5.12.9　实战讲解：常见分析维修思路

　　分析、定位、维修电路是硬件工程师的基本工作内容，现场总会出现各种各样奇奇怪怪的问题，我们需要逐步定位问题一个一个解决，来降低故障率、提高产线良率、提高平均无故障时间、减少售后问题，上一节介绍了漏电相关的内容，本节再介绍几个常见分析思路，在手机、平板、计算机等硬件电路中都是通用的。

　　接触过很多公司的不同研发团队，我发现有的团队并没有定位到问题根因就匆忙投板子，说是问题莫名其妙不见了，然后就忽略这个问题，虽然问题不出现了但是并没有定位到根因，这始终是个隐患，万一在售后集中爆发，后果不可估计，本节介绍几个常见的电路问题及其分析整改思路。**再次强调，遇到问题一定要定位到根因，并提出整改措施。**

当怀疑是芯片异常时可以参考图 5-114 进行交叉验证，准备两个板子，一个正常，另一个异常，将异常板子上的芯片焊接到正常板子上，再将正常板子的芯片焊接到这个异常的板子上。如果本来正常的板子，焊接了异常板子的芯片后，也变得异常，同时异常板子焊接了正常板子的芯片后变得正常，那么说明问题跟着芯片走，那大概率就是芯片出了问题。同理，如果交叉后两个板子都正常，那么就大概率是焊接问题。同样地，如果正常板子焊接了异常板子的芯片后依然正常，而异常板子焊接了正常板子的芯片后依然异常，那说明问题跟着板子走，大概率是主板问题。

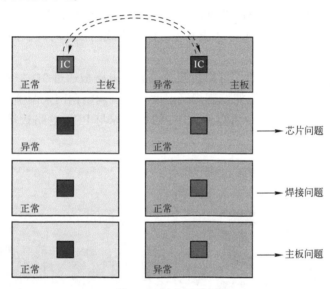

图 5-114 交叉验证

那么像这些问题，通常都有哪些根因呢？又如何修改呢？

（1）焊接不良——短路

工厂在 SMT 时有可能导致局部少量连锡，连锡量不多，因此刚开始使用时系统正常，随着温度升高，或者板子振动，连锡开始影响电路，进而使得电路工作异常。

（2）焊接不良——虚焊

这也是常见的焊接问题，很多同学都遇到过，一些 IC 工作不正常，加焊（也就是重新焊接）后就可以正常使用了，这很可能就是虚焊。

（3）振动导致虚焊

我们的 PCB 电路板在使用过程中难免发生振动，比如手机中的电动机振动、无人机中的螺旋桨振动或者手机日常跌落，这些振动很可能使得元件脱落或加剧引脚虚焊现象，因此在试产时为了排除这些振动导致的异常，手机研发时往往会摔无数台手机，进行跌落测试，筛选出异常手机，分析出问题的位置和原因，进行整改。

（4）振动导致芯片损坏

这个有时在显微镜下就能看得清，可以看到芯片表面有裂痕。

有时表面无异常但是芯片内部却已经损坏了，需要让芯片原厂进行根因分析，所以工程师对于异常 IC 一般是进行外观和阻抗检查，同时负责结构的同学要分析该芯片是否处于应力敏感区域。

（5）芯片烧毁

这个也可以通过显微镜观察到，有时却不行，对于项目进度非常紧的产品，需要芯片原厂和产品双方同步分析问题，从排除自己电路问题与排除 IC 问题两个方向同步进行分析。

（6）假冒芯片

这个不必多说，一流设计厂商与供应商直接对接，不会发生这种问题，而一些小规模公司往往通过第三方甚至是在电商平台购买，这都有可能买到假芯片。

（7）芯片本身有问题

芯片也是有出厂批次的，不同的批次生产环境多多少少会有差异，有可能这批次芯片本身就有问题，也有可能 IC 厂商进行产线升级，新的产线刚投产时调试的稳定性有些许不足，也可能导致一定概率芯片异常。

焊接问题整改方向也很简单，可以再找几个异常电路板通过 3D X 光或者切片来观察焊接质量，然后针对性地整改，比如控制焊接温度、通过调整钢网来调整焊锡量，或者微调元器件位置避免短路。图 5-115 中可以看到 IC 的焊锡球与 PCB 电路板接触得并不是十分饱满，有待优化调整。

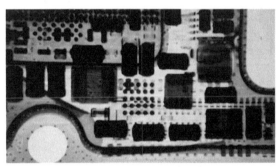

X-ray   切片

图 5-115　X-ray 与切片分析

有些产品平时使用很正常，不小心摔几下就坏了，这时候就拆机分析哪里坏了，然后结合电路板的应力分布整改，有的芯片体积大、又是玻璃封装（看起来亮晶晶的），对力就很敏感，我们不能把这样的芯片布局在板子容易扭曲的位置或者受力大的位置，也就是压力筋位置，我们可以尝试移动布局，或在芯片下面点胶（注意：并不是所有的芯片都可以点胶），或者尝试在芯片后面增加垫片缓冲，当然，直接移动芯片布局是最好的办法。很多仿真软件可以完成力的仿真，在前期布局时我们就要提前优化布局，减少这种问题的出现。

5.12.10　实战讲解：灌电流分析短路的"烧鸡大法"

下面介绍非常常见的"烧鸡大法"。

红外热成像仪是硬件调试时常用的设备之一，热成像来定位短路位置很方便，有时开机上电，就可以用红外成像仪看到短路的位置，这比一个一个元件测试或者拆卸要快多了，有时短路电流太小，或者 PMIC 电源模块进行了短路保护就看不到发热点，此时可以用外置电源直接往对地短路的电源网络上灌电流，比如实际发现一路叫作 VCC 的电源网络和地短路了，但是具体短路位置却不知道，那么就可以取 1 A 电流源往电路板里灌电流（或几安培的大电流），此时就容易用成像仪看到短路、击穿的发热点了，由于需要往板子里通入大电流，使得板子短路位置发热，因此这个方法被俗称为"烧鸡大法"（烧机）。

图 5-116a 是测量的原理，正常来讲，VCC 和 GND 之间应该是断开的，VCC 网络拓扑覆盖很广，链路上有很多的电容和芯片，逐一拆除会非常麻烦，此时在 VCC 和 GND 之间灌入一个大电流，那么电流就会自动流过那个短路的位置也就是图 5-116a 中的红色方块，短路位置发热，用红外成像仪就可以看到短路的位置了；图 5-116b 是灌电流之前，板子本身的红外成像结果；图 5-116c 是灌电流之后的红外成像，对比 c 和 b 可以看到，c 比 b 明显多了个大热点，该位置即为短路位置，拆除这个位置的电容后，则电路可正常工作。

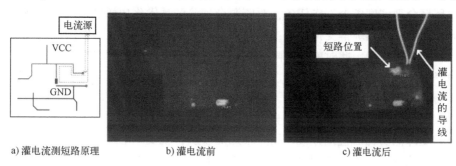

a) 灌电流测短路原理　　　　　b) 灌电流前　　　　　　　　c) 灌电流后

图 5-116　主板灌电流与红外成像

如果是电容或芯片坏了，我们也要分析为什么电容或芯片会坏掉。芯片也是有批次的，我们把芯片提供给芯片设计厂家，由他们分析芯片坏的具体原因，就不需要自己分析了，术业有专攻。比如以前遇到过，某芯片的一个批次中出现了晶圆被污染的问题，导致这一批次的芯片概率性异常，我们都知道芯片的制作过程对环境要求特别高，IC 原厂可以追踪到芯片属于晶圆上哪个位置。如果这批次芯片有问题，就需要及时隔离，避免问题批次芯片混入正常芯片，对物料进行合理管控。

5.12.11　实战讲解：手机功耗优化

移动式消费类产品设计中，功耗与续航始终是一个不小的挑战，以手机为例，电池容量越做越大，芯片功耗越来越低，但是手机续航时间并没有给消费者带来明显改善的体验。其中一部分原因是手机新功能的加入，使得整机功耗增加，以至于大容量电池和低功耗 IC 延长的续航时间，又被新功能吃掉了。

功耗去哪了？

比如当今流行的高刷新率屏幕，早期的手机屏幕刷新率只有 60 Hz，现在 90 Hz、120 Hz 甚至是 240 Hz 渐渐普及，对屏幕刷新率不敏感的用户现在也逐渐体会出高刷新率带来的更好的视觉体验。高刷新率往往意味着高数据速率，这就需要更多的功耗。

同时，屏幕的亮度越来越高，早期的手机屏幕显示内容在阳光下基本不可见，得益于工艺的进步，现在的手机亮度轻松到达 400 nit，甚至 1000 nit，屏幕本就是功耗大户，在高亮模式下，高功耗使得发热严重，而发热又会进一步影响功耗，因此夏天白天在户外，我们的手机摸起来就更热。

抛开 CPU 和 GPU，扬声器也是一个功耗大户，为了提供更优秀的视听体验，近几年立体扬声器在手机领域得到众多消费者的青睐，除了扬声器本体增加了功耗，扬声器的智能功放以及背后的音效算法都会增加功耗。此外还有相机、指纹、红外等各种各样的传感器，大家无一例外都从电池那里抢夺功耗资源。

手机功耗的优化一直是一个值得深入研究的主题，也是一个非常难的主题，需要了解软件架构策略、硬件原理方案、制造制程工艺等内容，是一个涉及范围广、知识复杂，对从业人员综合实力要求非常高的一个研究方向。

软件怎么做？

从上到下罗列功耗优化方案，首先就是软件策略优化，最简单的一个方向就是降低主频，我们日常使用手机，根本不需要手机 CPU 全负荷运行，DDR 也没必要满载运行，根据用户使用环境合理调度各个工作任务，对资源合理分配是优化功耗最直接的策略。

对屏幕而言，虽然屏幕支持高刷，但是对于静态显示场景，比如阅读、聊天、浏览网页等场景，画面切换缓慢，此时就可以降低帧率，对帧率合理配置可以在不影响用户体验的情况下大幅降低功耗，那么如何定义高、低帧率场景进而合理调用不同显示帧率，这就需要各家手机厂商对用户使用习惯进行调研，形成自己的一套控制优化策略。

相信大部分人都知道我们不使用相机时，相机是关闭的状态，它不会进行拍照或录像的操作，这就是降低功耗的直接方案，用户不用的模块，就要下电或进入旁路模式进而降低功耗，更进一步地讲，手机 CPU 中有上百个 I/O 引脚，这些引脚都需要根据各自的工作状态进行合理配置，该置低时就要置低，否则可能就有几百 μA 甚至 1 mA 的异常耗电，这无疑会无故增加手机功耗，降低续航体验。

硬件怎么做？

对于硬件而言，表面看起来似乎没有什么可以做的，其实不然，除了选择高效低功耗的硬件 IC 实现方案，手机厂商也可以设计合理的硬件架构，在不影响性能的基础上，降低手机的无用功耗。

比如合理分配电源，无论是 BUCK、BOOST 开关电源还是 LDO 线性电源，它们的效率都不是一成不变的，我们需要设计合理的电源架构让它们工作在高效的条件来降低功耗。通常而言，开关电源的效率是要优于 LDO 的，因此在对电源噪声不敏感的地方可以优先使用开关电源，而对于 LDO 低压差线性电源，需要在尽量低的压差下使用，以此降低功耗。在充电中，使用电荷泵充电结构比 BUCK 会有更高的效率，有助于降低发热。

在 2020 年初，某手机厂商推出了 4 POWER 屏幕的手机，其宣传点就是提升续航体验，屏幕中有一路电，是从 1.8 V 转到 1.2 V，如果用线性电源供电效率大约有 67%，如果换成开关电源就会提高一些效率，进而减小一些功耗，提升的效率看似不是很大，但是考虑到屏幕作为一个常亮的工作模块，其消耗的电量和使用时长是成正比的，时间越长，这个方案节省的功耗就越明显，这其实并不是什么黑科技。

此外，有的人可能会有这样的疑问，我的手机屏幕如果显示静态的画面，比如显示桌面，或一幅静态图片，它还在进行数据交互吗？

这个受限于硬件方案，屏幕中可以增加一块小的缓存，用于存储显示画面，如果画面没有更新，屏幕就直接显示这个缓存中的内容，降低和 CPU 的数据流，进而降低功耗，比如手机息屏显示 AOD（Always On Display）功能，如图 5-117 所示，就是用了这一块小小的存储空间，息屏显示时，CPU 并没有一直和屏幕进行数据交互，屏幕只是从内部缓存中读取显示的画面。但是如果手机对成本有极致的要求，就可能删除这个存储，这样 CPU 就要和屏幕保持通信，功耗就随着增加。此外，有的手机厂商会有屏幕动态 ELVSS 控制策略，在不同亮度下调节 ELVSS 的电压，也会极大降低屏幕功耗，延长手机续航时间。

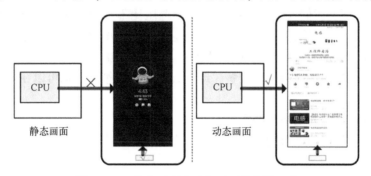

图 5-117　静态画面和动态画面的数据通路

现在的手机厂商开始尝试建立用户使用手机的模型，在研发时评估手机续航时间，这称之为 DOU 模型，但是 DOU 模型非常复杂，要模拟不同的用户使用习惯，如游戏用户和阅读用户的使用场景和使用习惯就相差很大。而且不同的测试条件也会导致测试结果有一定偏差，比如信号弱一点时，手机就会增加功率，会影响模型估计结果。再比如一些 APP 更新升级，加入新元素，也会导致续航结果产生偏差，更不用说什么算法，如美颜、光效等，无一例外都会影响 DOU 续航模型的估计结果，往往就是去年估计的模型和实测的结果，今年再用的话，精度就会变化很多。总之，功耗与续航始终是一个不小的挑战。

5.12.12　实战讲解：电量测不准、电量跳变的原因

细心的读者会发现早期的手机，甚至现在的一些电子产品的电量有时不准，电量可能会跳变，忽高忽低，这是为什么呢？

先说第一种情况：线路阻抗影响。

图 5-118 电池放电路径中，电流从 A 点到 B 点再到 C 点，最终到 D 点，给系统供电。**我们一定要有这样一个认识：ADC 的 Sense 线（检测线）连接到哪里就是测量该位置的电压。** 图中检测线连接到了 C 点，就是测量 C 点的电压。电源从电池的 A 点出来，一直到 C 点，这中间是有电阻的（或叫作阻抗），当不同的电流流经这段线路时，就会产生不同的压降，这个压降就会影响我们对电池电量进行估计。

比如，假如从 A 到 C 这段线路的 PCB 走线电阻是 100 mΩ，当用户在用手机玩游戏时，此时系统处于高功耗模式，不妨假设此时系统有 1 A 的电流。那么 1 A 的电流，经过从 A 到

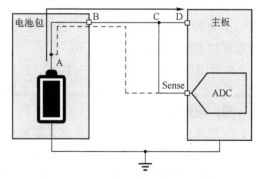

图 5-118　放电路径阻抗

C 这段 100 mΩ 的电阻，就会产生 100 mV 的压降。换句话说，C 点的电压并不是电池电芯的电压，而是低于电芯的电压，在打游戏的例子中，C 比电池电芯电压低 100 mV，C 点电压为：$V_{bat}-100$ mV。

那么如果用户关闭游戏，此时系统电流马上降低下来，假设此时的电流降低为 0.1 A。那么 0.1 A 的电流，经过从 A 到 C 这段 100 mΩ 的电阻，就会产生 10 mV 的压降，C 点电压为：$V_{bat}-10$ mV。那么我们发现打游戏时 C 点的电压比不打游戏时要低 90 mV，因此早期的手机可能一打游戏，电量马上就跌一点，一旦退出游戏，电路又反弹回来一些。如果我们把电池电压检测线，直接通过电池包连接到电芯，如图中虚线所示，那么 PCB 线路阻抗就会大大降低，电量跳变问题就会得到缓解，此外，通过软件策略，也可以在一定程度上补偿走线引起的误差。

再说第二种情况：充电电压的影响。

做实际工程时，有的人可能会发现这样一个现象：插拔充电器时，电池电量会跳变，这是为什么呢？

这是个很有趣的问题。我们有多种策略来估计电池电量，最简单粗暴的一种方法就是通过两个串联电阻，使用 ADC 采集电池电压，进而间接估计电量，这种方法估计精度虽然非常低，但是却简单易实现，图 5-119 是这个方法的简化示意图，ADC 直接采集 C 点处的电压来估计电池电量。

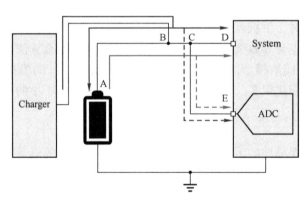

图 5-119　充电路径示意

放电时电流从电池流向系统，见图中红色电流路径，此时 A 点电压最高（电流从高电压流向低电压），因此 A 点电压要高于 B 点电压高于 C 点电压，意思是说，实际情况中，ADC 采集的电压是 C 点的电压，这个电压其实是小于电池电压 A 的，而且受负载电流影响很大（如上文所述）。

而充电时，情况就变得不一样了。充电时，电流是从 B 流入电池，电流路径见图中蓝色路径。此时 B 点的电压最高，B 点的电压要高于 A 点和 C 点的电压。

那么问题就来了！

假如现在电池正处于放电状态，即图中红色路径状态，A 点电池电压最高。

如果此时突然插入充电器，对电池充电，如图中蓝色路径状态，那么会使得 B 点的电压突然增加，此时 ADC 感应到电压突然增加（C 位置会随着 B 位置增加），会判断为电量突然增加，而使得电量跳变，俗称电压反弹或电量反弹。

反过来，如果电池正处于充电状态，B 点电压最高，此时如果突然拔掉充电器，拔掉后，会使得 B 点和 C 点电压突然跌落，此时 A 点电压是最高。那么，ADC 感应到拔掉充电器后的电压跌落，那么就会判断为电量突然跌落。

插拔充电器时的电量跳变，就是这么来的。

5.12.13 实战讲解：手机研发流程介绍

本节虽然叫作手机研发流程，但是实际上对于任何硬件产品而言都是通用的，无非都是立项、堆叠、试产、量产等几个阶段，如图 5-120 所示。

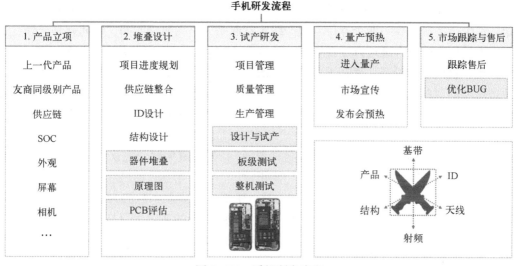

图 5-120 手机研发流程

一部手机从立项到发布大约有五个月的时间，节奏快一点的话四个多月就可以完成，而高端机的打磨时间会稍微长一点，一部手机的研发往往要千万甚至上亿的研发经费。手机的立项会根据用户画像，结合上一代产品或友商竞品机器的市场反馈进行定位，初步定位后就会进行堆叠设计，这里所谓的堆叠设计就是设计和研发根据产品的定义要求，往一起堆器件，此时还没有实物，布局结构都是基于对器件建模来实现的，如图 5-121 所示。

图 5-121 硬件堆叠示意图

　　管项目的就规划整体进度进行资源调度，管供货的就调研供货时间节点，ID 部门给出手机外观设计，结构部门就开始画手机模型图了，然后其他部门起草图样，设计 PCB 形状阶数进行摆放器件，所有的材料都整合到一起，形成产品模型，评估当前的产品定位，比如厚度、重量、续航之类的参数，如果太厚或太重，不利于目标用户，就会有可能换方案，来来回回修改，导致基带、产品、结构、射频、天线等部门反复修改方案，而且节奏很快，这个阶段就是个反复权衡摄取的阶段，所以这几个部门就会经常发生冲突。

　　一旦堆叠通过后，项目就正式开始研发了，手机的试产一般会分阶段生产成千上万台整机和主板进行测试，这个过程就是研发进行原理图设计和 PCB 设计，同时与供应链和工艺同事对接，要保证 PCB 做好后要马上送到生产工厂，保障所需物料同步到达工厂，且立即开始贴片生产，避免少一两个器件导致产线跑不起来，白白延误时间，时间就是金钱，这就需要强大的供应链来合理地调度各资源，从这个角度而言，供应链是手机研发的瓶颈之一，它从试产一直持续到量产，存在于整个手机的生命周期，比如经常听到某地地震或洪水，导致手机需要的器件无法及时供货，手机里有成百上千个器件，少一个都不行，这就会导致产线停产，库房物料积压，失去最佳销售窗口时期，手机这种快节奏的消费类产品是最忌讳发生这种事的。

　　试产时每一批次会有几千台样机（包括裸板），为了避免硬件失误，往往先制作几个首批样品，在进行基本测试保证电路整体功能正常后，才开始正式的试产贴片，同时对产线工人进行培训（新产品导入阶段是比较磨人的），手机生产研发团队驻入试产车间，全程跟踪生产的各个环节，对每个工站进行调试优化，为最终量产的高效运行打基础，试产时有无数的工站，每个工站只负责一个小的组装或测试功能，比如有的工站是装电池，有的工站是装相机，有的是贴遮光纸，这是一种千头万绪的工作，各部门之间一定要及时沟通，比如曾遇到过工艺的同事，私下改了装配光线传感器治具的长度，虽然只改了 0.1 mm，但导致装配工人在旧手法的基础上无法适应新的长度需求，最终使得试产时距离传感器性能不达标，不良率非常高，我们当时消耗了大量精力才排查到这 0.1 mm 的变动。

　　试产后就开始进入量产阶段，此时的主要目标就是可靠快速地提高产能，手机不会一下子就生产几百万台甚至几千万台放在库房慢慢卖，没有手机厂商敢这么做，都是一边生产一边卖，前期会提前生产一些在发布会后开卖，同时为发布会预热宣传。来自世界各地的上千个器件，被设计、优化、加工、组装，最终送达用户手里，实在是一个不小的工程，由此就进入市场跟踪与售后的流程了。

第 6 章

欲善其事必利其器：测试仪表与板级测试

6.1 万用表基础

6.1.1 如何测电路通断？如何高精度测量电压？

以前试产时遇到过一次 PCB 断线，导致设备充电异常，充电链路比较复杂，线路众多，分析起来久久没有头绪，当时是两位工程师耗时一个下午终于定位问题：PCB 内层断线。这就是通过万用表的通断档位（又称二极管档或蜂鸣档或连续性档位）测出来的，这个通断档位和电压档位应该是万用表最常使用的两个功能了。通断档位通常用于测量连接是否可靠，图 6-1 中，万用表打到通断档位，两个表笔分别接在导线两端，左图中导线是连续的，万用表会发出"滴滴"鸣响，中间图中导线是断开的，万用表就不会有鸣响提示，如果导线上有个大电阻，此时万用表也把导线判断为开路状态，也没有鸣响提示，总结来说：通断档在短路或极小电阻时会发出鸣响提示。

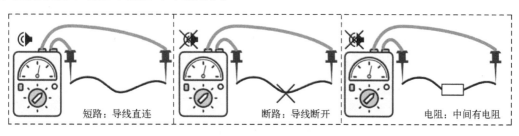

| 短路：导线直连 | 断路：导线断开 | 电阻：中间有电阻 |

图 6-1 万用表测通断

那么有些人就有疑问：实际工作中，为什么导线里有个小电阻，万用表通断档也判断为短路并且发出鸣响？

这是因为万用表判断通断是通过电阻值来判断是否通断，当线路阻值低于一定阈值，则判断为短路，否则就判断为开路。图 6-2 中，左图中测量的是 49.7 Ω 的电阻，小于 50 Ω，则万用表判断为短路，并发出"哔哔"鸣响提示；而右图中测量的是 51.7 Ω 的电阻，大

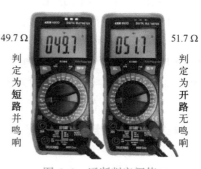

图 6-2 通断判定阈值

49.7 Ω 判定为短路并鸣响

51.7 Ω 判定为开路无鸣响

于 50 Ω，则被判定为开路状态，无鸣响提示。

我们希望测量越准越好，也就是误差越小越好，这就涉及分辨率或精度的问题，影响的因素有很多，这里介绍量程的影响，以万用表直流档测量 4 V 直流电压为例。**让 4 V 的电压尽量占据满量程刻度才是合理的采集方法**，也就是说，选择的万用表量程要大于（覆盖）4 V 且接近 4 V 为佳。图 6-3 左图中，使用 DC 600 V 电压档位测量 4 V 的电压，实际测试结果是 3.9 V，有 0.1 V 的误差；而右图中，选择了更合适的档位，用 DC 6 V 测量 4 V 的电压，量程覆盖了 4 V 并且比 600 V 的档位更接近 4 V，测试结果是 4.003 V，只有 0.003 V 的误差，右图的测量量程更准。

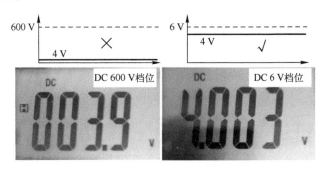

图 6-3　档位与误差

接下来再列举一个影响精度的原因，即万用表的输入阻抗因素，这就是俗称的负载效应，相关内容在 3.5.1 小节介绍过。还是先抛出问题，这样有助于引起大家思考。如图 6-4 所示，4 V 的直流电压串了两个等值电阻，左图是两个 10 kΩ，右图是两个 10 MΩ，问：用万用表的 DC 6 V 档位测量，$U1$ 实测是几伏，$U2$ 实测是几伏？

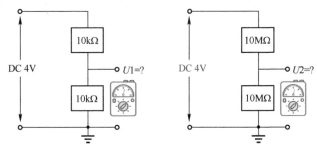

图 6-4　两种测量过程

理论上，两个等值分压电阻对 4 V 进行分压，$U1$ 应该等于 $U2$ 等于 2 V，但是实测是多少？图 6-5 是两种测量结果，第一种是测量 10 kΩ 串联电阻，实测是 1.993 V，大约等于 2 V，与理论基本一致，而第二种测量 10 MΩ 串联电阻的结果却只有 1.379 V，低于理论的 2 V，这就是负载效应的影响。

图 6-5　两种测量结果

万用表也是一个负载，万用表的电压档位输入阻抗大约是 10 MΩ，图 6-6 左图中，下面的 10 kΩ 连接到万用表后，相当于并联了 10 MΩ 的电阻，10 kΩ 并联 10 MΩ 的阻值依然约等于 10 kΩ。中间图中，下面的电阻是 10 MΩ，与万用表并联后，相当于两个 10 MΩ 的电阻并联，那么总电阻就是 5 MΩ，就变成了最右边的图，测量的结果就是 4×5 MΩ/（10 MΩ+5 MΩ）V = 1.333 V，这个和图 6-5 右图的测量结果 1.379 V 很接近，这就解释了负载对测量的影响，即负载效应的影响。格外说明的是，DC 档输入阻抗与量程无关，而 AC 档的输入阻抗会随着量程增加而增加，比如有的万用表在 AC 200 mV 或 2 V 的量程下输入阻抗是 1 MΩ，而在其他 AC 量程下输入阻抗是 10 MΩ，我们最好看下万用表说明书中输入阻抗的具体数值，以避免误测量。

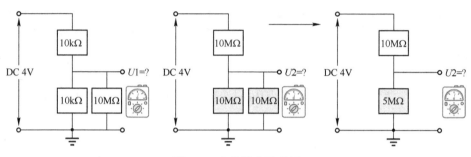

图 6-6　负载效应示意图

6.1.2　万用表的 DC 档与 AC 档有什么差异?

DC 档顾名思义测的是直流信号，而 AC 档则是测量交流信号，这个理解还不够深入，AC 档的带宽是多少? 测的是有效值还是平均值?

直接看结果，**注意：先建立直观认识，再分析背后的原理，这是非常有效的学习思路，这比教科书中直接就是一堆公式要有效得多**。图 6-7 左图是采集的信号波形，是 $2V_{pp}$ 的 AC 交流信号叠加 1 V 的 DC 直流，交流信号频率分别设置成 60 Hz 和 6 Hz，然后分别用万用表的 DC 档和 AC 档来测量。图中右上角是 60 Hz 信号源时的测量结果，可以看到 DC 档测量的是 1.005 V，此时测量的就是信号的均值（直流），AC 档测量的结果是 0.704 V（$2V_{pp}$ 的有效值是 0.707 V），AC 档此时测量的是有效值。把交流信号的频率降低为 6 Hz，再用万用表测量，结果见图中右下角，DC 档测量的是 0.981 V，AC 档测量的是 0.604 V，而且两个档位的示数一直都在变化。

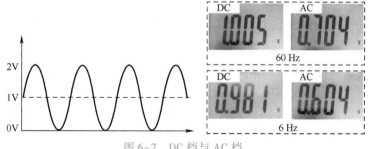

图 6-7　DC 档与 AC 档

由此可以得出结论：当信号源频率超过一定程度后，万用表电压 DC 档测量的是直流电压，AC 档测量的是交流电压的有效值。那这个临界频率是多少? 一般 AC 档位的频率响应范围是 40~400 Hz 或者 40~100 Hz，在这个范围内测量交流信号才会得到正确的有效值。而低于这个范围时，AC 档测量的读数将无法反映出该交流信号的有效值，而且 DC 档位测量的值也容易发生波动，而且信号的频率越低，则波动越明显。

6.2 示波器基础

6.2.1 示波器探头参数揭秘

先强调一点，使用示波器之前最好按一下 "default" 按键，恢复示波器基本设置，然后检查下探头的 1× 或 10× 档位是否和示波器匹配，否则上一个用户对示波器的设置可能会影响本次测试。

图 6-8 是示波器探头的构成，包括探针杆、接地夹等，厂商一般会随机附送调节工具来对探头进行补偿调节，此外一般还会随机附送接地弹簧，这些附件的使用方法后面会有详细介绍。

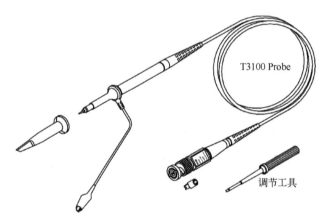

图 6-8　示波器探头构成

新购买的示波器或者使用很久的示波器需要对探头进行补偿，为什么要补偿？什么是过补偿？什么是欠补偿？我们测量信号的目标是准确捕捉到信号，但是实际上，设备本身是有一定差异的，这会影响测量精度，示波器探头补偿就是一种缓解误差的方法。

下面直接介绍探头的补偿操作过程，图 6-9 是补偿操作过程和补偿结果，把示波器探头连接到示波器自带的方波信号源处，**调节示波器的垂直刻度和水平刻度，让信号尽量占满示波器显示窗口**（想一想为什么占满示波器窗口，参考 6.1.1 小节），窗口呈现两三个周期的方波信号，用示波器附赠的调节工具（一字或十字的螺丝刀）拧探头的补偿调节点同时观察示波器显示的波形，左图中，方波上升沿、下降沿有凸起，这是过补偿，右图中方波上升沿、下降沿不足，这是欠补偿，只有中间是最好的状态，上升沿和下降沿调节得刚好合适，调节到中间这种情况后补偿操作结束。一些有源高带宽探头的补偿、校准比较复杂一点，需要 50 Ω 负载和其他校准器件，这里不做过多介绍。

探头带宽是个非常重要的参数，我们不能只关注示波器的带宽，也应该关注探头的带宽，比如示波器的带宽可以到 1 GHz，如果使用的探头带宽只有 100 MHz，那就发挥不出示波器 1 GHz 的高带宽优势了，甚至无法正常采集到目标信号，导致无法对信号进行分析。用这种低带宽设备采集高带宽信号，采集设备会类似于一个低通滤波器，只让低频信号通过，而高频信号被衰减。图 6-15 就是低带宽的探头和示波器采集高速 MIPI D-PHY 信号，可以看到只采集到了 LP 模式下的 1.2 V 高电平，而 HS 模式下的波形细节完全丢失，与前文的图 5-50 对比看，差异会更明显。在测试 MIPI 信号时，一定要根据信号的速率合理选择测试设备，一般会选择高于 1 GHz 带宽的示波器和前端探头，以保障测量的可靠性。

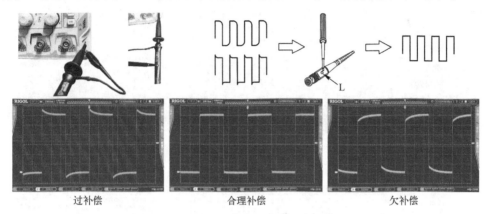

过补偿　　　　　　　　合理补偿　　　　　　　　欠补偿

图 6-9　示波器探头补偿过程和结果

探头一般有多个衰减档位比如 1:1（1×）、1:10（10×）等，当选择 1×档位时，表示探头没有对信号进行衰减，信号直接进入示波器，此时示波器也应该设置为 1×档位与探头相匹配。当探头选择 10×档位时，表示探头对信号进行 10 倍衰减后再进入示波器，此时示波器也应该设置为 10×档位，才能恢复出正确的读数，10×档位输入电压会大一些。图 6-10 是一款探头的参数列举，可以明显对比出 1×和 10×的差异，图中可以看到 1×的带宽、输入阻抗和输入电压都明显低一些，而 10×就高很多，大家在平时用示波器时最好也留意下探头的参数，对测试设备的性能有个了解。

PVP2350	带宽	输入阻抗	上升时间	输入电容	衰减比	最大输入电压
1×	DC–35 MHz	1 MΩ±1%@DC	10 ns	50 pF±20 pF	1:1	150VRMS
10×	DC–350 MHz	10 MΩ±1%@DC	2.3 ns	10 pF±5 pF	10:1	300VRMS

图 6-10　探头参数

1×的设置下，探头噪声性能好，具有较小的噪声，但是带宽也低，10×的设置下，探头噪声比较大，带宽却会增加，而且可以承受更高的电压。图 6-11 是分别用 10×档和 1×档测量的 33 MHz 时钟信号（使用了接地弹簧，6.3.3 小节有详细介绍），右图中方波信号呈现一种三角波或正弦波，这是因为 1×档位带宽低，抑制掉很多高频成分，而左图中的波形看起来更接近方波，这是因为使用了 10×档位，带宽更高，波形失真会小一些，同样，如果用更高带宽的探头和示波器来进行测量的话，波形会更接近方波。

最后看下探头 10×和 1×档位噪声的差别，我们把示波器的探针与地线短接，探头档位和示波器档位都开到 10×，示波器开启 20 MHz 带宽限制，垂直刻度调节到最低分辨率来测量低幅值噪声（垂直分辨率在 6.3.1 小节会有详细介绍），然后探头档位和示波器档位都开到 1×，示波器开启 20 MHz 带宽限制，垂直刻度调节到最低分辨率来测量低幅值噪声。图 6-12 左图可以看到，10×档位下噪声峰峰值大约是 8.75 mV，有效值大约是 3 mV，而右图是探头和示波器都调节到 1×档位下的结果，噪声峰峰值只有 1.3 mV，噪声有效值降低为 413 μV，1×噪声更小。

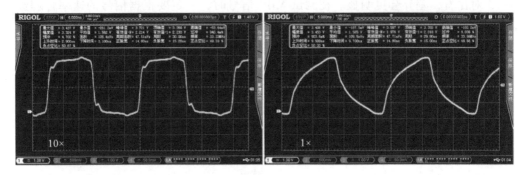

图 6-11　10×和 1×带宽对比

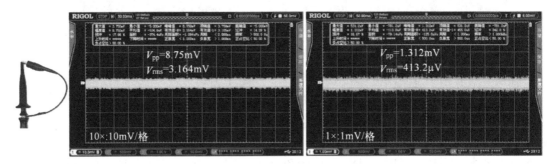

图 6-12　10×和 1×噪声对比

6.2.2　示波器参数揭秘

1. 采样率

采样率可以理解为示波器内部 ADC 采样的速率，它的倒数就是采样点的时间间隔，也就是采样周期。采样速率必须高于信号频率的 2 倍来避免出现混叠的现象，一般来说示波器采样率是带宽的 5 倍或 10 倍，比如 500 M 带宽的示波器，一般使用 2.5 GSa/s 或 5 GSa/s 的采样率。需要格外说明的是：示波器标注的采样率是最大采样率，实际工作过程中的采样率会随着时基的变化而变化（带宽也跟着变化）。

图 6-13 中可以看到，采集相同的 1 kHz 方波，a 的时基是 2 ms/div（整个显示窗口的时长是 2×14=28 ms），此时采样率是 4 GSa/s（存储深度是 112 Mpts），b 的时基大一些，调节为 5 ms/格，显示的时间更长（整个显示窗口的时长是 5×14=60 ms），此时采样率降低为 2 GSa/s（存储深度是 140 Mpts），c 的时基更大一些，调节为 20 ms/格，显示的时间更长（整个显示窗口的时长是 20×14 ms=280 ms），此时采样率降低为 0.5 GSa/s（存储深度是 140 Mpts），d 的时基最大，调节为 50 ms/格，显示的时间最长（整个显示窗口的时长是 50×14 ms=700 ms），此时采样率降低为 125 MSa/s（存储深度是 87.5 Mpts）。由此可见，时基设置得越大，采集的时间长度越长，采样率越低，采样率不是一成不变的，大部分示波器都遵循

这个原则，要想采集到更高频率的信号、要想使示波器工作在最高采样速率，就需要把时基调节得非常小，要根据目标波形合理地设置示波器，否则很可能抓不到正确的信号。

图 6-13　采样率随时基变化

2. 带宽

上文说到采样率变化时带宽也会跟着变化，带宽也不是固定不变的，我使用的这台示波器的带宽是 350 MHz，只在最大采样速率时才成立，如果降低采样速率的话，它的带宽也跟着降低，我们还是测 33 MHz 的方波（探头和示波器都调节到 10×档），对比图 6-11 的左图和图 6-14，图 6-11 左图是 4 GSa/s 的采样率，测试示波器带宽最大，测量的波形细节很清晰，接近一个方波；图 6-14a 中，降低采样速率到 500 MSa/s，带宽也跟着降低，方波的很多高频成分被滤除，变得比较圆滑，丢失了一些细节；而图 6-14b 中，降低采样速率到 125 MSa/s，带宽变得更低，只能大概看到频率信息，采集的波形失真非常严重。理解示波器采样速率和带宽的影响，对于正确使用示波器至关重要。

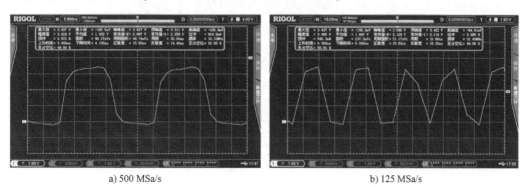

a) 500 MSa/s　　　　　　　　　　　b) 125 MSa/s

图 6-14　带宽随采样率变化的测量结果

这里再多说一句，带宽低会起到类似低通滤波器的作用，低通滤波器会起到积分求平均的作用，因此用低带宽系统测量高频信号看起来会接近一条粗线，这就是高频信号被滤掉了很多而只保留了低频成分（保留了均值）。

我遇到过有的人用低带宽设备测量高速 MIPI 信号的操作，这就是对待测信号和测试设备理解不深刻。

图 6-15 是不正确的 MIPI D-PHY 测量结果，待测波形的频率大约几百 MHz，测试使用的设备带宽只有 350 MHz，采样率最大是 4 GSa/s，探头用的接地线与待测电路的地连接（这会增加环路电感，进一步降低信号采集质量，6.3.3 小节会有详细介绍），从测试设备到采集设备连接全部都是不准确的，因此测量的波形会有各种问题。与图 5-50 相比，图 6-15 的波形中 LP 模式下 1.2V 会更容易叠加一些干扰，HS 模式下也有明显的干扰，右图是展开后的波形细节，图 5-50b 的 HS 和 LP 波形测试结果良好，而图 6-15 的波形失真严重，还出现了回勾，HS 模式下高频的方波已经差不多完全消失了。要想正确采集到波形，就需要选择采样率和带宽更高的设备。

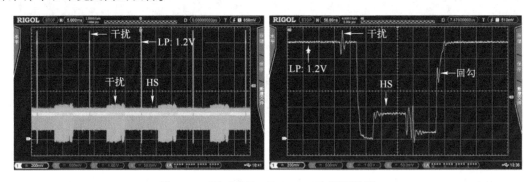

图 6-15　不正确的 MIPI D-PHY 测量结果

3. 存储深度

一般很少人会关心到存储深度这个参数，这个和时间分辨率有关，存储深度越大越好，它描述的是示波器可以存储的采样点数量，语言直接形容会很苍白，图 6-16 清晰地描述了存储深度的影响，图中列举了存储深度为 10 和 20 两种情况，这表示设备可以存储 10 个采样点或 20 个采样点，假设两种情况同样采集了 1 s 的数据，那么存储深度为 10 的情况中，存储的两个采样点之间的时间间隔就是 0.1 s，而存储深度为 20 的情况中，每存储的两个采样点之间的时间间隔就是 0.05 s，存储深度为 20 的时间分辨率更高。

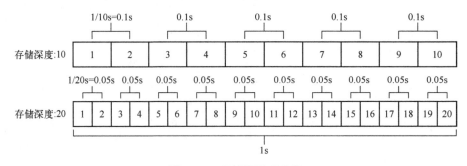

图 6-16　存储深度示意图

存储深度对于我们测量长时程、突发窄脉冲信号非常有用，下面结合示例波形来看下存储深度对于信号的影响，如图 6-17 所示，待测信号有两个不同的下降电平，间距大约 1 s，假设两个示波器采样速率都是 100 SPS，左边的示波器存储深度小，只有 80 pts（80 个样本点），那么它只能存储时长为 0.8 s 的样本，无法显示 1 s 的长度导致后面的低窄脉冲无法显示。而第二个示波器存储深度大，是 120 pts，可以存储 1.2 s 的数据长度，完全可以覆盖待测信号 1 s 的时间宽度。

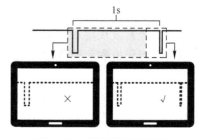

图 6-17　低存储深度无法
捕获长时信号

6.2.3　示波器采样基础

通常建议初学者尽量少用示波器的 AUTO 功能，这是因为 AUTO 功能虽然很强大，但这会导致初学者对信号的理解不深刻、对示波器的工作原理理解不深刻，不利于个人快速成长，另外有小概率情况下 AUTO 无法捕获到我们想要的信号，这时候需要手动去捕捉。

示波器有两个基本工作模式，分别是触发和滚动，比如，如果上升沿触发，就是示波器检测到上升沿后，把上升沿时刻前后一段时间内的波形刷新到屏幕上。Roll 滚动模式的特点是采集速率慢，波形从示波器屏幕右侧向左滚动刷新，如图 6-18 所示，这常用来测量慢速信号，或粗略看下信号电压或速率特点，如果用滚动模式测量一个非常快速的窄脉冲，受存储深度和采样速率的限制，往往难以准确捕捉到窄脉冲的时间信息，此时就需要使用 triger 触发模式。

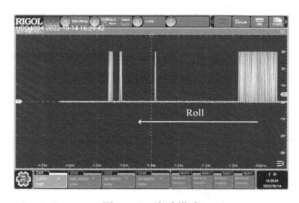

图 6-18　滚动模式

项目研发过程中会遇到极其偶然的工作异常，需要抓取异常时的信号状态，对于这种小概率事件研发人员不可能一天 24 小时坐在示波器前时刻抓信号，这时候就会用到 single triger 功能，也就是单次触发功能，先把示波器的电压和时间（垂直刻度和水平刻度）调节到比较合理的尺度，调节合适的触发电平或时间，然后把探头和待测信号连接，测量人员那就可以去忙其他的事情了，一旦发生异常，就会激活示波器的触发功能，来捕捉到这小概率信号，如果没有发生异常，那么示波器就会一直等待触发信号，总结来说就是：没有检测到触发信号时示波器是不会刷新波形的，只在触发信号到达时刷新一次波形到屏幕上，这个功能在压测异常和硬件排错时非常有用。

6.2.4 信号源与示波器的阻抗匹配

有人经常发现用示波器测量信号源的波形，测试结果和信号源的设置不一样，下面详细介绍信号源阻抗和示波器输入阻抗的概念以及相互影响，只有理解之后才能够正确使用这两个设备。

图 6-19 是信号源与示波器的阻抗网络示意图，R_o 是信号源的输出阻抗，一般较小，为 50Ω，R_i 是示波器（或万用表、采集卡）的输入阻抗，U_o 是信号源经过输出阻抗 R_o 后的电压，U_i 是示波器测量到的电压，U_s 和 U_i 的关系见式（6-1），本小节一切测试信号都是 $1V_{pp}$。需要格外注意的是我们要充分理解信号源控制面板设置的电压值，面板设置的值是图 6-19 中的 U_o，当驱动不同负载时，信号源会根据设置的负载情况自动调节 U_s，以保证 U_o 与设置的电压值保持一致，在这个过程中信号源的输出阻抗一直保持为大约 50Ω 的低阻抗，设置的阻抗是信号源要驱动的负载的阻抗，下面进行详细介绍。

$$U_o = U_i = \frac{U_s R_i}{R_o + R_i} \tag{6-1}$$

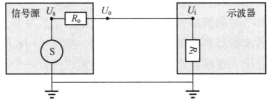

图 6-19　信号源与示波器的阻抗网络示意图

通过信号源控制面板把输出电压 U_o 设置为 $1V_{pp}$，如果信号源设置成驱动高阻抗负载时（见图 6-20a），为了保持 $U_i = 1V_{pp}$ 与设置一致，那么信号源的 U_s 就是 $1V_{pp}$。如果示波器的输入阻抗与信号源设置的负载阻抗一致，都是 1MΩ 的高阻抗，如图 6-20b 所示，根据式（6-1）可以计算出此时的 $U_i = 1×1M/(1M+50) ≈ 1V_{pp}$，即示波器采集的结果等于信号源设置的结果。反之，如果示波器的输入阻抗被设置成 50Ω，如图 6-20c 所示，但是信号源还是按照 1MΩ 的高阻抗来产生 U_s，那么此时示波器采集到的 $U_i = 1×50/(50+50) = 0.5V_{pp}$，即阻抗不匹配时示波器测量的电压和信号源设置的电压不一致，相差二倍。

同样，信号源控制面板依然把输出电压设置为 $1V_{pp}$，如果信号源设置成驱动低阻抗 50Ω 负载时，如图 6-20d 所示，为了保持 $U_i = 1V_{pp}$ 与设置一致，那么信号源的 U_s 就是 $2V_{pp}$。如果示波器的输入阻抗被设置成 50Ω，如图 6-20e 所示，信号源按照 50Ω 的低阻抗来产生 U_s，那么此时示波器采集到的 $U_i = 2×50/(50+50)V_{pp} = 1V_{pp}$，即阻抗匹配时示波器测量的电压和信号源设置的电压一致。反之，如果示波器的输入阻抗与信号源设置的负载阻抗不一致，是 1MΩ 的高阻抗，如图 6-20f 所示，根据式（6-1）可以计算出此时的 $U_i = 2×1M/(1M+50) ≈ 2V_{pp}$，即示波器采集的结果不等于信号源设置的结果。

图 6-20h 是实测的结果，信号源的输出通过 BNC-BNC 线缆连接到示波器，示波器选择 1×档位，测试结果与上文的分析保持一致，而如果使用探头连接信号源和示波器，在阻抗不匹配时，误差就大一些，用探头时最好把信号源设置成高负载阻抗，示波器也设置成高阻抗。

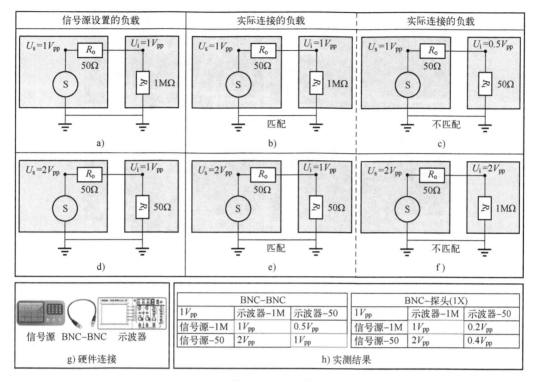

图 6-20 信号源与示波器阻抗匹配

6.3 电路测试实战案例讲解

6.3.1 实战讲解：示波器的垂直分辨率有什么影响？

前文介绍的示波器相关参数都是以时间参数为主，在实际工作中，遇到过有人对示波器的垂直档位理解不深刻，导致测量的波形电压看起来很粗糙，本节介绍示波器的垂直档位对信号测量的影响。

一般的示波器都是 8 bit 分辨率的设备，高精度测量示波器会达到 10 bit 甚至 12 bit，这里介绍常用的 8 位示波器垂直档位影响。图 6-21 是实测的 $1V_{pp}$ @ 11 Hz 的正弦波，a 中垂直分辨率使用的是 2 V/格，示波器垂直刻度共有 8 个刻度，则垂直测量范围此时是 $2 \times 8 = 16$ V，示波器是 8 bit，那么此时示波器能够分辨的电压是 $16V/(2^8-1) = 63$ mV（参考 3.1 节），接下来就看下分辨率是否是 63 mV。a 中示波器采集到信号后按 "stop" 按键，暂停测量，对 a 中已经捕捉到的信号进行垂直展开，将垂直档位降低到 200 mV/格得到 b，测试波形就已经出现了电平台阶，这是因为原本就是按照 63 mV 分辨率抓取到的信号，放大后看细节就会看到这个台阶式跳变电平，继续把垂直档位调的更细得到 c，此时电压台阶更明显，测量得到的台阶电平值是 61 mV，与我们计算的 63 mV 非常接近。

如何正确测量？先测量到 a 信号，暂停后放大得到 b，还没有结束，波形是失真的，我们应该把示波器调节到 b 的参数后（垂直档位是 200 mV/格，水平档位是 20 ms/格），再次抓取波形，就得到了波形 d，d 比 b 看起来更光滑，信噪比更高，更准确。

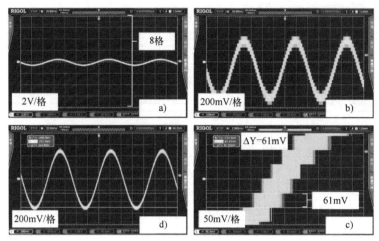

图 6-21　垂直分辨率示意图

总结来说就是测信号时，尽量保持信号占满量程下进行抓取，这与 6.1.1 小节的内容是非常相近的。

6.3.2　实战讲解：怎么理解示波器探头的环路电感？

环路电感或称回路电感，在第 4 章信号完整性章节介绍得更具体，本节的示例有助于建立直观认识，图 6-22 是大环路与小环路的对比，信号源设置成 $1V_{pp}$ 输出和高阻抗负载，示波器探头使用的是 1× 档位，示波器设置高阻抗输入。

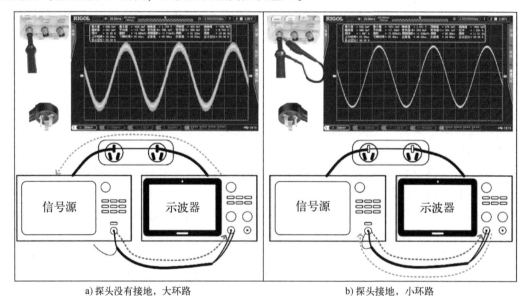

a) 探头没有接地，大环路　　　　　　　　　　b) 探头接地，小环路

图 6-22　大环路与小环路采集信号的对比

图 6-22a 中探头地线没有与信号源连接，红色虚线是信号路径，蓝色虚线是回流路径（通过插排上的共用地线回流），红线和蓝色形成大的环路，抗干扰能力弱，易拾取噪声，而且回路电感大易产生谐振，从实测的波形来看，波形很粗，噪声大。而图 6-22b 中探头地线和信号源连接，回流路径见蓝色曲线，此时红、蓝曲线形成的环路小，由实测的波形也

可以看出来，测试测量的波形更干净，6.3.3 小节会介绍更小的环路测量方法。

6.3.3 实战讲解：为什么你测的信号不准？ ▶

对于信号上升沿、纹波等测试，对测试质量要求较高，需要使用接地弹簧测试，探头的接地弹簧与探针形成的环路比探头接地线形成的环路要小得多，回路电感也会小很多，不易谐振，也不容易拾取噪声，测量会更准确，如图 6-23 所示，图中测试的是 SPI 的 CLK 引脚波形，左边一列是使用了接地弹簧的测试结果，可以看到在上升沿和下降沿基本没有振铃，

6-1 为什么
测不准
接地弹簧

而右边是使用飞线和探头接地线夹测试，可以看到明显的振铃，这个振铃不是待测设备 DUT（Device Under Test）或待测电路产生的，而是测试设备产生的，这就需要改测试手法，使用接地弹簧进行测试。

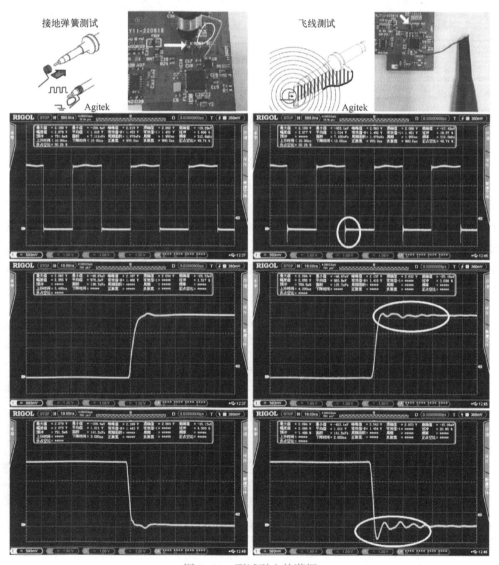

图 6-23　测试引入的谐振

有时候可能会遇到图 6-24 这种异常波形，左边的波形也是上文中的 SPI 时钟波形，只是此时测试的结果异常，波形发虚，这通常是地线没有连接好，需要重点检测地线。右图也是地线没有连接好，测量的波形呈现一种杂乱的正弦波，也需要重点检测地线连接，如果是 50 Hz 则大概率就是工频，工频可能对手机音频的模拟部分产生干扰，在其他测量领域也是很重要的干扰之一，称为工频干扰。在测量 MIPI 时，测试设备无法使用的大部分情况都是焊接不良导致的，地线或信号线接触情况，需要仔细排查。

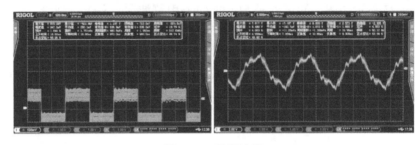

图 6-24　异常波形

6.3.4　实战讲解：怎么测纹波？

做硬件电路设计，测电源是最基本的要求之一，电源是一切电路的源头，因此非常有必要知道这个源头的噪声参数，本节介绍测量电源纹波的方法，恰好笔者手里有一个 BOOST 升压电源模块，就尝试测量它的纹波。为了降低环境干扰、缓解测试设备谐振导致测量不准确，测试使用了接地弹簧，如图 6-25 所示，接地弹簧测量 BOOST 输出电容两端的纹波，电源模块的输入是锂电池大约 4.0 V，电源输出是 5 V，负载电阻接了 1 kΩ（负载电流是 5 V/1 kΩ＝1 mA）。探头使用 1× 档位，噪声更小，示波器设置为交流耦合（AC 耦合），带宽设置为 20 MHz（我们测量的是纹波，而不是噪声，要把直流电压和高频噪声抑制掉），示波器垂直档位一般选择 20 mV，水平时间档位一般选择 20 ms，然后垂直、水平档位再根据实测的波形微调下。

接地弹簧

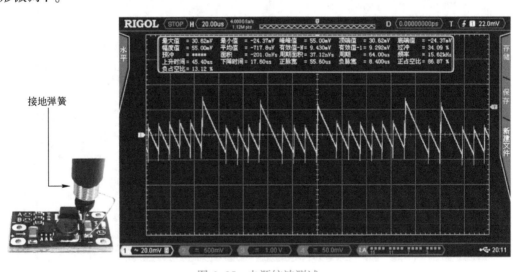

图 6-25　电源纹波测试

测试结果如图 6-25 所示，可以看到输出电压中存在的三角形电源纹波，纹波峰峰值大约是 55 mV，每个三角形对应一次内部开关动作，BOOST 具体原理在 2.1.3 小节有详细介绍，从图中可以看到有大三角和小三角两种纹波，大三角纹波的特点是频率低、幅值大，小三角纹波的特点是频率高、幅值小，这是为什么？大家可以思考一下。本节是测试开关电源的输出纹波，如果测试 LDO 或其他线性电源，由于这种电源内部管子不是工作在开关状态，因此不会看到这种开关纹波。

6.3.5　实战讲解：怎么测时序？

一般的示波器只有两个通道，性能稍微高一些的示波器会有 4 个通道，再高端的示波器甚至可以达到 8 个通道，使用 8 通道示波器测量时序会非常方便，比如图 5-42 中的屏幕上下电时序，具有 7 个信号，正好可以用 8 通道示波器同时测量上下电顺序，但是大部分实验室使用的都是 4 通道示波器，测量起来就会变得麻烦一些。

比如图 6-26 中的 7 个信号需要进行时序测试，可以选其中一个信号作为基准，如将第四个信号作为基准，先测量前 4 个通道的先后顺序，用光标卡各个时间，然后再以 4 号信号作为基准测量后 4 个信号的先后顺序并记录时间，将所测量的结果与手册进行对比，同时关注测试的电压是否有异常。

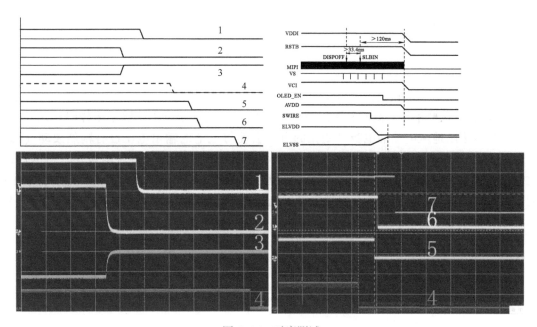

图 6-26　时序测试

6.3.6　实战讲解：电池电压为什么测不准？

工作学习中要打开思路，举一反三，深入一层看技术，上升一层看方法，本书所涉及的原理、内容、实战案例讲离我们其实并不遥远，大家在工作中要仔细体会。本书的最后一个小节，介绍一个实际工作中的测量电池电量问题。

测量电池电量有一个非常简单粗暴的方法：测量电池电压，用电池电压表示电量，我们要知道的是电池电压和电量并不是线性关系，通过测电压来估计电量是一个比较粗糙的方法。

先说第一个问题：理论和实测差异过大。

测量电池电压方法很简单，图6-27a中，使用了两个100 kΩ电阻串联，测量低边电阻两端电压，只要把这个电压乘2，即可得到电池电压。理论上，图6-27a中ADC采集到的电压是2 V，2 V×2=4 V，即为电池电压。但是实际发现，电池电压是4 V时（见图6-27b），ADC采集的电压并不是2 V，而是1 V，这是怎么回事呢？

在图6-6中，描述了负载效应对测量结果的影响，本小节的原理也是一样的，我们要举一反三。查阅ADC手册后发现，ADC输入阻抗大约是50 kΩ，相当于低边的100 kΩ电阻并联了一个50 kΩ的电阻，那么此时低边的总电阻只有33 kΩ，因此电池电压是4 V时，ADC测量的结果是1 V，而不是2 V。

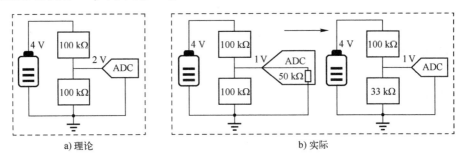

图6-27　测量电池电压

接下来描述第二个问题：电压波动剧烈。

如果ADC采样率足够高时，可以看到电池的电压波动很剧烈，除了采样噪声之外，系统在工作时不断地从电池抽电流，变化的电流会使得电池的输出电压也有剧烈波动（参考2.5.7小节），用电池电压来估计电量是非常不精确的做法，在一些对电量要求低的产品，比如手环、电子书阅读器中会有这种方法，但是在手机这种对电量要求高的产品中，就不能用这种粗暴的方法了。需要测量电池电芯的电压和电池电流，通过算法来拟合电池的电量，这样才会更准确。